超/特高压变压器差动保护关键技术与新原理

郑　涛　王增平　翁汉琍　林湘宁　著

科学出版社

北京

内 容 简 介

本书针对我国超/特高压变压器差动保护在工程应用中遇到的技术难题开展研究,结合现场误动案例,采取理论分析与仿真试验相结合的研究方法。首先,重点分析了励磁涌流、和应涌流、TA饱和、直流偏磁等因素引起的变压器差动保护误动机理,并提出相应的防误动措施;其次,根据 1000kV 交流特高压变压器本体结构和工作原理,重点针对特高压变压器空载合闸过程中调压变压器差动保护存在误动风险及特高压有载调压变压器内部故障灵敏度低等问题开展研究,提出相应的解决方案;最后,结合实际超/特高压直流输电工程模型,研究二次谐波制动判据应用于换流变压器差动保护的局限性,并有针对性地提出适用于换流变压器差动保护的新判据。

本书对电力系统继电保护方向研究生、继电保护工程师及相关行业技术人员均有重要的参考价值。

图书在版编目 (CIP) 数据

超/特高压变压器差动保护关键技术与新原理/郑涛等著. —北京:科学出版社,2017.9
ISBN 978-7-03-053794-2

Ⅰ. ①超… Ⅱ. ①郑… Ⅲ. ①超高压变压器－差动保护 Ⅳ. ①TM424

中国版本图书馆 CIP 数据核字(2017)第 139635 号

责任编辑:闫　悦 / 责任校对:郭瑞芝
责任印制:张克忠 / 封面设计:迷底书装

科 学 出 版 社 出版
北京东黄城根北街 16 号
邮政编码:100717
http://www.sciencep.com

新科印刷有限公司 印刷
科学出版社发行　各地新华书店经销
*

2017 年 9 月第 一 版　开本:720×1 000 1/16
2017 年 9 月第一次印刷　印张:21
字数:410 000
定价:108.00 元
(如有印装质量问题,我社负责调换)

前　言

变压器是电力系统中重要电气主设备之一，随着超高压、特高压输电技术的不断发展和我国交直流互联电网的逐渐形成，大型变压器的作用日益突出。然而，差动保护作为变压器内部故障的主保护，其在现场实际应用中却存在一些问题。这在很大程度上制约了我国超/特高压工程中变压器差动保护的性能，影响了交直流电网供电的可靠性，对此亟待开展深入的分析和研究。

本书在介绍变压器差动保护基本原理及相关影响因素的基础上，主要针对近年来我国超/特高压工程中变压器差动保护遇到的新现象和新问题而展开，例如，和应涌流、恢复性涌流、直流偏磁及特高压调压变压器励磁涌流及调挡对差动保护的影响、超/特高压换流变压器差动保护异常动作等，其内容是作者多年相关科研项目研究成果的总结和凝练，理论上具有创新性，部分成果在技术上也具有相当的实用价值。

本书共8章，分别为绪论、变压器纵联电流差动保护原理与实现、变压器励磁涌流识别新原理研究、变压器励磁涌流新现象及其影响分析、保护用电流互感器的饱和特性及其对差动保护的影响、直流偏磁产生机理及其对变压器差动保护的影响、交流特高压变压器差动保护特殊问题分析和超/特高压换流变压器差动保护特殊问题分析。

本书由华北电力大学郑涛副教授、王增平教授，三峡大学翁汉琍副教授，华中科技大学林湘宁教授共同撰写，其中第1～7章由郑涛撰写，第8章由翁汉琍撰写，全书由郑涛统稿，王增平、林湘宁审校。

感谢国家重点研发计划"智能电网技术与装备"重点专项（2016YFB0900604），国家自然科学基金项目（51677069，51607106）对本书的资助。

此外，北京电力科学研究院谷君博士、北京四方继保自动化有限公司的肖远清高级工程师及华北电力大学的陈佩璐、吴丹、陆格野、黄婷、胡鑫、余青蔚等硕士研究生对本书部分研究工作也作出了重要贡献，在此表示衷心的感谢。

作者希望通过本书分享已有及最新研究成果，为提高我国超/特高压电网变压器差动保护性能贡献一份绵薄之力。由于作者水平和实践经验有限，书中难免有不足之处，敬请读者批评指正。

作　者

2017年4月

目　　录

第 1 章 绪 论

1.1 变压器差动保护的发展现状

变压器是电力系统中重要的电气主设备之一，它在整个电力系统中起着能量传递的作用。随着超高压、特高压输电技术的不断发展和全国互联电网的逐渐形成，大型变压器的作用也日益突出，提高变压器工作的可靠性对保障整个电力系统的安全稳定运行具有十分重要的意义。

差动保护作为电力变压器的主保护之一，是建立在严格的基尔霍夫电流定律（Kirchhoff's circuit laws，KCL）基础上的。差动保护在发电机和线路上的应用较为成功，而作为变压器内部故障的主保护，差动保护在原理及现场实际应用中，均存在一些问题。与传统线路上的差动保护有所不同，由于变压器一、二次绕组之间不存在直接的电气联系，而是根据稳态运行时的磁路平衡关系将其原、副边电气量联系起来的。当系统发生扰动或故障时，对于处在暂态过程中的变压器将不再满足该平衡关系。因此需要对其暂态过程的特性进行准确的检测，以避免变压器差动保护在此过程中发生误动[1]。目前变压器差动保护在应用过程中主要存在：如何防止励磁涌流造成变压器差动保护误动，和应涌流对变压器差动保护的影响，如何防止电流互感器（TA）饱和造成变压器差动保护误动以及直流偏磁对交流超/特高压变压器、换流变压器差动保护的影响等问题[2-6]。针对以上问题，近几年国内外已有许多专家学者进行了大量的研究工作，并取得了诸多成果。

1.1.1 防止励磁涌流造成变压器差动保护误动

变压器空载合闸会产生较大的暂态励磁电流，即励磁涌流，其峰值可达额定电流的 6～8 倍[7]，如果没有相应的防范措施，励磁涌流会导致变压器差动保护误动作。

目前工程上大多是根据励磁涌流与故障电流在波形特征上的差异来进行励磁涌流的识别，例如，二次谐波制动[2-5]原理、间断角原理[7]，以及波形对称原理[8-11]等方法。而随着变压器主保护、后备保护一体化方案的认可和广泛采用，在变压器保护装置中引入电压量也成为可能，综合电压、电流两个状态变量来描述变压器的运行状态，信息更具完备性，为更好地识别励磁涌流提供了新的方法和途径。目前已提出的此类方法主要为基于励磁阻抗变化和等效瞬时电感变化[12-14]的识别方法。

1. 二次谐波制动原理

研究表明，由于铁心饱和等因素的影响，变压器励磁涌流中含有较大的二次谐波分量，而当变压器发生区内故障时，差电流中的二次谐波含量则远远小于发生涌流时的情况[15,16]。根据该特点，可通过计算差电流中二次谐波所占比例（与基波相比）来判断变压器是否发生了内部故障。但是该方法也存在一定的局限性，例如，大型变压器严重故障时由于谐振的影响使暂态电流中产生较大的二次谐波分量，导致基于二次谐波制动原理的差动保护发生延时动作。微机保护中广泛采用基于傅里叶分析的谐波处理方法，对于变压器空载合闸或故障暂态过程中的电流，由于其可能含有较大的直流衰减分量，采用傅里叶方法对其进行处理，将可能影响二次谐波分析的准确性，甚至导致判断出错。

2. 间断角原理

一般情况下，当变压器产生励磁涌流时，由于铁心饱和的影响，涌流波形中将呈现较为明显的间断特征，而对于故障电流波形则不存在该现象[7]。间断角原理最为突出的特点是可以采用分相制动方案，从而在对存在内部故障的变压器进行空载合闸操作时，能确保保护快速跳闸。而根据目前的研究，间断角原理应用于变压器差动保护装置时也同样面临着一些问题[17,18]，例如，对继电保护装置硬件方面的要求有所加大，需要采用较高的采样频率，对处理器性能的要求有所提高等。

3. 波形对称原理

波形对称原理是通过分析差动电流波形的特征，利用一个周期内前半波与后半波的对称性判断是否发生内部故障。现有方法有微分波形对称法[19]（首先对差动电流进行微分计算，在此基础上，对微分后的波形进行对称性比较，如果其前、后半波的对称性较强，则判断变压器发生内部故障，否则便视为励磁涌流）、积分波形对称法[20]（通过对电流波形的大小、形状以及变化率等多种特征因素进行综合判别得到，首先需要对变压器差动电流波形中的前、后半波数据进行积分运算，进而得出相关的波形对称系数，在此基础上，结合模糊识别方法，对于不同的对称系数进行相关计数，若计数结果小于设定值，则判断变压器发生区内故障，反之则判断为励磁涌流，同时根据识别结果对保护装置采取相应的处理措施）、基于波形相关性的分析方法[21]（不仅仅是利用电流的单一特征进行分析判断，而是对相关电流波形的多种信息进行综合分析判断），上述方法具有重要价值，但是在现场实际运行中，有可能出现保护误动的情况。

4. 基于励磁阻抗或等效瞬时电感变化的识别方法

基于励磁阻抗或等效瞬时电感变化的识别方法是根据变压器励磁涌流产生的本质，即铁心磁路饱和机理出发的。当变压器产生励磁涌流时，其励磁阻抗或励磁电感将发生明显变化，而正常运行或故障时则基本不变，依据该特性可区分变压器的励磁涌流与内部故障。以励磁阻抗为例，文献[22]为了反映励磁阻抗的变化规律，首先通过对测量阻抗 $Z(t)$ 进行定义，规定 $U(t)$ 与 $I(t)$ 的比值为 $Z(t)$，其中 $U(t)$、$I(t)$ 分别表示对应时刻下采用滤波算法得到的电压、电流幅值，其数学期望如式（1-1）所示。

$$E(z) = \frac{1}{T} \int_0^T Z(t) \cdot dt \qquad (1\text{-}1)$$

测量阻抗与其数学期望的均方差可表示为

$$\sigma Z(t) = \sqrt{E\{[Z(t) - E(z)]^2\}} \qquad (1\text{-}2)$$

式中，$\sigma Z(t)$ 反映测量阻抗 $Z(t)$ 的变化程度（即励磁阻抗的变化程度）。当 $\sigma Z(t)$ 大于设定门槛值时，为励磁涌流；若小于门槛值，则判断为内部故障。该方法适用于单相双绕组变压器，以及由三个单相变压器构成的三相变压器组。然而其是否同样适用于三相三柱式或三相五柱式变压器，还有待进一步详细探讨和研究。尤其是对于采用 Δ 型接线的三相变压器，由于 Δ 侧绕组内部环流对励磁阻抗或励磁电感计算结果影响大，而又难以对 Δ 侧绕组中的环流进行准确的测量，从而在很大程度上制约了基于励磁阻抗或励磁电感的变化来识别励磁涌流的可行性。

1.1.2　变压器励磁涌流新现象及其影响

1.　和应涌流及其影响

多台变压器并列运行时，其中一台变压器在投运过程中会在相邻的变压器中产生和应涌流的现象，国外早在 1941 年就通过现场波形记录、试验测试和电流表达的数学推导对和应涌流现象进行了深入的分析，并讨论了和应涌流对变压器差动保护和过流保护的影响[23]。文献[24]通过数值仿真一台变压器空投充电，而另外一台空载、负载或有并联电容器的变压器正在并联运行时，两台变压器的电流、磁链和公共连接点的电压变化，分析了影响和应涌流的部分因素。文献[25]、文献[26]通过仿真分析并联和级联变压器两种系统结构形式，指出空投一台变压器时，励磁涌流在系统和变压器间电阻上产生的不对称电压，会在变压器之间产生一种暂态和应作用，不但使空投变压器的励磁涌流的幅值和持续时间发生变化，而且在运行变压器中将产生和应涌流，结果导致运行变压器差动保护误动和长时间的谐波过电压。

国内对和应涌流的认识主要是根据波形对其特性进行描述[27]，通过合理简化两台变压器并联和级联结构的模型，从磁链变化的角度分析了运行变压器中和应涌流的发生、发展的过程以及影响因素，并辅以考虑变压器饱和特性的数值仿真做进一步研究。初步分析出和应涌流中二次谐波含量的变化特点以及较大的直流衰减分量使 TA 暂态饱和是导致变压器纵差保护误动的原因[28]。文献[29]分析了和应涌流的产生机理及其对差动保护的影响，通过理论分析和实验结果得出结论：由于相邻变压器空投励磁涌流中的非周期分量流过系统电阻，导致公共节点上电压的非周期波动，引起该变压器产生和应涌流，指出了在运行中应该注意的问题和方法，但未从保护判据方面提出防止和应涌流引起变压器差动保护误动的措施。

2. 恢复性涌流及其影响

近年来，出现多次变压器区外故障切除后差动保护误动的报道[30-33]，引起了人们对故障切除后变压器恢复性涌流对差动保护影响的关注[30,31]。

文献[30]研究表明变压器区外故障切除后形成的恢复性涌流峰值较小，难以达到差动保护的启动值，且其二次谐波含量并不低，即使恢复性涌流能够满足差动保护的启动条件，二次谐波制动判据也能够正确闭锁差动保护。文献[32]分析恢复性涌流的性质，认为其与空载合闸涌流相似，并得出结论：在外部故障切除后，特定的条件下，TA 可能仍有一段时间处在饱和区，产生较大的差流，引起差动保护误动。文献[33]分析了变压器外部故障切除后，恢复性涌流可能导致 TA 局部暂态饱和，进而产生幅值相对较大的差流引起差动保护误动。

3. 非同期合闸涌流及其影响

高压断路器分、合闸的同期性是检验断路器机械特性的重要参数，如果分、合闸时间不同期，将造成线路或变压器非全相接入或切断，甚至出现危害绝缘的过电压。电力系统规程要求三相断路器触头闭合时间差不能超过 5ms[34]。断路器三相非同期合闸时间差具有一定的随机性。

对电力变压器而言，当断路器三相非同期空投时，由于已合闸相对未合闸相的影响（例如，A 相对 B 相），可能使得后合闸相铁心中的磁链远远大于饱和值，甚至可能导致变压器铁心发生超饱和，此时的励磁涌流波形接近正弦波，二次谐波含量降低，间断角消失，使现有的涌流判据失效[35,36]，从而导致变压器差动保护误动作。

1.1.3　防止 TA 饱和造成变压器差动保护误动

电流互感器是电力系统中重要的测量元件，在继电保护中起着举足轻重的作用。无论是传统的模拟式继电保护还是目前广泛采用的微机式继电保护装置，都需要将流过 TA 的一次侧电流传变至二次回路。当电力系统发生故障时，TA 的一次电流可能达到正常运行时电流的几十倍甚至上百倍，且往往含有以指数形式衰减的直流分量，使得 TA 可能进入饱和状态。另外，铁心中往往存在剩磁，若剩磁极性同故障电流所产生的磁场极性相同，则会使铁心更加容易饱和。TA 铁心饱和时，二次电流出现畸变，不能准确反映一次电流，从而可能导致变压器差动保护无法正确动作[37-39]。可见 TA 的传变性能对于保护装置的可靠性起着至关重要的作用。

国内外专家学者针对如何防止 TA 饱和引起变压器差动保护误动的问题提出了诸多方法[40-43]。目前，在工程上普遍采用的带有比率制动特性的差动保护具有一定的抗 TA 饱和能力，能够在一定程度上避免变压器发生区外故障时由于 TA 饱和造成的误动。

但当 TA 发生严重饱和时，由于制动电流小，差动电流增大，差动保护仍可能误动。增大制动系数虽然有助于提高差动保护在区外故障下抗 TA 饱和的能力，但其增大的幅度有限，因为这是以降低差动保护区内故障的灵敏度为代价的。由此可见，若要防止区外故障时由于 TA 饱和引起的差动保护误动，必须辅以其他鉴别 TA 饱和的措施，如谐波制动法[40]、小波奇异性检测法[41,42]、时差法等[43]。

谐波制动法是根据电流中二次和三次谐波含量的大小来判别 TA 是否发生饱和。当检测到相电流中二次和二次谐波含量超过设定的门槛值则判定 TA 饱和，闭锁差动保护。但该方法对于 TA 饱和情况下发生的区内故障或转换性故障（区外转区内），可能会使差动保护产生较长的动作延时甚至拒动。小波奇异性检测法是利用小波变换的奇异性检测原理来识别 TA 二次电流的进饱和点和退饱和点，从而实现在 TA 的线性区开放差动保护的设想。该方法在理论上具有先进性，但若工程实用化，还有许多具体技术问题需要解决。时差法是通过检测故障发生时刻和差动电流增大时刻是否同步来判别区内和区外故障，其技术关键是准确定位故障发生时刻和差动电流增大时刻，当区外发生严重故障且 TA 在 1/4 周波内快速饱和时，故障发生与差动电流增大的时差很微小，且该方法对于在 TA 饱和情况下发生的转换性故障的识别还存在一定难度。

在电力系统实际运行中，TA 的局部暂态饱和以及超饱和也是引起变压器差动保护误动的重要影响因素。根据文献[33]的分析，当变压器发生和应涌流或穿越性涌流等情况时，若 TA 长时间处于非周期分量的作用下，可能出现局部暂态饱和现象。文献[44]在分析和应涌流对差动保护的影响时指出：和应涌流本身并不会引起差动保护误动，而由和应涌流所引发的 TA 局部暂态饱和才是引起差动保护误动的主要原因，并提出利用改进比率制动特性的方法防止差动保护误动。文献[45]指出变压器在区外故障切除后，可能导致变压器铁心发生饱和，相应的涌流特征消失，从而导致差动保护误动。

1.1.4　直流偏磁对变压器差动保护的影响

直流偏磁是指由于某种原因在变压器或 TA 的励磁电流中出现了直流分量，导致铁心半周磁饱和，以及由此引起的一系列电磁效应[46,47]。目前直流偏磁对继电保护的影响研究主要集中在变压器直流偏磁引起的附加效应对继电保护的影响上。

美国电网继电器委员会（Power System Relaying Committee）研究了直流偏磁对变压器的影响，其中分析了包括三相三柱、三相五柱和单相变压器组等五类变压器受直流偏磁的影响程度，认为由于变压器直流偏磁引起的谐波，造成中性点零序电压保护、电容器过流保护和电容器过压保护误动，且直流偏磁会使变压器铁心发热引起瓦斯保护动作，而励磁激增则会造成变压器差动保护误动[48]。

国内在有关直流偏磁对变压器影响的仿真研究以及理论分析方面，也得到了许多研究成果，但绝大部分的研究主要是针对变压器本体受到的影响做细致的分析，而对变压器保护影响方面的内容涉及较少。并且，许多文献在建模以及实验过程中对直流源的引入方式未给予足够重视,文献[49]仅考虑直流的作用,未计及交流,该方法研究地磁感应电流(geomagnetically induced current,GIC)型直流偏磁易产生较大误差。文献[50]针对三峡龙泉－江苏政平的 500kV 直流系统出现的变压器偏磁问题进行了研究,重点关注直流换流站切换滤波器时的谐波含量对零序方向保护和距离保护的影响。通过 OMICRON 试验装置分别在电网正常运行及发生故障的两种情况下进行测试,ABB、GE、南瑞公司的保护装置均接受了测试。研究结果表明直流偏磁下产生的电网谐波未造成保护装置的不正确动作,因此认为变压器直流偏磁产生的谐波对电网中的保护控制设备影响不大,可通过适当调节、校验保护整定值避免其影响。事实上,根据对 GIC 引发的数次电网事故的分析,变压器半波饱和产生的谐波、无功波动、电压跌落等并不是唯一的事故诱因,TA 的传变特性、继电保护的协调控制策略等也是引发事故的重要因素,在研究中应予以重视。

有关直流偏磁的影响,目前的研究一般将由 GIC 引发的直流偏磁和由高压直流输电(high voltage direct current,HVDC)引发的直流偏磁视作等同。在研究手段上通常将 GIC 简化为直流电流进行处理[51-53]。近年来已有研究者注意到 GIC 在时域上的变化特征,如文献[54]用方波来模拟 GIC,文献[55]用阶跃函数来模拟 GIC,但仅研究了 GIC 的幅值变化与变压器温升的关系。从直流偏磁的产生机理来看,HVDC 引发的偏磁电流由极址土壤中形成的一个恒定直流电场驱动,当系统运行方式不变时,偏磁电流恒定且为纯粹的直流电流,仅对直流接地极附近的电网产生一定的影响。而 GIC 引发的偏磁电流的方向、幅值和频率是随着全球性地磁场扰动而变化的,其幅值可能高达上百安培,影响范围甚广,并且越高电压等级的电网所受影响越严重,因此在论及两者对 TA 传变特性产生的影响时,加以必要的区分具有重要的意义。

1.1.5　交流特高压变压器差动保护特殊问题

特高压变压器作为特高压电网中的重要设备之一,与传统电力变压器的结构存在很大差异。特高压变压器采用分体式结构[53],单独设置外接调压变压器,改变分接头位置调节 500kV 侧母线电压;设置补偿变压器以减小挡位调节时 110kV 侧母线电压的波动[54,55]。特高压变压器的保护配置也更为复杂,分别给调压变压器和补偿变压器配置独立的分相比率差动保护,确保保护装置能准确迅速切除区内轻微故障[56]。

2008 年,在特高压变压器现场调试过程中曾发生过两次当 500kV 侧空载合闸时,调压补偿变压器差动保护因励磁涌流未闭锁出现误动的情况。经过对现场录波数据的分析,发现这两次合闸时调压变压器的励磁涌流比较大,且差流中二次谐波含量小于涌流闭锁整定值,因此导致变压器差动保护误动作。针对误动情况,国内很多研究机构进行了有关的理论和仿真分析,对励磁涌流的判据问题做了有益的研究工作,得到如下结论:纵联电流差动保护能反映主变压器绕组内部故障,而对于调压绕组和补偿绕组的内部故障则明显灵敏度不足,说明了配置调压绕组差动保护和补偿绕组差动保护的充分性和必要性[55]。文献[57]基于电磁暂态仿真软件 EMTDC 建立了特高压变压器仿真模型。在特高压环境下，分别进行励磁涌流和故障电流仿真，并用于考察应用最为广泛的二次谐波闭锁策略的动作可靠性，得出结论：当合闸角和剩磁满足一定条件时，特高压变压器三相励磁涌流的二次谐波含量都会在 10% 以下，即使采用一相制动三相的二次谐波闭锁策略，如果二次谐波门槛值维持在 15%～20%，也不能避免差动保护误动；另外，在某些轻微故障的情况下，故障初期故障电流的二次谐波含量成分较高，会使保护动作延迟[57]。文献[56]从工程应用的角度分析了特高压变压器励磁涌流特点，提出利用消磁法抑制励磁涌流，能够在一定程度上避免空充时差动保护误动。调压变压器差动保护是特高压变压器保护的薄弱环节，提升调压变压器差动保护的可靠性和灵敏性，对于提高交流特高压变压器保护的整体性能具有重要意义。

1.1.6 超/特高压换流变压器差动保护特殊问题

根据我国资源分布和能源需求的特点，国家正快速推进高压直流输电工程的建设，将逐渐形成复杂的大规模交直流混联电网，而作为耦合交直流互联系统的关键性主设备，换流变压器的运行及其所配置保护的可靠性至关重要。

换流变压器因其应用场合特殊，在保护配置方面以及接线方式上与普通常规变压器有显著区别。换流变压器通常是由一台 Y/Y 接线变压器和一台 Y/D 接线变压器并联运行形成一组 12 脉动换流变组，一组两台换流变压器总是同时投切。因此，除了对一组两台变压器单独配置各自的差动保护（小差保护）作为主保护，还对该组换流变压器配置有大差保护。目前的换流变压器大差保护与小差保护工程实践上均采用基于二次谐波制动原理的差动保护。

由于换流变压器复杂的运行环境和特殊的运行方式，其在空载合闸及故障复电过程中更容易出现严重且具有非常规特征的励磁涌流及和应涌流现象，严重涌流的频发与新特征可能导致基于二次谐波制动原理的换流变压器小差和大差保护的误动作，严重时将引起直流单极甚至双极闭锁。实际上，换流变压器空投导致差动保护误动的案例已有多次报道[58,59]，这引起国内研究人员的关注，并开展对换流变压器励磁涌流特征及其对差动保护影响的研究。例如，文献[60]分析了 500kV 高岭背靠背换流站空充变压器时的励磁涌流特性，验证了合闸电阻对换流变压器空载充电励磁涌流的抑制效果。文献[61]对换流变压器经历涌流和故障时的电流波形特征进行了分析，提出换流变压器遭遇和应涌流时，涌流中衰减缓慢的非周期分量易使 TA 暂态饱和，形成差流导致小差保护误动。文献[59]借鉴和应涌流的分析方法，基于一个周波两台换流变压器磁链积分量之差对涌流的变化特点进行推测，分析对称性涌流的产生及其造成大差保护误动的原因。

此外，换流变压器在发生不对称故障时，其差流特征也较之常规变压器有所不同。文献[62]经仿真分析指出，整流侧发生换流变压器保护区内换流阀短路故障时，类似于换流变压器出口的两相或三相短路，流过电流较大，易引起换流变压器铁心和 TA 饱和，差流二次谐波含量较大，差动保护易被闭锁而不能出口。文献[63]则提出阀侧单相接地故障情况下，差电流出现间断，该相电流存在消失风险，差动保护不能动作。

可以看到,对换流变压器差动保护异常动作行为的研究已经开展了相关工作并取得了有益的成果,但大多是基于现场波形的粗略分析,尚缺乏基于精确模型的深层次机理研究和验证。而对策方面,目前研究也主要提出优化二次谐波制动判据的配合逻辑[64,65],实际上这很难在对称性涌流时差动保护误动和故障电流含涌流时差动保护拒动之间找准平衡点。

为了解决上述换流变压器差动保护所面临的特殊问题,需要对换流变压器经历合闸和故障时的暂态特性进行较为透彻的分析,深入研究小差和大差保护误动或拒动的机理,并据此找到基于新原理的判据来保证换流变压器差动保护应对涌流和故障时的可靠性和速动性。

1.2　变压器差动保护技术的发展趋势

采用差动保护作为变压器内部故障的主保护,导致励磁涌流和故障电流的识别问题成为几十年来一直影响变压器差动保护性能的桎梏,有关这方面的文献资料可以说是浩如烟海,前面介绍的几种识别方法仅仅是其中比较有代表性的方法。对于变压器主保护技术的发展路线,一方面,需要努力寻找新途径,探索新思路,彻底抛开差动保护方案的束缚,研究与差动保护迥然不同的新原理作为变压器主保护方案,完全从识别励磁涌流和故障电流的羁绊中解脱出来。例如,基于变压器回路方程的方法[66],其根据变压器原、副边绕组回路方程构成的内部故障识别方案,理论上不受励磁涌流或过励磁的影响,有待实际工程的进一步检验。另一方面,面对现状,迎难而上。选择差动保护作为变压器主保护方案,有历史原因,但差动保护方案绝非一无是处,其在变压器内、外部故障的区分方面确实发挥了重要作用。继电保护工作者在提高变压器差动保护在外部故障情况下的可靠性和内部故障情况下的灵敏性方面也倾注了大量心血,比率制动特性[67,68]、标积制动特性[5]、故障分量差动[5]、采样值差动等方案在实际运行中都发挥了很好的作用。在目前,尚没有找到比差动保护性能更好的变压器主保护方案情况下,要面对现状,针对励磁涌流和故障电流识别的老问题,总结已有的较为成功的运行经验和方法,同时不断地探索和尝试新理论、新技术的应用,力求能够很好地解决励磁涌流和故障电流的识别问题,将变压器主保护性能提高到一个新水平。

随着自适应技术、智能技术的不断发展,变压器保护技术向智能化方向发展已成为必然。自适应保护的基本思想是使继电保护尽可能地适应电力系统的各种变化,使其具有自动识别系统的运行状态和故障状态的能力,并能根据状态的改变,实时自动地调整保护的性能,包括动作原理、整定值和动作特性,达到最佳使用效果。目前,在变压器保护中已有部分功能具备了一定的自适应能力,例如,浮动门槛、差动保护中比率制动特性的自适应调整[69]等。

智能技术如人工神经网络、专家系统、模糊理论等为变压器保护技术的发展也开辟了新的领域。尤其是其中的模糊理论，更易于并且更适于被继电保护所采用。模糊理论的核心思想就是用数学手段，效仿人脑思维，对复杂事物进行模糊度量、模糊识别、模糊推理、模糊控制和模糊决策。对于变压器保护中励磁涌流和故障电流的识别问题，采用多判据综合、模糊处理的方法应该具有很好地识别效果，这已被继电保护工作者所重视，并进行了许多有益的研究工作[70,71]。基于模糊逻辑的多判据综合来解决变压器励磁涌流和故障电流的识别问题是一个正确的思路。

电子技术、计算机技术与通信技术的快速发展，为微机保护技术的进一步发展提供了广阔的空间。变压器主保护、后备保护一体化思想的采用，以及电子式电流互感器（electronic current transformer，ECT）、电子式电压互感器（electronic voltage transformer，EVT）技术的发展和成熟，可以克服传统电流互感器（TA）、电压互感器（TV）固有的顽疾，必将大大改善和提高变压器保护的性能。

另外，当前智能变电站技术已得到快速发展，其信息共享使得保护设计可以突破传统间隔单元信息，获得全站信息甚至于获得相邻变电站信息。多间隔信息的利用为解决传统继电保护的问题带来更多的思路和方法，其中构建基于变电站内多源信息共享的站域保护便是广泛研究并在工程中试运行的一种。站域保护的应用有望在以下两个方面解决变压器保护目前所存在的问题：其一，针对变压器合闸产生的和应涌流问题，并列运行的变压器保护可通过站域信息获取合闸变压器所产生的励磁涌流的相关特征量信息，对其进行分析并将结果用于并列运行变压器差动保护的判别逻辑中，有望改善和应涌流造成并列运行变压器差动保护的误动情况[72]；其二，针对变压器后备保护的配合问题，利用站域信息间的逻辑配合取代传统后备保护严格的定值与延时配合关系，可使定值整定条件适当放松，以更好地提高保护的动作性能。

参 考 文 献

[1] 陆于平, 吴济安, 袁宇波. 主设备数字式保护技术的讨论[J]. 江苏电机工程, 2003, 22(3): 6-9.

[2] 王维俭. 电气主设备继电保护原理与应用[M]. 2 版. 北京: 中国电力出版社, 2002.

[3] 贺家李, 宋从矩. 电力系统继电保护原理[M]. 3 版. 北京: 水利电力出版社, 1994.

[4] 史世文. 大机组继电保护[M]. 北京: 水利电力出版社, 1987.

[5] 陈增田. 电力变压器保护[M]. 2 版. 北京: 中国电力出版社, 1997.

[6] 黄少锋, 电力系统继电保护[M]. 北京: 中国电力出版社, 2015.

[7] 王祖光. 间断角原理的变压器差动保护[J]. 电力系统自动化, 1979, 3(1): 18-30.

[8] 孙志杰, 陈云仑. 波形对称原理的变压器差动保护[J]. 电力系统自动化, 1996, 20(4): 42-46.

[9] 何奔腾, 徐习东. 一种新型的波形比较法变压器差动保护原理[J]. 中国电机工程学报, 1998, 18(6): 395-398.

[10] 林湘宁, 刘世明, 杨春明, 等. 几种波形对称法变压器差动保护原理的比较研究[J]. 电工技术学报, 2001, 4(16): 44-50.

[11] 吴昌设, 林琳, 刘希嘉. 变压器差动保护的励磁涌流制动方法[J]. 电力科学与技术学报, 2009, 3(24): 58-62.

[12] 宗洪良, 金华烽, 朱振飞, 等. 基于励磁阻抗变化的变压器励磁涌流判别方法[J]. 中国电机工程学报, 2001, 21(7): 91-94.

[13] 葛宝明, 苏鹏声, 王祥珩, 等. 基于瞬时励磁电感频率特性判别变压器励磁涌流[J]. 电力系统自动化, 2002, 26(17): 35-39.

[14] 葛宝明, 丁学海, 王祥珩, 等. 基于等效瞬时电感判别变压器励磁涌流的新算法[J]. 电力系统自动化, 2004, 28(7): 44-48.

[15] Verma H K, Kakoti G C. Algorithm for harmonic restraint differential relaying based on the discrete harthly transform[J]. Electrical Power System Research, 1990, 18(2): 125-129.

[16] Hermanto I, Murty Y V S, Rahman M A. A stand-alone digital protective relay for power transformers[J]. IEEE Transactions on Power Delivery, 1991, 6(1): 85-92.

[17] Mikrut M, Winkler W, Witek B. Performance of differential protection for three-winding power transformers during transient CT's saturation[C]. International Conference on Development in Power Protection. IET, 1989: 66-69.

[18] 王国兴, 张传利, 黄益庄. 变压器励磁涌流判别方法的现状及发展[J]. 中国电力, 1998, 31(10): 19-22.

[19] 焦邵华, 刘万顺. 区分变压器励磁涌流和内部短路的积分型波形对称原理[J]. 中国电机工程学报, 1999, 19(8): 35-38.

[20] 林湘宁, 刘沛, 杨春明. 利用改进型波形相关法鉴别励磁涌流的研究[J]. 中国电机工程学报, 2001, 21(5): 56-60, 70.

[21] Hayward C D. Prolonged inrush current with parallel transformers affect differential relaying[J]. Electrical Engineering, 2013, 60(12): 1096-1101.

[22] Saied M M. A study on the inrush current phenomena in transformer substations[C]. Proceedings of Industry Applications Conference & 36th IAS Annual Meeting, Piscataway, 2001: 1180-1187.

[23] Bronzeado H S, Brogan P B, Yachmini R. Harmonic analysis of transient currents during sympathetic interaction[J]. IEEE Transactions on Power Systems, 1996, 11(4): 2051-2056.

[24] Bronzeado H S, Yachmini R. Phenomenon of sympathetic interaction between transformers caused by inrush transients[J]. IEE Proceedings—Science, Measurement and Technology, 1995, 142(4): 323-329.

[25] 王维俭. 发电机变压器机电保护应用[M]. 北京: 中国电力出版社, 1998.

[26] 毕大强, 王祥珩, 李德佳, 等. 变压器和应涌流的理论探讨[J]. 电力系统自动化, 2005, 29(6): 1-8.

[27] 袁宇波, 李德佳, 陆于平, 等. 变压器和应涌流的物理机理及其对差动保护的影响[J]. 电力系统自动化, 2005, 29(6): 9-14.

[28] 刘中平, 陆于平, 袁宇波. 变压器外部故障切除后恢复性涌流的研究[J]. 电力系统自动化, 2005, 29(8): 41-44, 95.

[29]　李立新, 束洪春. 变压器电压恢复涌流分析[J]. 电力自动化设备, 2007, 27(10): 59-63.

[30]　张晓宇, 毕大强, 苏鹏声. 变压器外部故障切除后差动保护误动原因的分析[J]. 继电器, 2006, 34(1): 5-9, 14.

[31]　袁宇波, 陆于平, 许扬, 等. 切除外部故障时电流互感器局部暂态饱和对变压器差动保护的影响及对策[J]. 中国电机工程学报, 2005, 25(10): 12-17.

[32]　中国电气工业协会. 高压交流断路器 GB1984-2003[S]. 北京: 中国标准出版社, 2003: 35.

[33]　葛宝明, 王祥珩, 苏鹏声, 等. 电力变压器的励磁涌流判据及其发展方向[J]. 电力系统自动化, 2003, 22(1): 1-5.

[34]　许扬, 陆于平. 非同期合闸对发电机-变压器组差动保护的影响及解决措施[J]. 电力系统自动化, 2008, 32(13): 104-107.

[35]　张吕根. CT 饱和对继电保护动作的影响分析[J]. 继电器, 2003, 31(2): 21-25.

[36]　何奔腾, 马永生. 电流互感器饱和对母线保护的影响[J]. 继电器, 1998, 32(2): 16-20.

[37]　陈三运. 一起 CT 饱和引起的继电保护拒动分析[J]. 电网技术, 2002, 26(4): 85-87.

[38]　王志鸿, 郑玉平, 贺家李. 通过计算谐波比确定母线保护中电流互感器的饱和[J]. 电力系统及其自动化学报, 2000, 12(5): 19-24.

[39]　李贵存, 刘万顺, 贾清泉, 等. 利用小波原理检测电流互感器饱和的新方法[J]. 电力系统自动化, 2001, 25(5): 36-39.

[40]　曹豫宁, 李永丽, 张兴华, 等. 基于小波变换的电流互感器饱和实时检测新判据[J]. 电力系统自动化, 2001, 25(10): 27-30.

[41]　Li C G, Liu W S, Jia Q Q, et al. A new method of detecting current transducer saturation based on wavelet transform[C]. 2001 IEEE Power Engineering Society Summer Meeting IEEE Xplore, 2001: 617-621.

[42]　郑涛, 赵萍. 和应涌流对差动保护的影响因素分析及防范措施[J]. 电力系统自动化, 2009, 33(3): 74-77.

[43]　刘中平. 新型抗 TA 饱和变压器差动保护研究[D]. 南京: 东南大学, 2005.

[44]　钟连宏, 陆培均, 仇志成, 等. 直流接地极电流对中性点直接接地变压器影响[J]. 高电压技术, 2003, 29(8): 12-13.

[45]　蒯狄正, 万达, 邹云. 直流偏磁对变压器的影响[J]. 中国电力, 2004, 8: 41-43.

[46]　盘学南, 玉小玲. 变压器运行噪声异常的探讨[J]. 变压器, 2006, 43(8): 43-44.

[47]　张建平, 潘星. 500kV 变压器异常噪声与振动的原因分析[J]. 浙江电力, 2006, 3: 6-10.

[48]　张浩, 高乃天, 刘连光. 地磁感应电流对我国电网影响及监测技术的研究[J]. 电力设备, 2005, 6(6): 27-30.

[49]　李功新, 王倩, 刘连光. 输电线路地磁感应电流常用算法分析与研究[J]. 现代电力, 2005, 22(5): 42-46.

[50]　Pirjola R. Geomagnetically induced currents during magnetic storms[J]. IEEE Transactions on Plasma Science, 2000, 28(6): 1867-1872.

[51] Girgis R, Vedante K. Effects of GIC on power transformers and power systems[C]. Transmission and Distribution Conference and Exposition (T&D), Orlando, 2012: 1-8.

[52] Marti L, Rezaei-Zare A, Narang A. Simulation of transformer hotspot heating due to geomagnetically induced currents[J]. IEEE Transactions on Power Delivery, 2013, 28(1): 320-327.

[53] 张建坤, 贺虎, 邓德良, 等. 特高压变压器现场安装关键技术及应用[J]. 电网技术, 2009, 33(10): 1-6.

[54] 郑涛, 张婕, 高旭. 一起特高压变压器的差动保护误动分析及防范措施[J]. 电力系统自动化, 2011, 35(18): 92-97.

[55] 刘宇. 特高压变压器主保护及工程应用研究[D]. 北京: 华北电力大学, 2009.

[56] 邵德军, 尹项根, 张哲, 等. 特高压变压器差动保护动态模拟试验研究[J]. 高电压技术, 2009, 35(2): 225-230.

[57] Lin X N, Huang J G, Zeng L J, et al. Analysis of electromagnetic transient and adaptability of second-harmonic restraint based differential protection of UHV power transformer[J]. IEEE Transmission on Power Delivery, 2010, 25(4): 2299-2307.

[58] 朱韬析, 王超. 天广直流输电换流变压器保护系统存在的问题[J]. 广东电力, 2008, 21(1): 7-10.

[59] 田庆. 12 脉动换流变压器对称性涌流现象分析[J]. 电力系统保护与控制, 2011, 39(23): 133-137.

[60] 常勇. 500kV 高岭换流站换流变空载充电励磁涌流分析[J]. 电网技术, 2009, 33(1): 97-100.

[61] 乔小敏. 直流系统换流变压器差动保护的研究[D]. 北京: 华北电力大学, 2009.

[62] 乔小敏, 王增平, 文俊. 高压直流输电中谐波对换流变压器差动保护的影响[J]. 电力系统保护与控制, 2009, 37(10): 111-114.

[63] 肖燕彩, 文继锋, 袁源, 等. 超高压直流系统中的换流变压器保护[J]. 电力系统自动化, 2006, 30(9): 91-94.

[64] 张红跃. 换流变大差保护励磁涌流识别的思考[J]. 电力系统保护与控制, 2011, 39(20): 151-154.

[65] 张晓宇, 文继锋, 程骁, 等. 换流变压器励磁涌流特性及其对差动保护的影响[J]. 江苏电机工程, 2013, 32(5): 52-54.

[66] 王增平, 徐岩, 王雪, 等. 基于变压器模型的新型变压器保护原理的研究[J]. 中国电机工程学报, 2003, 23(12): 54-58.

[67] 王维俭, 刘俊宏. 大型发电机、变压器继电保护的现状与发展[J]. 中国电力, 1996, 21(12): 38-43.

[68] 陆于平, 李玉海, 李鹏, 等. 差动保护灵敏度与启动电流、制动系数和原理之间的关系[J]. 电力系统自动化, 2002, 26(8): 51-55.

[69] Phadke A G, Thorp J S. A new computer-based flux-restrained current differential relay for power transformer protection [J]. IEEE Transactions on Power Apparatus and Systems, 1983, 102(11): 3624-3629.

[70] 杨经超, 尹项根, 陈德树, 等. 多判据综合的变压器差动保护[J]. 电网技术, 2003, 27(10): 66-71.

[71] Wiszniewski A, Kasztenny B. A multi-criteria differential transformer relay based on fuzzy logic[J]. IEEE Transactions on Power Delivery, 1995, 10(4): 1786-1792.

[72] 李振兴. 智能电网层次化保护构建模式及关键技术研究[D]. 武汉: 华中科技大学, 2013.

第 2 章　变压器纵联电流差动保护原理与实现

电力变压器是电力系统中重要的电气设备之一，配置动作性能优良的继电保护对保证变压器的安全运行具有重要的意义。本章在介绍变压器常见的故障类型及纵联电流差动保护（以下简称差动保护）原理的基础上，分析了变压器差动保护不平衡电流的产生原因和抑制措施，详细介绍了变压器励磁涌流的二次谐波制动方式和比率制动特性，并对三种电流相位补偿方式进行了分析与对比。最后，给出了变压器Δ侧绕组中环流的计算方法。

2.1　电力变压器故障类型及差动保护基本原理

2.1.1　变压器故障类型及不正常运行状态

变压器故障根据其发生位置，可分为油箱外和油箱内两大类故障。油箱外故障，主要是套管和引出线上发生相间短路以及接地短路；油箱内故障，主要是绕组的相间短路、接地短路、匝间短路以及铁心的烧损等。油箱内故障时产生的电弧，不仅会烧损绕组的绝缘、烧毁铁心，而且由于绝缘材料和变压器油因受热分解会产生大量的气体，有可能引起变压器油箱的爆炸。对于变压器发生的各种故障，保护装置应尽快将变压器切除。实践表明，变压器套管和引出线上的相间短路、接地短路、绕组的匝间短路是比较常见的故障形式。

变压器的不正常运行状态主要有：变压器外部短路引起的过电流、负荷长时间超过额定容量引起的过负荷，风扇故障或漏油等原因引起的冷却能力下降等。这些不正常运行状态会使绕组和铁心过热。此外，对于中性点不接地运行的星形接线变压器，外部接地短路时有可能造成变压器中性点过电压，威胁变压器绝缘；大容量变压器在过电压和低频率等异常运行工况下会使变压器过励磁，引起铁心和其他金属构件的过热。在变压器处于不正常运行状态时，继电保护应根据严重程度，发出告警信号，使运行人员及时发现并采取相应的措施，以确保变压器的安全[1]。

变压器油箱内发生故障时，除了变压器各侧电流、电压可能发生变化，油箱内的油、气、温度等非电气量也会发生相应的变化。因此变压器的保护分为电量保护和非电量保护两种，本章重点介绍基于电量的变压器主保护，即纵联电流差动保护。

2.1.2　变压器差动保护基本原理

图 2-1 为变压器差动保护单相原理接线，$\dot{I}_1$、$\dot{I}_2$ 为变压器两侧的一次电流，$\dot{I}_1'$、$\dot{I}_2'$

为相应的 TA 二次电流，以母线指向变压器为电流的正方向。

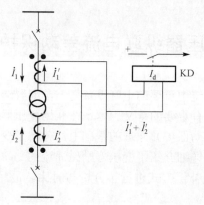

图 2-1　双绕组变压器差动保护单相原理接线

　　将 TA 二次侧同极性的端子相连接，差动元件 KD 并联在 TA 的二次端子上。若变压器两侧 TA 的变比合理选择，当变压器正常运行或区外故障时，则在理想状态下有 $\dot{I}_{\mathrm{d}}' = \dot{I}_1' + \dot{I}_2' = 0$，差动元件不动作。当变压器发生内部故障时，差动元件中会有短路电流流过，引起保护动作，将变压器从系统中切除。

　　差动保护的动作判据为

$$I_{\mathrm{d}} \geqslant I_{\mathrm{set}}$$

式中，I_{d} 为差动电流的有效值，$I_{\mathrm{d}} = \left| \dot{I}_1' + \dot{I}_2' \right|$；$I_{\mathrm{set}}$ 为差动电流的动作阈值。

　　设变压器的变比为 $n_{\mathrm{T}} = U_1 / U_2$，则有

$$\dot{I}_{\mathrm{d}} = \frac{\dot{I}_2}{n_{\mathrm{TA2}}} + \frac{\dot{I}_1}{n_{\mathrm{TA1}}} \tag{2-1}$$

式中，$\dot{I}_{\mathrm{d}}$ 为差动电流，进一步整理可得

$$\dot{I}_{\mathrm{d}} = \frac{n_{\mathrm{T}}\dot{I}_1 + \dot{I}_2}{n_{\mathrm{TA2}}} + \left(1 - \frac{n_{\mathrm{TA1}}n_{\mathrm{T}}}{n_{\mathrm{TA2}}}\right)\frac{\dot{I}_1}{n_{\mathrm{TA1}}} \tag{2-2}$$

式中，$n_{\mathrm{TA1}}, n_{\mathrm{TA2}}$ 分别为两电流互感器的变比。

　　若选择电流互感器的变比，使之满足

$$\frac{n_{\mathrm{TA2}}}{n_{\mathrm{TA1}}} = n_{\mathrm{T}} \tag{2-3}$$

这样，式（2-1）变为

$$\dot{I}_{\mathrm{d}} = \frac{n_{\mathrm{T}}\dot{I}_1 + \dot{I}_2}{n_{\mathrm{TA2}}} \tag{2-4}$$

　　忽略变压器的损耗，正常运行和区外故障时一次电流的关系为 $\dot{I}_2 + n_{\mathrm{T}}\dot{I}_1 = 0$，根据

式（2-4），正常运行和变压器区外故障时，差动电流为零，保护不会动作；变压器内部任何一点发生故障时，流入差动元件的差动电流等于故障点电流（变换到电流互感器二次侧），只要故障电流大于差动元件动作电流阈值，差动保护就迅速动作。因此，式（2-3）成为变压器差动保护中电流互感器变比选择的依据。

2.2　变压器差动保护的不平衡电流

变压器正常运行及区外故障情况下，差动电流理论上为零，但实际中可能存在不平衡电流分量，其原因主要包括变压器两侧绕组接线方式不同、电流互感器变比与变压器变比不一致、电流互感器传变误差及变压器励磁涌流等。

2.2.1　变压器两侧绕组接线方式不同引入的不平衡电流

实际电力系统中运行变压器大多采用 Y/Δ 接线方式，如图 2-2 所示。根据 Δ 接线相电流，线电流大小相位关系，可得 Y_0d11 两侧电流相量关系如图 2-3 所示。若直接将变压器 Y_0 侧和 Δ 侧的线电流经电流互感器变换后（未经电流相位调整）引入差动保护，即使 Y_0 侧和 Δ 侧 TA 二次电流幅值调制为同样大小，也会因为两侧电流相位存在的 30° 差异而在差动元件中产生较大的电流，即不平衡电流[1]。为此需要对接入差动元件的 Y_0 侧和 Δ 侧 TA 二次电流进行电流相位补偿。关于变压器相位补偿方式的讨论，详见 2.4 节。

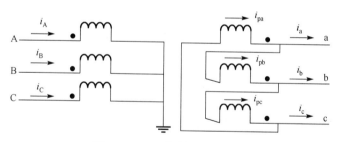

图 2-2　Y_0d11 接线方式变压器

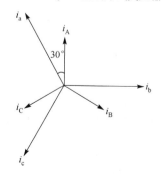

图 2-3　变压器 Y_0d11 两侧电流相量图

2.2.2　电流互感器变比与变压器变比不一致产生的不平衡电流

以单相双绕组变压器为例，在计算变压器差动电流时，需引入变压器两侧电流互感器的二次电流值计算。根据式（2-2），定义变比差系数为

$$\Delta f_{za} = 1 - \frac{n_{TA1} n_{T}}{n_{TA2}} \tag{2-5}$$

由于电流互感器型号需根据产品目录选取，其规格种类有限，多数情况下与变压器无法做到完全匹配。当电流互感器变比和变压器变比无法满足 $\Delta f_{za} = 0$ 时，不平衡电流为

$$\dot{I}_{unb} = \frac{\Delta f_{za} \dot{I}_1}{n_{TA1}} \tag{2-6}$$

考虑变压器区外故障时，两侧电流大小相等、方向相反，设 I_{kmax} 为区外故障时最大的穿越电流，根据式（2-6），由电流互感器和变压器变比不一致产生的最大不平衡电流 I_{unbmax} 为

$$I_{unbmax} = \Delta f_{za} I_{kmax} \tag{2-7}$$

为消除电流互感器变比与变压器变比不一致产生的不平衡电流，保护装置需引入一个补偿量。该补偿量与式（2-6）中 $\dot{I}_{unb}$ 大小相等、方向相反，即补偿后的差动电流为

$$\begin{aligned}
\dot{I}'_d &= \frac{\dot{I}_1}{n_{TA1}} + \frac{\dot{I}_2}{n_{TA2}} - \frac{\Delta f_{za} \dot{I}_1}{n_{TA1}} \\
&= \frac{n_T \dot{I}_1 + \dot{I}_2}{n_{TA2}}
\end{aligned} \tag{2-8}$$

工程上，还可通过在保护装置中引入平衡系数以消除由变比不一致产生的不平衡电流。记 TA1、TA2 的平衡系数分别为 K_{TA1}、K_{TA2}，其计算公式如下：

$$\begin{cases}
K_{TA1} = \dfrac{n_{TA1}}{n_{TA2}} n_T \\
K_{TA2} = 1
\end{cases} \tag{2-9}$$

则保护装置引入两侧电流互感器二次电流计算差动电流的表达式可写为

$$\begin{aligned}
\dot{I}'_d &= \frac{\dot{I}_1}{n_{TA1}} \cdot K_{TA1} + \frac{\dot{I}_2}{n_{TA2}} \cdot K_{TA2} \\
&= \frac{n_T \dot{I}_1 + \dot{I}_2}{n_{TA2}}
\end{aligned} \tag{2-10}$$

上述两种方法均能消除由变比不一致产生的不平衡电流。此外，对于有载调压变压器，挡位调节过程中，变压器变比 n_T 将随挡位切换而改变。

无载调压方式下，变压器停电后保护装置切换定值区以适应挡位变换，即每更换一个挡位，保护装置设置 n_T 为挡位切换后变压器的额定变比。但是，对于有载调压方式，由于难以实时引入变压器的挡位信息，随着挡位的切换，n_T 的变化会造成不平衡电流。由于改变分接头的位置产生的最大不平衡电流为

$$I_{\text{unbmax}} = \Delta U I_{\text{kmax}} \tag{2-11}$$

式中，ΔU 为由变压器分接头改变引起的相对误差。一般地，对于有载调压方式，若不能实时调整引入变压器保护装置的变比，则尽量选择调压范围的 50% 附近的挡位作为基准挡位计算差动电流，从而保证任一挡位运行时出现的最大不平衡电流最小。

2.2.3　电流互感器传变误差产生的不平衡电流

为使分析简化，不计电流互感器二次绕组的电阻和铁心损耗，图 2-4 给出电流互感器等效电路示意图。其中 $L_{\mu 1}$ 为励磁回路等效电感，Z_L 为二次负载的等效阻抗，$\dot{I}_\mu$ 为励磁电流。

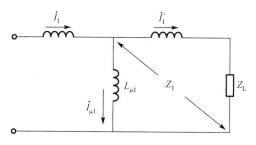

图 2-4　电流互感器等效电路示意图

电流互感器的二次侧电流为

$$\dot{I}_1' = \dot{I}_1 - \dot{I}_{\mu 1} \tag{2-12}$$

则电流互感器的传变误差即为励磁电流。根据图 2-4 的等效电路，可得

$$\dot{I}_{\mu 1} = \frac{Z_1}{j\omega L_{\mu 1} + Z_1}\dot{I}_1 = \frac{1}{\dfrac{j\omega L_{\mu 1}}{Z_1} + 1}\dot{I}_1 \tag{2-13}$$

式中，Z_1 包括了电流互感器的漏抗和二次侧负载阻抗，由于一般情况下负载阻抗中的电阻分量占优，因此在定性分析时，Z_1 可以当作纯电阻来处理。

区外故障时，流经变压器两侧电流互感器的一次侧电流关系为 $\dot{I}_2 = -\dot{I}_1$。考虑电流互感器传变误差的影响，此时差动电流中的不平衡分量为

$$I_{\text{unb}} = \left| \dot{I}_1' + \dot{I}_2' \right| = \left| -(\dot{I}_{\mu 1} + \dot{I}_{\mu 2}) \right| \tag{2-14}$$

因此,由电流互感器传变误差引起的不平衡电流实际上就是变压器两侧电流互感器励磁电流的相量和。正常运行及区外故障情况下,若两个电流互感器的型号相同,它们的参数差异性小,不平衡电流也比较小;反之,不平衡电流比较大。工程上,通常采用同型系数来表示互感器型号对不平衡电流的影响,可参见文献[1]中给出的电流互感器传变特性及误差分析。对于由电流互感器传变误差引起的不平衡电流,差动保护通常采用比率制动特性以躲过其影响;对于变压器区外故障电流互感器饱和引起的较大不平衡电流,可通过 TA 饱和检测判据来闭锁差动保护,具体方案详见第 5 章。

2.2.4　变压器励磁涌流产生机理及其特征

1.　单相变压器励磁涌流

将变压器参数折算到二次侧后,双绕组单相变压器等效电路如图 2-5 所示。

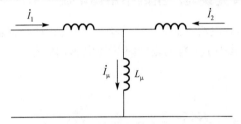

图 2-5　双绕组单相变压器等效电路

显然,励磁回路相当于变压器内部故障的故障支路。励磁电流 I_μ 全部流入差动元件中,形成不平衡电流,即

$$I_{\text{unb}} = I_\mu \tag{2-15}$$

励磁电流的大小取决于励磁电感 L_μ 的数值,也就是取决于变压器铁心是否饱和。正常运行和区外故障时变压器不会饱和,励磁电流一般不会超过额定电流的 2%~5%,对差动保护的影响常常略去不计。当变压器空载投入或区外故障切除后电压恢复时,变压器中的磁通急剧增大,使变压器铁心瞬时饱和,会产生很大的暂态励磁电流,这个暂态励磁电流称为励磁涌流。下面对单相变压器励磁涌流的产生机理做简明分析。

设变压器的合闸侧电源电压为

$$u = U_{\text{m}} \sin(\omega t + \alpha) \tag{2-16}$$

当二次侧开路的空载变压器合到电压为 u 的无穷大系统上,忽略变压器漏抗压降,并令变压器一次绕组匝数 $N=1$,则有

$$\text{d}\phi / \text{d}t = U_{\text{m}} \sin(\omega t + \alpha) \tag{2-17}$$

即

$$\phi = -\frac{U_{\text{m}}}{\omega} \cos(\omega t + \alpha) + C \tag{2-18}$$

式（2-18）中积分常数 C 由合闸初瞬间（$t=0$）的铁心剩磁 ϕ_r 决定，即

$$C = \frac{U_m}{\omega}\cos\alpha + \phi_r \qquad (2\text{-}19)$$

因此空载合闸的铁心磁通为

$$\phi = -\phi_m\cos(\omega t + \alpha) + \phi_m\cos\alpha + \phi_r \qquad (2\text{-}20)$$

称 $\phi_m\cos(\omega t + \alpha)$ 为稳态磁通，将非周期磁通 $\phi_m\cos\alpha$ 和剩磁 ϕ_r 合称为暂态磁通，当 $\alpha = 0°$ 时，如图 2-6 所示。

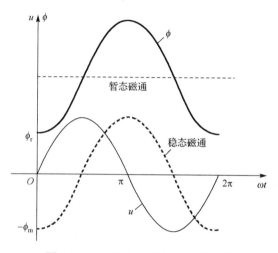

图 2-6　$\alpha = 0°, \phi_r = 0.7\phi_m$ 时空载合闸

　　为了得到空载合闸励磁涌流，可以利用变压器铁心的磁化曲线，如图 2-7 所示，用作图法求解。

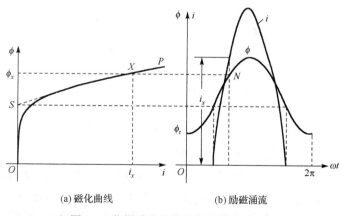

(a) 磁化曲线　　　　　　　(b) 励磁涌流

图 2-7　作图法求解单相变压器励磁涌流

图 2-7(a)为变压器铁心近似磁化曲线，对应图 2-7(b)中的磁通 $\phi(t)$，由铁心近似磁化特性得到图 2-7(b)中的励磁涌流波形。

由式（2-20）可以获得产生最大磁通的边界条件，即 $|\cos\alpha|=1$，ϕ_r 达到最大，并且 $\phi_m\cos\alpha$ 与 ϕ_r 同号。$|\cos\alpha|=1$ 说明合闸角是电压正向过零点，ϕ_r 达到最大，说明此时剩磁最大，$\phi_m\cos\alpha$ 与 ϕ_r 同号说明合闸时剩磁方向也与合闸时磁通方向一致。

对单相变压器，在一个周波中，无论 $\phi_m\cos\alpha$、ϕ_r 情况如何，磁通最小值为 $|\phi_m\cos\alpha+\phi_r|-\phi_m\leqslant\phi_r$，而剩磁 ϕ_r 总是小于工作磁通 ϕ_m，更小于饱和磁通 ϕ_s，由此说明，在一个周波中，总有一段时间铁心中的磁通小于饱和磁通，此时励磁电流很小，励磁涌流出现所谓的"间断角"。

另外，由于 $\phi_m\leqslant\phi_s$，饱和只可能出现在时间轴一侧，即励磁涌流偏移时间轴一侧，这种偏向一侧且有间断角的波形，呈现出明显的不对称，其二次谐波含量较大。

综合以上分析，单相变压器励磁涌流有以下特点。

（1）在变压器空载合闸时，涌流是否产生以及涌流的大小与合闸角有关，合闸角 $\alpha=0$ 或 $\alpha=\pi$ 时励磁涌流最大。

（2）波形完全偏离时间轴的一侧，并且出现间断。涌流越大，间断角越小。

（3）含有很大成分的非周期分量，间断角越小，非周期分量越大。

（4）含有大量的高次谐波分量，以二次谐波为主，间断角越小，二次谐波分量也越小。

2. 三相变压器励磁涌流的特征

三相变压器空载合闸时，三相绕组都会产生励磁涌流。图 2-8 所示为三相变压器励磁涌流波形。

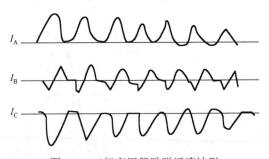

图 2-8　三相变压器励磁涌流波形

对于一般情况，三相变压器励磁涌流有以下特点。

（1）由于三相电压之间有 $120°$（$2\pi/3$）的相位差，因而三相励磁涌流不会相同，任何情况下空载投入变压器，至少在两相中要出现不同程度的励磁涌流。

（2）某相励磁涌流可能不再偏离时间轴的一侧，波形呈现出一定的对称性，即所谓的"对称性涌流"。其他两相仍为偏离时间轴一侧的非对称性涌流。对称性涌流的幅值一般比较小，且对称性涌流中无非周期分量。

（3）三相励磁涌流中有一相或两相二次谐波含量比较小，但至少有一相的二次谐波含量比较大。

（4）励磁涌流的波形仍是间断的，但间断角相比于单相变压器励磁涌流的间断角减小，其中又以对称性涌流的间断角为最小。

3. 基于二次谐波制动的励磁涌流识别方法

根据三相变压器励磁涌流的特征，通常采用以下三种方法来防止励磁涌流引起的差动保护误动：二次谐波制动、间断角鉴别和波形对称鉴别的方法。三种方法基本原理的介绍，可参见文献[2]。

其中二次谐波制动是目前实际应用最广泛的方案之一，根据制动方式的不同，可选择"分相制动"、"或门制动"及其组合等不同方式，其各有优缺点。

（1）"分相制动"判据。"分相制动"判据逻辑如图 2-9 所示。

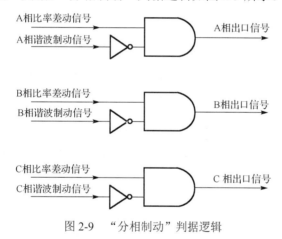

图 2-9　"分相制动"判据逻辑

图 2-9 中，"比率差动信号"反映差动电流与制动电流之比，当两者比值大于比率差动整定值并且差动电流大于动作电流的阈值时，比率差动信号输出逻辑 1。谐波制动信号为该相差动电流中二次谐波与基波之比，当比值大于谐波比整定值时，输出逻辑 1。

从图 2-9 中可以看到，某一相的比率差动只受本相的二次谐波制动，不受其他相二次谐波制动的影响，因此"分相制动"方式有利于差动保护在空载合闸于内部故障时快速动作，但在某些空载合闸情况下，当某相励磁涌流的二次谐波含量低于阈值时，存在误动的可能。

（2）"或门制动"判据。"或门制动"判据逻辑如图 2-10 所示。

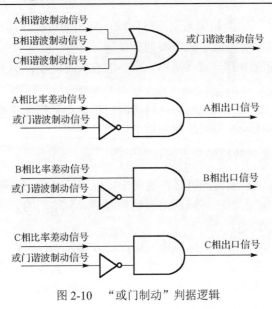

图 2-10　"或门制动"判据逻辑

图 2-10 中,比率差动信号与谐波制动信号意义与"分相制动"中的相同。从图 2-10 可以看到,"或门制动"判据多了一个环节,即由三相谐波制动信号经或门后形成一个总的或门谐波制动信号,进而由或门谐波制动信号分别对三相差动保护进行制动,因此,一相差动保护能否出口不仅与本相的二次谐波含量有关,还与其他相二次谐波含量有关。

根据励磁涌流产生原理,通常三相变压器励磁涌流中至少有一相励磁涌流的二次谐波含量超过 15%,因此"或门制动"方式能对各种励磁涌流进行可靠制动。但是当变压器合闸于内部故障时,"或门制动"易导致差动保护拒动。

(3)"或门制动"与"分相制动"自适应切换判据。前述某些空载合闸情况下励磁涌流二次谐波含量较低,"分相制动"难以实现可靠制动,但是在励磁涌流衰减过程中,二次谐波含量逐渐升高,可以利用这个特点,设置二次谐波含量增大判据,在二次谐波增大情况下,投入"或门制动",保证对各种励磁涌流保护都能可靠制动,否则,只投"分相制动",保证变压器合闸于内部故障时保护快速动作。

判断二次谐波增大信号逻辑如图 2-11 所示。

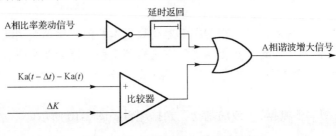

图 2-11　二次谐波增大信号逻辑图

以 A 相为例，图中，$Ka(t)$ 表示 t 时刻 A 相差动电流中二次谐波与基波之比，$Ka(t-\Delta t)$ 表示 $t-\Delta t$ 时刻 A 相差动电流中二次谐波与基波之比，ΔK 为二次谐波增大判据的整定值。当 $Ka(t-\Delta t)-Ka(t)>\Delta K$ 时，判为 A 相差动电流中二次谐波含量增大，A 相谐波增大信号置为 1。B、C 相同理。

由于上述判据中，数据窗较长，为防止算法暂态过程中保护误动作，在涌流或故障发生初期，由延时返回环节保证谐波增大信号置 1，仅投入"或门制动"，退出"分相制动"，延时时间可设为 100ms。100ms 过后，延时环节置 0，此时通过判别各相的二次谐波含量是否增大来设置相应的谐波增大信号，由此形成"或门制动"与"分相制动"自适应切换判据，具体逻辑如图 2-12 所示。

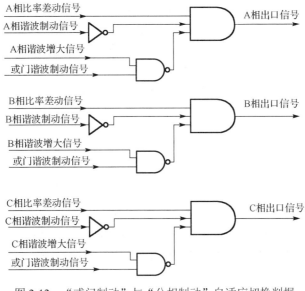

图 2-12　"或门制动"与"分相制动"自适应切换判据

2.2.5　减小不平衡电流的主要措施

可以通过以下措施来减小区外故障时差动保护的不平衡电流。

（1）消除因计算变比与实际变比不一致而产生的不平衡电流。令

$$\Delta n = -\left(1 - \frac{n_{TA1}n_T}{n_{TA2}}\right) \tag{2-21}$$

由式（2-2）可知，计算变比与实际变比不一致产生的不平衡电流为 $-\Delta n\dot{I}_1'$。电流互感器变比选定后，Δn 就是一个常数，所以可以用 $\Delta n\dot{I}_1'$ 将这个不平衡电流补偿掉。此时引入差动元件的电流为

$$\dot{I}_d = \dot{I}_1' + \dot{I}_2' + \Delta n\dot{I}_1' \tag{2-22}$$

式中，Δn 就是需要补偿的系数。当然也可以用 $\dot{I}_2'$ 来进行补偿，此时的补偿系数读者可自行推导。

对于电磁式差动保护装置，可以采用中间变流器进行补偿。对于数字式差动保护装置，只需按照式（2-22）进行简单的计算就能够实现补偿。

（2）减少因电流互感器引起的稳态不平衡电流。应尽可能使用型号、性能完全相同的 P 级电流互感器，使得两侧电流互感器的磁化曲线相同，以减小不平衡电流。另外，减小电流互感器的二次侧负载并使各侧二次负载相同，能够减少铁心的饱和程度，相应地也减少了不平衡电流。减小二次负载的方法，除了减小二次侧电缆的电阻，可以增大电流互感器的变比 n_{TA}。二次侧阻抗 Z_L 折算到一次侧的等效阻抗为 Z_L / n_{TA}^2。若采用二次侧额定电流为 1A 的电流互感器，等效阻抗只有额定电流为 5A 时的 1/25。

（3）减少因电流互感器引起的暂态不平衡电流。根据电流互感器暂态不平衡电流中可能含有大量的非周期分量，使电流完全偏离时间轴一侧的特点，电磁式保护常采用在差动回路中接入具有速饱和特性的中间变流器的方法减少因电流互感器引起的不平衡电流。微机保护中可以通过采用比率制动特性的差动判据躲过该不平衡电流。当区外故障电流互感器发生饱和时，可通过辅助判据来闭锁差动保护防止误动，详见第 5 章。

2.3　比率制动特性

差动保护在区外故障时，有可能因为各侧电流互感器磁饱和程度不一致而出现很大的不平衡电流。为了防止差动保护在区外故障时误动，微机型变压器保护普遍采用了比率制动特性。比率制动特性的基本原理是通过引入制动电流 I_r，使保护的差动电流阈值 I_{set} 随 I_r 的增大按一定的比率增大。比率制动特性可以兼顾内部故障时的灵敏性与区外故障时的可靠性。

根据 2.2.2 节的讨论可知，流入差动元件的不平衡电流与变压器区外故障时的穿越电流有关。穿越电流越大，不平衡电流也越大。利用这个特点，在差动元件中引入一个能够反映变压器穿越电流大小的制动电流，差动元件的动作电流可根据制动电流自动进行调整。

变压器区外故障时的不平衡电流与短路电流有关，也可以表示为

$$I_{unb} = f(I_r) \tag{2-23}$$

则具有制动特性差动元件的动作方程为

$$I_d > K_{rel} f(I_r) \tag{2-24}$$

式中，K_{rel} 为可靠系数。

将差动电流 I_d 与制动电流 I_r 的关系在一个平面坐标上表示（图 2-13），显然只有当差动电流处于曲线 $K_{rel} f(I_r)$ 的上方时差动元件才能动作并且肯定动作。$K_{rel} f(I_r)$ 曲

线称为差动元件的制动特性，而处于制动特性上方的区域称为差动元件的动作区，另一个区域相应地称为制动区。

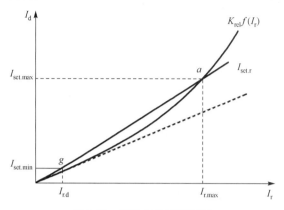

图 2-13　差动元件制动特性

如图 2-13 所示，在 I_r 比较小时，$K_{rel}f(I_r)$ 曲线是线性上升的；I_r 比较大时导致电流互感器传变误差增大，$K_{rel}f(I_r)$ 曲线的变化率增加，并不再是线性的。由于电流互感器的饱和与许多因素有关，所以制动特性中非线性部分的具体数值是不易确定的。实用的制动特性要进行简化，在数字式差动保护中，常常采用一段与坐标横轴平行的直线和一段斜线构成的所谓"两折线"特性（也可构成"三折线"特性），折线用 $I_{set.r}$ 表示，如图 2-13 所示。这样，制动特性的数学表达式为

$$I_{set.r} = \begin{cases} I_{set.min}, & I_r < I_{r.d} \\ K(I_r - I_{r.d}) + I_{set.min}, & I_r \geqslant I_{r.d} \end{cases} \tag{2-25}$$

式中，K 为制动特性的斜率，由图 2-13 可知：

$$K = \frac{I_{set.max} - I_{set.min}}{I_{r.max} - I_{r.d}} \tag{2-26}$$

差动元件的整定计算就是确定拐点电流 $I_{r.d}$、最小动作电流 $I_{set.min}$ 和制动特性的斜率 K（或最大制动比 $K_{r.max}$），相关参数的具体计算方法可参见文献[3]。

另外，制动电流的选取并不唯一，对于数字式保护，制动电流通常由变压器各侧的电流综合而成，常见的构造方法有以下几种（以双绕组变压器为例）。

（1）平均电流制动：

$$I_r = \frac{1}{2}\left(\left|\dot{I}_1\right| + \left|\dot{I}_2\right|\right) \tag{2-27}$$

（2）复式制动：

$$I_r = \frac{1}{2}\left|\dot{I}_1 - \dot{I}_2\right| \tag{2-28}$$

（3）标积制动：

$$I_r = \begin{cases} \sqrt{|\dot{I}_1||\dot{I}_2|\cos\left(180° - \arg\left(\dot{I}_1/\dot{I}_2\right)\right)}, & \cos\left(180° - \arg\left(\dot{I}_1/\dot{I}_2\right)\right) > 0 \\ 0, & \cos\left(180° - \arg\left(\dot{I}_1/\dot{I}_2\right)\right) \leqslant 0 \end{cases}$$ （2-29）

上述三种制动电流选取方法，在外部短路情况下都可以可靠不动作，但在内部短路时，三者灵敏度有一定差别，详见文献[3]的有关内容。

2.4　三相变压器的相位补偿方式

前面 2.2.1 节提到，采用 Y_0d11 接线方式的三相变压器，由于高、低压侧绕组接线方式不同造成两侧的线电流存在 30°的相位偏差，若直接将其接入变压器差动回路，会产生较大不平衡电流。因此必须在计算差动电流前进行电流相位补偿。为突出重点并简化分析，本节后续讨论均假设变压器星-角两侧绕组匝数比为1。

2.4.1　三种电流相位补偿方式

1．$Y \rightarrow \Delta$ 电流相位补偿方式

将 Y_0 侧三相电流通过两两相减转换为与 Δ 侧电流相对应，根据图 2-3 可得电流相位补偿公式如下[4]：

$$\begin{bmatrix} i'_A \\ i'_B \\ i'_C \end{bmatrix} = \begin{bmatrix} 1 & -1 & 0 \\ 0 & 1 & -1 \\ -1 & 0 & 1 \end{bmatrix} \cdot \begin{bmatrix} i_A \\ i_B \\ i_C \end{bmatrix}$$ （2-30）

$$\begin{bmatrix} i'_a \\ i'_b \\ i'_c \end{bmatrix} = \begin{bmatrix} i_a \\ i_b \\ i_c \end{bmatrix}$$ （2-31）

式中，i'_A, i'_B, i'_C 为转换后 Y_0 侧 ABC 三相电流，i_A, i_B, i_C 为流过 Y_0 侧绕组的 ABC 三相电流；i'_a, i'_b, i'_c 为转换后的 Δ 侧 abc 三相电流，i_a, i_b, i_c 为流过 Δ 侧 abc 三相线电流。

当变压器在 Y_0 侧空载合闸时，流入保护的差动电流为 Y_0 侧两相电流之差，各相差流如下所示：

$$\begin{cases} i_{dA} = i_A - i_B = i_{mA} - i_{mB} \\ i_{dB} = i_B - i_C = i_{mB} - i_{mC} \\ i_{dC} = i_C - i_A = i_{mC} - i_{mA} \end{cases}$$ （2-32）

式中，i_{mA}、i_{mB}、i_{mC} 分别为各相励磁支路电流。

2. Δ→Y 电流相位补偿方式

在 Y_0 侧减去零序电流，如下所示：

$$\begin{bmatrix} i'_A \\ i'_B \\ i'_C \end{bmatrix} = \begin{bmatrix} i_A \\ i_B \\ i_C \end{bmatrix} - \begin{bmatrix} i_0 \\ i_0 \\ i_0 \end{bmatrix} \tag{2-33}$$

式中，i_0 为 Y_0 侧的零序电流，$3i_0 = i_A + i_B + i_C$。

将 Δ 侧电流通过算法转换为与 Y_0 侧电流相对应，如下所示：

$$\begin{bmatrix} i'_a \\ i'_b \\ i'_c \end{bmatrix} = \frac{1}{3} \begin{bmatrix} 1 & 0 & -1 \\ -1 & 1 & 0 \\ 0 & -1 & 1 \end{bmatrix} \cdot \begin{bmatrix} i_a \\ i_b \\ i_c \end{bmatrix} \tag{2-34}$$

变压器 Y_0 侧空载合闸时，差动电流为 Y_0 侧相电流与零序电流之差[4]。

$$\begin{cases} i_{da} = i_A - i_0 = \dfrac{2}{3} i_{mA} - \dfrac{1}{3}(i_{mB} + i_{mC}) \\ i_{db} = i_B - i_0 = \dfrac{2}{3} i_{mB} - \dfrac{1}{3}(i_{mC} + i_{mA}) \\ i_{dc} = i_C - i_0 = \dfrac{2}{3} i_{mC} - \dfrac{1}{3}(i_{mA} + i_{mB}) \end{cases} \tag{2-35}$$

若 Y_0 侧没有减去零序电流，而是直接采用相电流方式，变压器在 Y_0 侧空载合闸时，流入保护的差动电流为 Y_0 侧相电流，根据图 2-3 参考方向，即

$$\begin{cases} i_{da} = i_A = i_{mA} + i_D \\ i_{db} = i_B = i_{mB} + i_D \\ i_{dc} = i_C = i_{mC} + i_D \end{cases} \tag{2-36}$$

式中，i_D 为 Δ 侧的环流：

$$i_D = \frac{1}{3}(i_{pa} + i_{pb} + i_{pc}) \tag{2-37}$$

由以上推导分析可知，变压器空载合闸时，差动电流由于相位补偿方式的不同而有所差别。理想情况下差流应能够反映变压器励磁支路电流的性质，由式（2-32）和式（2-35）可知，无论是经过 Y→Δ 或是 Δ→Y 电流相位补偿方式，差动电流均不同于变压器励磁支路的电流，可能导致变压器差动保护误动。由式（2-36）可以看出，当变压器 Y_0 侧空载合闸时，采用相电流方式时，差动电流是由励磁电流与环流叠加而成的。

3. 绕组差动方式及其改进[5]

由前面分析可知，对于 Y_0d11 变压器，当在 Y_0 侧空载合闸时，不管采用何种相位补偿方式，差动电流都不等于变压器励磁支路电流，存在一定的偏差，进而影响了励磁涌流的准确鉴别。其实，为准确获得励磁支路的电流，可采取绕组差动构成方式，如图 2-14(a)所示，变压器 Δ 侧 TA2 接于绕组内部，可直接测量 Δ 侧绕组上的电流，与 Y_0 侧 TA1 构成绕组差动方式，能够得到准确的励磁支路电流。但此种方案会使差动保护区缩小，存在变压器 Δ 侧引线处发生故障而差动保护无法动作的缺陷。为此，需要对绕组差动方式进行改进，提出一种 TA 配置新方案，如图 2-14(b)所示。

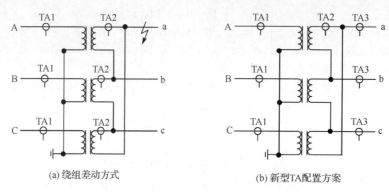

(a) 绕组差动方式   (b) 新型TA配置方案

图 2-14　变压器差动保护 TA 配置方案

在图 2-14(b)中，变压器差动保护接线由 TA1 和 TA3 构成，与传统差动保护构成方式一致，差别在于仅需要在变压器Δ侧多接入一相的绕组 TA，如图 2-14(b)中 TA2 所示。TA2 是用来测量变压器Δ侧的某相绕组电流，然后与Δ侧 TA3 所测得的各线电流，利用 KCL 定律可以求得Δ侧各相绕组的电流。以图 2-14(b)所示为例，由Δ侧 a 相绕组电流 i_{a2} 和 a 相线电流 i_{a3} 可以得到Δ侧 c 相的绕组电流 i_{c2}（电流正方向规定为指向变压器内部），如式（2-38）所示；由Δ侧 a 相绕组电流 i_{a2} 和Δ侧 b 相的线电流 i_{b3}，可以得到Δ侧 b 相的绕组电流 i_{b2}，如式（2-39）所示。

$$i_{c2} = i_{a2} - i_{a3} \qquad\qquad (2\text{-}38)$$

$$i_{b2} = i_{a2} + i_{b3} \qquad\qquad (2\text{-}39)$$

式中，i_{a3}, i_{b3} 分别表示由 TA3 测量到的变压器Δ侧 AB 两相的线电流；i_{a2}, i_{b2}, i_{c2} 分别表示由 TA2 测量到的Δ侧三相的绕组电流。采用图 2-14(b)的接线方式，一方面不会使变压器差动保护存在死区，另一方面由于 TA2 的存在，可以很容易地通过变压器Δ侧线电流求得Δ侧各相绕组电流，解决了Δ侧绕组电流由于环流分量影响而不易准确求取的难题。需要说明的是，绕组差动和改进的绕组差动方案仅适用于由三个单相变压器构成的三相变压器组形式，对于三相一体式变压器，由于Δ侧绕组内无法配置 TA，因而不能实现。

2.4.2　不同电流相位补偿方式的分析比较

变压器在 Y_0 侧空载合闸时，经过电流相位补偿，希望补偿后的差流能够真实反映励磁支路的电流，理想情况下应等于励磁电流。但前述分析表明不管采取何种补偿方式，补偿后的差流并不严格等于本相的励磁电流。不同情况下，哪一种补偿方式更优越，下面以产生单相、两相和三相涌流情况进行仿真分析比较。

1. 仅 A 相产生涌流，BC 相没有涌流

以 Y_0d11 变压器 Y_0 侧空投，仅 A 相产生涌流为例，此时有：$i_{mA} \neq 0, i_{mB} = i_{mC} = 0$，由式（2-32）、式（2-35）可得 $Y \rightarrow \Delta$ 和 $\Delta \rightarrow Y$ 两种相位补偿方式下差流分别如式（2-40）和式（2-41）所示：

$$\begin{cases} i_{da} = i_{mA} \\ i_{db} = 0 \\ i_{dc} = -i_{mA} \end{cases} \tag{2-40}$$

$$\begin{cases} i_{da} = \dfrac{2}{3} i_{mA} \\ i_{db} = -\dfrac{1}{3} i_{mA} \\ i_{dc} = -\dfrac{1}{3} i_{mA} \end{cases} \tag{2-41}$$

在单相产生涌流情况下，$Y \rightarrow \Delta$ 和 $\Delta \rightarrow Y$ 两种相位补偿方式都能真实地反映涌流，变压器差动保护能可靠闭锁。

对于直接利用相电流的方式，由式（2-36）可知，其转角后的差流为

$$\begin{cases} i_{da} = i_{mA} + i_D \\ i_{db} = i_D \\ i_{dc} = i_D \end{cases} \tag{2-42}$$

差流与 Δ 侧环流有很大关系，显然，当 i_D 与 i_{mA} 中的二次谐波相位差较小时，将增强差流 i_{da} 中二次谐波含量；反之，当 i_D 与 i_{mA} 二次谐波相位差较大时，则会削弱差流 i_{da} 中二次谐波含量。图 2-15 给出了一个相应的仿真示例，由图 2-15(b)可以看出，Δ 侧环流 i_D 二次谐波相位接近 $100°$，而励磁电流 i_{mA} 二次谐波相位在 $270°$ 附近，两者相位近乎相反，由图 2-15(c)可以看出，采用相电流补偿方式的差流中二次谐波含量低于 20%，有可能引起按相闭锁的差动保护误动[6,7]。

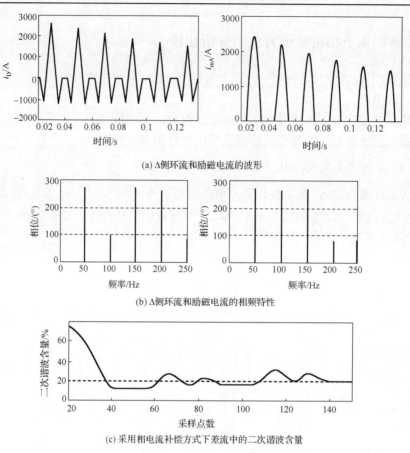

(a) Δ侧环流和励磁电流的波形

(b) Δ侧环流和励磁电流的相频特性

(c) 采用相电流补偿方式下差流中的二次谐波含量

图 2-15　变压器Δ侧环流和励磁电流的比较

2.　AB 相产生涌流，C 相没有涌流

此时，$i_{mA}, i_{mB} \neq 0$，$i_{mC} = 0$。由式（2-32）、式（2-35）可得 Y→Δ和Δ→Y 两种相位补偿方式下差流分别如式（2-43）和式（2-44）所示：

$$\begin{cases} i_{da} = i_{mA} - i_{mB} \\ i_{db} = i_{mB} \\ i_{dc} = -i_{mA} \end{cases} \tag{2-43}$$

$$\begin{cases} i_{da} = \dfrac{2}{3} i_{mA} - \dfrac{1}{3} i_{mB} \\ i_{db} = \dfrac{2}{3} i_{mB} - \dfrac{1}{3} i_{mA} \\ i_{dc} = -\dfrac{1}{3}(i_{mA} + i_{mB}) \end{cases} \tag{2-44}$$

经过 Y→Δ 和 Δ→Y 补偿后，差动电流值出现了两相涌流相加或相减的形式，呈现出对称性涌流的特征。由于两相励磁电流不可能完全同相位，所以经过转角补偿后的差动电流中二次谐波含量能够维持一定的值。

采用相电流方式，其差流为

$$\begin{cases} i_{da} = i_{mA} + i_D \\ i_{db} = i_{mB} + i_D \\ i_{dc} = i_D \end{cases} \tag{2-45}$$

同理，在相电流方式下，差动电流与Δ侧环流密切相关，当 i_D 与 A,B 相二次谐波相位差较小时，将增强差流中二次谐波含量；反之，当 i_D 与 A,B 相二次谐波相位差较大时，则会削弱差流中的二次谐波含量。

3. ABC 三相均产生涌流

经过两种电流补偿方式后差流分别如式（2-32）、式（2-35）所示。

对于 Y→Δ 方式，转角后差流由两相励磁电流共同作用；对于Δ→Y 方式，转角后差流由三相励磁电流共同决定，研究表明两种转角方式对涌流识别能力相当。在某些情况下，Y→Δ 方式相对于Δ→Y 方式涌流识别效果可能好一些；而在另外一些情况下，Δ→Y 方式相对于 Y→Δ 方式涌流识别效果可能会更好。

对于Δ→Y 方式和相电流方式相比较，两者区别在于是否计及零序电流的影响。当变压器空载合闸时，由于各相励磁电流的不确定性，零序电流也是不确定的。在不同合闸初相角与不同剩磁情况下空投变压器时，零序分量中各次谐波含量均会发生较大变化。因此，以往认为采用相电流方式比Δ→Y 补偿方式更具优势的观点并不科学，这一点应该予以澄清。

利用 MATLAB 建立 Y_0d11 三相变压器空载合闸模型，设置三相剩磁分别为 0.6，–0.6，–0.6，合闸时间为 0.02s。图 2-16 为不同电流相位补偿方式下差流中二次谐波含量的对比情况。

对于 A 相差流，采用 Y→Δ 补偿方式时，其二次谐波含量高于 20%；而采用Δ→Y 方式与相电流方式时，其二次谐波含量低于 20%。对于 C 相差流，采用Δ→Y 补偿方式和采用相电流方式时，C 相差流中二次谐波含量均高于 20%；而采用 Y→Δ 补偿方式，C 相差流中二次谐波含量不满足 20%这一制动条件[7]。通过上述比较可以看出，不同情况下，不同电流补偿方式对励磁涌流识别效果也不一样。

最好的补偿方式是改进型绕组差动方式，但该方式需要在Δ内接入一个 TA，对于三相一体式变压器不能采用。针对一体式变压器，其关键在于Δ侧绕组环流的求取，因此 2.5 节探讨了Δ侧绕组环流的求取方式。

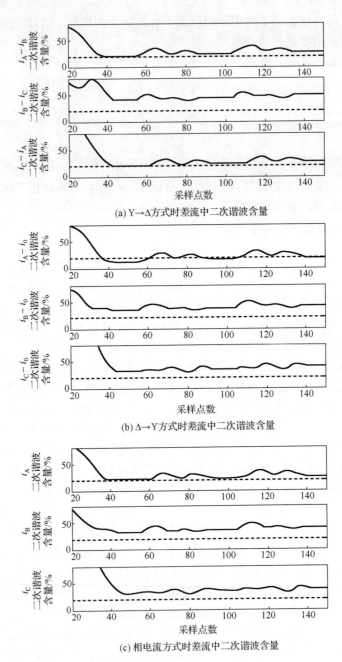

(a) Y→Δ方式时差流中二次谐波含量

(b) Δ→Y方式时差流中二次谐波含量

(c) 相电流方式时差流中二次谐波含量

图 2-16　不同电流相位补偿方式下差流中二次谐波含量对比

2.5　变压器Δ侧绕组中环流计算方法

前面分析表明，无论是 Y→Δ还是Δ→Y 相位补偿方式，Δ侧绕组中环流的影响，使得变换后得到的差流并不能正确反映励磁电流的变化情况，如能得到Δ侧绕组中环流，就可以求出Δ侧绕组电流，进而以此电流进行差流计算，可提高差动保护的性能。

为了解决 Y/Δ接线三相一体式变压器Δ侧绕组环流无法测量的问题，本节在变压器回路方程的基础上，通过数值积分的方法计算出瞬时漏电感和绕组电阻参数，将参数计算结果代入变压器回路方程中，求解出Δ侧绕组环流。该方法对于变压器空载合闸及空载合闸于轻微匝间故障下的Δ侧环流求取保持较好的计算精度[7]。该方法为三相一体式变压器差动保护中差流的准确计算提供了可能。

2.5.1　Δ侧绕组中环流的求解方法

对图 2-17 所示的双绕组单相变压器，设u_1、u_2 分别为一、二次绕组电压，i_1、i_2 分别为一、二次绕组电流，$L_{\sigma 1}$、$L_{\sigma 2}$ 分别为一、二次绕组漏感，$\psi_{\mathrm m}$ 为主磁链，R_1、R_2 为一、二次绕组电阻，并设变压器变比为$n_{\mathrm T}=1$。

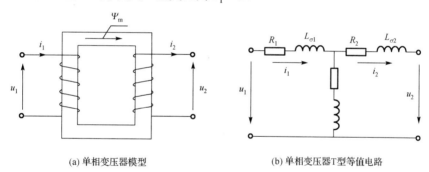

(a) 单相变压器模型　　　　　　(b) 单相变压器T型等值电路

图 2-17　双绕组单相变压器

在正常运行情况下，有下面关系式成立：

$$u_1 - R_1 i_1 - L_{\sigma 1}\frac{\mathrm d i_1}{\mathrm d t} = R_2 i_2 + L_{\sigma 2}\frac{\mathrm d i_2}{\mathrm d t} + u_2 \tag{2-46}$$

对图 2-18 所示的三相变压器，设变压器三相绕组电阻和漏感都相等，变压器回路电压方程为

$$\begin{cases} u_{\mathrm A} - R_1 i_{\mathrm A} - L_{\sigma 1}\dfrac{\mathrm d i_{\mathrm A}}{\mathrm d t} = R_2 i_{\mathrm a} + L_{\sigma 2}\dfrac{\mathrm d i_{\mathrm a}}{\mathrm d t} + u_{\mathrm a} \\[2mm] u_{\mathrm B} - R_1 i_{\mathrm B} - L_{\sigma 1}\dfrac{\mathrm d i_{\mathrm B}}{\mathrm d t} = R_2 i_{\mathrm b} + L_{\sigma 2}\dfrac{\mathrm d i_{\mathrm b}}{\mathrm d t} + u_{\mathrm b} \\[2mm] u_{\mathrm C} - R_1 i_{\mathrm C} - L_{\sigma 1}\dfrac{\mathrm d i_{\mathrm C}}{\mathrm d t} = R_2 i_{\mathrm c} + L_{\sigma 2}\dfrac{\mathrm d i_{\mathrm c}}{\mathrm d t} + u_{\mathrm c} \end{cases} \tag{2-47}$$

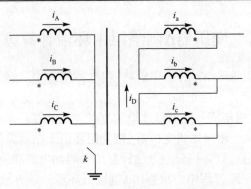

图 2-18　Y/d 接线变压器示意图

当变压器 Y 侧空载合闸时可有 $i_a = i_b = i_c = i_D$，根据变压器短路试验，引入参数 $R_k = R_1 + R_2$，$L_k = L_{\sigma1} + L_{\sigma2} = x_k / \omega$，$R_k$ 和 x_k 分别为变压器绕组电阻和短路电抗。将上述参数代入式（2-47）可得变压器 Y 侧空载合闸情况下的等值回路方程：

$$\begin{cases} u_A - u_a - R_k i_A - L_k \dfrac{di_A}{dt} = R_2(i_D - i_A) + L_{\sigma2}\dfrac{d(i_D - i_A)}{dt} \\[2mm] u_B - u_b - R_k i_B - L_k \dfrac{di_B}{dt} = R_2(i_D - i_B) + L_{\sigma2}\dfrac{d(i_D - i_B)}{dt} \\[2mm] u_C - u_c - R_k i_C - L_k \dfrac{di_C}{dt} = R_2(i_D - i_C) + L_{\sigma2}\dfrac{d(i_D - i_C)}{dt} \end{cases} \qquad (2\text{-}48)$$

由式（2-48）的第一式减去第二式，第二式减去第三式可得

$$\begin{cases} u_1 - u_2 = -R_2 i_{AB} - L_{\sigma2}\dfrac{di_{AB}}{dt} \\[2mm] u_2 - u_3 = -R_2 i_{BC} - L_{\sigma2}\dfrac{di_{BC}}{dt} \end{cases} \qquad (2\text{-}49)$$

式中，$i_{AB} = i_A - i_B$，$i_{BC} = i_B - i_C$，

$$\begin{cases} u_1 = u_A - u_a - R_k i_A - L_k \dfrac{di_A}{dt} \\[2mm] u_2 = u_B - u_b - R_k i_B - L_k \dfrac{di_B}{dt} \\[2mm] u_3 = u_C - u_c - R_k i_C - L_k \dfrac{di_C}{dt} \end{cases} \qquad (2\text{-}50)$$

为避免求导，提高计算精度，采用积分形式，对式（2-49）两端在 t 到 $t + T_s$ 时间段内积分（其中 T_s 为采样间隔），可得

$$\begin{cases} \int_t^{t+T_s}(u_1-u_2)\mathrm{d}t=-R_2\int_t^{t+T_s}i_{AB}\mathrm{d}t-L_{\sigma2}\int_t^{t+T_s}\frac{\mathrm{d}i_{AB}}{\mathrm{d}t}\mathrm{d}t \\ \int_t^{t+T_s}(u_2-u_3)\mathrm{d}t=-R_2\int_t^{t+T_s}i_{BC}\mathrm{d}t-L_{\sigma2}\int_t^{t+T_s}\frac{\mathrm{d}i_{BC}}{\mathrm{d}t}\mathrm{d}t \end{cases}\qquad(2\text{-}51)$$

令 $u'_{12}=\int_t^{t+T_s}(u_1-u_2)\mathrm{d}t$，$u'_{23}=\int_t^{t+T_s}(u_2-u_3)\mathrm{d}t$；$i'_{AB}=\int_t^{t+T_s}i_{AB}\mathrm{d}t$，$i'_{BC}=\int_t^{t+T_s}i_{BC}\mathrm{d}t$；

$G_{AB}=\int_t^{t+T_s}\frac{\mathrm{d}i_{AB}}{\mathrm{d}t}\mathrm{d}t$，$G_{BC}=\int_t^{t+T_s}\frac{\mathrm{d}i_{BC}}{\mathrm{d}t}\mathrm{d}t$。

采用数值积分算法中的梯形公式，解方程（2-51）得

$$\begin{cases} R_2=\dfrac{u'_{23}(i)G_{AB}(i)-u'_{12}(i)G_{BC}(i)}{i'_{AB}(i)G_{BC}(i)-i'_{BC}(i)G_{AB}(i)} \\ L_{\sigma2}=\dfrac{u'_{12}(i)i'_{BC}(i)-u'_{23}(i)i'_{AB}(i)}{i'_{AB}(i)G_{BC}(i)-i'_{BC}(i)G_{AB}(i)} \end{cases}\qquad(2\text{-}52)$$

式中，

$$\begin{cases} u'_{12}=\int_t^{t+T_s}u_1\mathrm{d}t-\int_t^{t+T_s}u_2\mathrm{d}t \\ u'_{23}=\int_t^{t+T_s}u_2\mathrm{d}t-\int_t^{t+T_s}u_3\mathrm{d}t \end{cases}$$

$$\int_t^{t+T_s}u_1\mathrm{d}t=\frac{u_A(i)+u_A(i+1)}{2}T_s-\frac{u_a(i)+u_a(i+1)}{2}T_s-R_k\left(\frac{i_A(i)+i_A(i+1)}{2}T_s\right)-L_k(i_A(i+1)-i_A(i))$$

$$\int_t^{t+T_s}u_2\mathrm{d}t=\frac{u_B(i)+u_B(i+1)}{2}T_s-\frac{u_b(i)+u_b(i+1)}{2}T_s-R_k\left(\frac{i_B(i)+i_B(i+1)}{2}T_s\right)-L_k(i_B(i+1)-i_B(i))$$

$$\begin{cases} i'_{AB}=\int_t^{t+T_s}i_{AB}\mathrm{d}t=\dfrac{i_A(i)+i_A(i+1)}{2}T_s-\dfrac{i_B(i)+i_B(i+1)}{2}T_s \\ i'_{BC}=\int_t^{t+T_s}i_{BC}\mathrm{d}t=\dfrac{i_B(i)+i_B(i+1)}{2}T_s-\dfrac{i_C(i)+i_C(i+1)}{2}T_s \end{cases}$$

$$\begin{cases} G_{AB}=\int_t^{t+T_s}\dfrac{\mathrm{d}i_{AB}}{\mathrm{d}t}\mathrm{d}t=i_A(i+1)-i_A(i)-i_B(i+1)+i_B(i) \\ G_{BC}=\int_t^{t+T_s}\dfrac{\mathrm{d}i_{BC}}{\mathrm{d}t}\mathrm{d}t=i_B(i+1)-i_B(i)-i_C(i+1)+i_C(i) \end{cases}$$

式（2-52）求出Δ侧的绕组电阻 R_2 和漏感抗 $L_{\sigma2}$ 的值，再由已知的 R_k 和 x_k 即可求出星侧 R_1 和 $L_{\sigma1}$ 的值。将 R_1、R_2 和 $L_{\sigma1}$、$L_{\sigma2}$ 的值代入离散化方程组（2-47）的任一方程式，可得

$$i_D(i+1)=\frac{\Delta(i)-(R_2T_s/2-L_{\sigma2})i_D(i)}{L_{\sigma2}+R_2T_s/2}\qquad(2\text{-}53)$$

式中，

$$\Delta(i)=\frac{u_{\mathrm{A}}(i)+u_{\mathrm{A}}(i+1)}{2}T_{\mathrm{s}}-\frac{u_{\mathrm{a}}(i)+u_{\mathrm{a}}(i+1)}{2}T_{\mathrm{s}}-R_{1}\left(\frac{i_{\mathrm{A}}(i)+i_{\mathrm{A}}(i+1)}{2}T_{\mathrm{s}}\right)-L_{\sigma 1}(i_{\mathrm{A}}(i+1)-i_{\mathrm{A}}(i))$$

式（2-53）为 i_{D} 求解的递推式，由于 i_{D} 的初始值为零，所以可以通过式（2-53）求出Δ侧环流 i_{D} 的值。由前面分析可知，Δ侧绕组环流求取与变压器 Y 侧中性点接地方式无关。对于变压器 Y 侧中性点不接地方式，本节所提方法依然适用。

2.5.2 仿真验证

利用 MATLAB 建立如图 2-19 所示仿真模型，验证提出的环流求取方法。$\mathrm{Y_0 d11}$ 变压器由三个单相变压器连接而成，电压等级为 500kV/230kV，容量为 150MVA，Y 侧绕组电阻和漏电感标幺值分别为 0.002，0.08，Δ侧绕组电阻和漏电感标幺值分别为 0.002，0.08，铁心饱和特性为[0,0；0.0154,1.2；1.0,1.2613]。

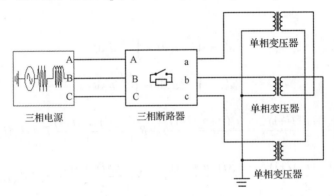

图 2-19　变压器仿真模型

1. 变压器空载合闸

图 2-20 为变压器空载合闸时的仿真结果，图 2-20(a)为计算出的二次侧漏感和绕组电阻，图 2-20(b)为仿真实测出的Δ侧绕组环流与按照本节方法求取的Δ侧绕组环流对比，仿真结果表明计算结果和实际值十分接近。

2. 变压器空载合闸于匝间故障

当变压器空载合闸于微小匝间故障时，图 2-21 为变压器带 B 相 2%匝间故障空载合闸时的仿真结果，图 2-21(a)为计算出的二次侧绕组电阻和漏感，图 2-21(b)为仿真实测出的Δ侧绕组环流与按照本节方法求取的Δ侧绕组环流对比，仿真表明计算结果和实际值仍十分接近。

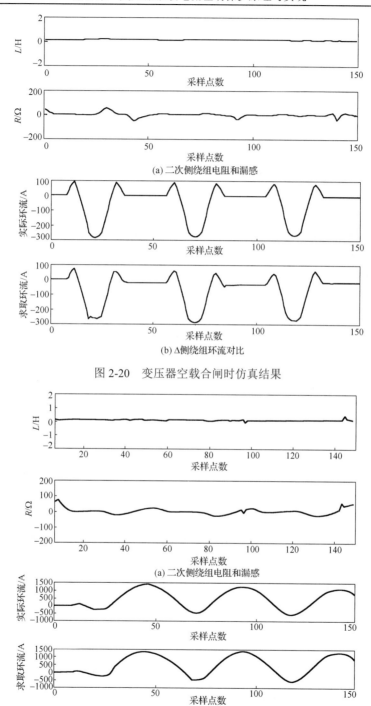

(a) 二次侧绕组电阻和漏感

(b) Δ侧绕组环流对比

图 2-20　变压器空载合闸时仿真结果

(a) 二次侧绕组电阻和漏感

(b) Δ侧绕组环流对比

图 2-21　变压器带 B 相 2%匝间故障空载合闸仿真结果

另外，需要说明：当空载合闸于较为严重匝间故障时，变压器铁心内的磁场分布发生了较大变化，按照正常运行情况下推导所得的变压器回路方程已不成立，因而此时无法再按前面方法求解Δ侧绕组环流。

2.6　本　章　小　结

电力变压器是电力系统必不可少的重要电气设备，它的故障对系统造成严重的影响，必须装设性能良好、动作可靠的保护装置，而纵联电流差动保护是变压器重要的主保护之一。本章重点介绍了变压器纵联电流差动保护原理与实现，首先，给出了电力变压器故障与不正常运行状态，阐述了变压器差动保护基本原理，不平衡电流的产生原因及其减小措施；其次，提出了更为灵敏、可靠的比率制动特性；进一步，针对常见的 Y_0d11 接线变压器，给出了三种电流相位补偿方式，并结合 MATLAB 仿真，分析不同故障类型及不同运行方式下各种补偿方式的优劣；最后，给出了一种变压器 Δ 侧绕组中环流的计算方法。

参 考 文 献

[1] 贺家李, 李永丽, 董新洲, 等. 电力系统继电保护原理[M]. 4 版. 北京: 中国电力出版社, 2012.

[2] 黄少锋. 电力系统继电保护[M]. 北京: 中国电力出版社, 2015.

[3] 张保会, 尹项根. 电力系统继电保护[M]. 2 版. 北京: 中国电力出版社, 2010.

[4] 王维俭, 侯炳蕴. 大型机组继电保护理论基础[M]. 北京: 水利电力出版社, 1989.

[5] 郑涛, 刘万顺, 谷君, 等. 三相变压器等效瞬时电感的计算分析及 CT 配置新方案[J]. 继电器, 2006, 34(16): 1-6.

[6] 夏石伟, 郑涛. Y, d 接线变压器三角形侧绕组中环流求取方法[J]. 电力系统自动化, 2008, 32(24): 60-64.

[7] 许云雅. 变压器励磁涌流与和应涌流的分析研究[D]. 北京: 华北电力大学, 2008.

第3章　变压器励磁涌流识别新原理研究

励磁涌流和故障电流的区分一直是变压器差动保护的关键和难点，在第2章对励磁涌流基本特征分析的基础上，本章分别利用纯电流量、综合电流与电压量以及基于模糊理论的多判据融合三个方面对变压器励磁涌流识别的新原理进行研究。

3.1　基于数学形态学的励磁涌流识别新原理

3.1.1　概述

数学形态学是一门以集合论和积分几何为基础的数学方法，它被广泛地应用于数字图像处理技术中，通过选取合适的结构元素，能够有效地揭示图像的特征。近年来，数学形态学受到了电力系统有关专家和学者的关注，被逐步应用于电力系统相关领域的研究中，并取得了一定的成果。

在介绍数学形态学的基础上，本节给出一种基于纯电流量的励磁涌流识别新方法，利用数学形态学在信号特征提取方面的优势，提出一种基于数学形态梯度来提取电流波形特征以识别变压器励磁涌流和内部故障电流的方法。该方法原理简明，特征清晰，易于掌握和工程实现。

3.1.2　数学形态学

1. 数学形态学的基本运算

膨胀和腐蚀是形态学中的两种最基本运算。记 E^n 为 n 维欧氏空间，A，B 是 E^n 中的任意两个子集，即 $A,B \subseteq E^n$，则 A 被 B 膨胀定义为

$$A \oplus B = \left\{ z \, \middle| \, (\breve{B})_z \bigcap A \neq \Phi \right\} \tag{3-1}$$

式中，$\breve{B} = \{-b, b \in B\}$ 表示集合 B 相对于原点的映射，Φ 表示空集。形象地理解，A 被 B 膨胀可以看作对集合 B 相对于原点进行翻转，而后逐步地移动集合 B，使其滑过集合 A，位移过程中要保证集合 $\breve{B}$ 和 A 至少有一个元素是重叠的。图3-1给出了膨胀运算的图例，其中小圆 B 是结构元素，A 是被研究的图像，按照上述膨胀运算的定义，A 被 B 膨胀后的结果如图3-1中阴影部分所示。

对于集合 $A,B \subseteq E^n$，A 被 B 腐蚀定义为

$$A\Theta B = \left\{ z \mid (B)_z \subseteq A \right\} \tag{3-2}$$

同样，A 被 B 腐蚀可形象地理解为：将集合 B 位移 z，位移过程中要保证集合 B 中的所有元素都包含于集合 A 中。图 3-2 给出了腐蚀运算的图例，其中小圆 B 是结构元素，A 是被研究的图像，将 B 沿着 A 的边界在 A 的内部移动一周，圆心轨迹所围成的部分就是 A 被 B 腐蚀后的结果，如图 3-2 中的阴影部分所示。

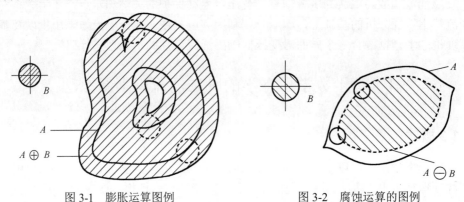

图 3-1　膨胀运算图例　　　　　图 3-2　腐蚀运算的图例

在形态学中，集合 B 被称为结构元素，它一般具有较小的定义域。结构元素可以形象地理解为一种收集图像特征的"探针"，通过不断地移动结构元素，便可以提取出图像中的有用信息进行分析和描述。

按照上述定义不难发现，膨胀和腐蚀运算对于集合求补和映射运算是彼此对偶的，即有

$$(A\Theta B)^C = A^C \oplus \breve{B} \tag{3-3}$$

或者

$$(A \oplus B)^C = A^C \Theta \breve{B} \tag{3-4}$$

式中，A^C 表示 A 的补集，即从整幅图像中除去图像 A 后的剩余部分。

由图 3-1 和图 3-2 能够很直观地看出：膨胀运算使图像扩大而腐蚀运算使图像缩小。从膨胀和腐蚀这两种基本运算可以进一步拓展得到开运算（open）和闭运算（close）。使用结构元素 B 对集合 A 进行的开运算，定义为

$$A \circ B = (A\Theta B) \oplus B \tag{3-5}$$

用结构元素 B 对集合 A 进行的开运算就是用结构元素 B 对集合 A 先做腐蚀运算，然后对腐蚀后的结果用结构元素 B 再做膨胀运算。

使用结构元素 B 对集合 A 进行的闭运算，定义为

$$A \cdot B = (A \oplus B)\Theta B \tag{3-6}$$

由式（3-6）可以看到，用结构元素 B 对集合 A 进行的闭运算就是用结构元素 B 对集合 A 先做膨胀运算，然后对膨胀后的结果用结构元素 B 再做腐蚀运算。

在图像处理中，形态开运算和闭运算都具有消噪的功能，均可以使图像轮廓变得光滑，不过在具体应用中，两者的作用还是稍有不同。一般来说，开运算可以消除图像中的"毛刺"，断开狭窄的连接（"小桥"）；而闭运算可以填充图像中的"孔洞"，细长的鸿沟和轮廓线中的裂痕。图 3-3 和图 3-4 分别给出了形态开运算和形态闭运算的图例，开运算和闭运算的消噪滤波功能在图中能够直观地反映出来。

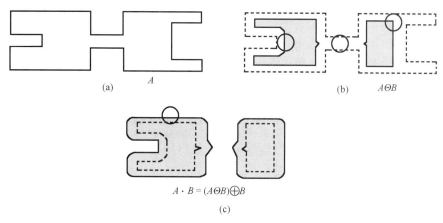

图 3-3　形态开运算的图例

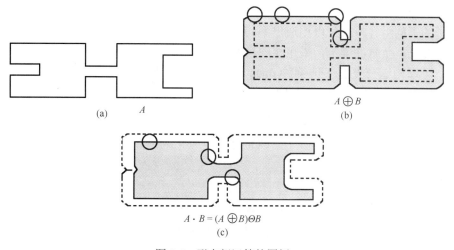

图 3-4　形态闭运算的图例

2. 灰度形态变换

前面讨论的是二值图像（即黑白图像）的形态学基本运算，它们可以扩展到对灰度图像的处理中。所谓的灰度图像是指图像中每个像素的信息是由一个量化的灰度级来描述的，其中不含彩色信息。如果用 0 值表示"黑"，用 255 值表示"白"，则 0～

255 的任意一个数值就表示介于黑白之间的一个灰度级。对于 n 维欧氏空间中的研究对象，当维数 $n=1$ 时，表示定义在实数轴上的信号；当维数 $n=2$ 时，表示定义在坐标平面内的图像，信号可以看作一种特殊的图像。电力系统中的采样信号是一维信号，可以认为是一种简单的灰度图像，因而可以由灰度图像的形态学运算得到相应的形态变换公式。令 $f(x)$ 和 $b(x)$ 分别表示一维采样信号和结构元素（这里 $b(x)$ 也是一维信号），D_f 和 D_b 分别表示 $f(x)$ 和 $b(x)$ 的定义域。用结构元素 $b(x)$ 对信号 $f(x)$ 进行的灰度膨胀定义为

$$(f \oplus b)(s) = \max \left\{ f(s-x) + b(x) \,\middle|\, (s-x) \in D_f, x \in D_b \right\} \tag{3-7}$$

用结构元素 $b(x)$ 对信号 $f(x)$ 进行的灰度腐蚀定义为

$$(f \ominus b)(s) = \min \left\{ f(s+x) - b(x) \,\middle|\, (s+x) \in D_f, x \in D_b \right\} \tag{3-8}$$

同样，由灰度膨胀和灰度腐蚀运算可以扩展得到灰度图像的开运算和闭运算，其与二值图像的对应运算具有相同的形式，分别如式（3-9）和式（3-10）所示。

$$f \circ b = (f \ominus b) \oplus b \tag{3-9}$$

$$f \cdot b = (f \oplus b) \ominus b \tag{3-10}$$

灰度开运算和灰度闭运算具有滤波的功能，灰度开运算可以抑制采样信号中的峰值噪声，而灰度闭运算可以抑制采样信号中的低谷噪声。在此基础上，利用这两种形态算子的不同组合方式可以构造出不同形式的形态滤波器。例如，为同时抑制图像或信号中的正、负脉冲噪声，采用相同尺寸的结构元素，通过以不同的顺序级联开、闭运算，可以构造一类形态开-闭（open-close）滤波器和形态闭-开（close-open）滤波器，分别如式（3-11）和式（3-12）所示。

$$OC(f) = f \circ b \cdot b \tag{3-11}$$

$$CO(f) = f \cdot b \circ b \tag{3-12}$$

3. 形态梯度

在膨胀和腐蚀运算的基础上，定义数学形态梯度（morphology gradient）如下：

$$G_{\mathrm{grad}} = (f \oplus b) - (f \ominus b) \tag{3-13}$$

数学形态梯度与常规物理意义下的梯度有所不同，它是由膨胀和腐蚀运算构成的，而基于扁平结构元素的膨胀和腐蚀运算具有取信号的局部极大和局部极小值的功能，由定义式（3-13）可知，数学形态梯度是由结构元素定义域内的极大和极小值之差决定的。图 3-5 给出了形态梯度运算的图例，由图中可以看出，原始信号经膨胀和腐蚀运算后发生了不同方向的偏移，原始信号经形态梯度运算后，其中的斜坡段波形对应地产生了一个三角波形。可以这样来理解这种现象：原始信号中的斜坡段部分相

当于灰度图像中的灰度级变化部分，而信号中前半段和后半段的平坦部分相当于灰度图像中的灰度级固定部分，经形态梯度运算处理后，图像或信号中的边缘（灰度级发生变化）部分能够很容易地被检测出来，因而形态梯度通常用于图像或信号的边缘检测。

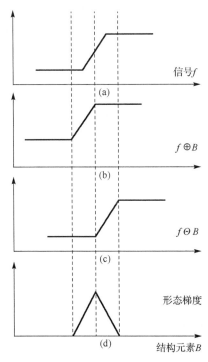

图 3-5 形态梯度运算的图例

3.1.3 基于数学形态学提取电流波形特征的励磁涌流识别新方法

1. 励磁涌流波形特征的提取

变压器励磁涌流按照其波形特征可以分为非对称性涌流与对称性涌流两种。非对称性涌流波形偏于一侧，特征明显，相对较容易识别；而对称性涌流由于其波形特征与故障电流波形较为接近，因而对其正确识别存在一定的难度。形态学中的"开运算"是对原始信号做的一种非扩张性运算，即处理过程始终处于原始信号的下方，如果用原始信号减去对其进行"开运算"后的结果，便可以得到原始信号中的波峰等标记点，在形态学中称该种运算为 Top-Hat 算子，定义式为

$$\text{Tophat}(f) = f - (f \circ b) \tag{3-14}$$

式中，f 表示原始信号，b 表示结构元素。由于 Top-Hat 算子能够检测信号中的波峰特

征，所以也称为波峰检测器。根据形态学中开闭运算的对偶关系，"闭运算"是对原始信号做的一种扩张性运算，即处理过程始终处于原始信号的上方，如果用原始信号减去对其进行"闭运算"后的结果，便可以得到原始信号中的波谷等标记点，根据其运算性质称为 Bottom-Hat 算子，定义为

$$\text{Bottomhat}(f) = f - (f \cdot b) \tag{3-15}$$

由式（3-15）可知，Bottom-Hat 算子能够检测信号中的波谷特征。信号中的波峰和波谷都是重要的特征点，为了能够同时检测出它们，在 Top-Hat 算子和 Bottom-Hat 算子的基础上，本节设计了一种新型峰谷检测器，定义为

$$\begin{aligned}\text{Detect}(f) &= \text{Tophat}(f) + \text{Bottomhat}(f) \\ &= 2f - (f \circ b) - (f \cdot b)\end{aligned} \tag{3-16}$$

式中，f 表示原始信号，b 表示结构元素。在仿真中使用每周波 36 点采样，采样信号作为 f，结构元素 b 选取形状最简单、所需的计算量也最小的扁平型结构元素，长度为 5，与水平方向的夹角为 $0°$。图 3-6(a)、图 3-7(a)、图 3-8(a)分别给出了典型的非对称性涌流、对称性涌流以及内部故障电流的波形，图 3-6(b)、图 3-7(b)、图 3-8(b)给出了在相应情况下按照式（3-16）进行运算后的结果，其中的横坐标表示采样点数。由图 3-6(b)、图 3-7(b)、图 3-8(b)可以看出按照式（3-16）定义的峰谷检测器能够准确地提取出信号的波峰和波谷特征点，对于偏于时间轴一侧的非对称性涌流，一个周波内只检测到信号的波峰点，检测不到波谷点；而对于对称性涌流和内部故障电流，信号的波峰和波谷点在一个周波内可以同时被检测到。根据上述特点，可以较容易地识别出非对称性涌流，而对于对称性涌流和内部故障电流尚需做进一步的区分。

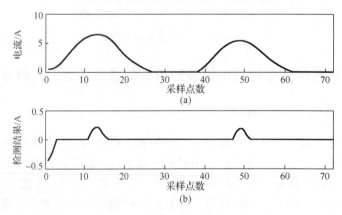

图 3-6　非对称性涌流的情况

将对称性涌流和内部故障电流按式（3-13）求取相应的形态梯度，得到的结果分别如图 3-7(c)和图 3-8(c)所示。两者表面上看起来相似，但仔细观察能够发现两幅图中还是蕴藏着较大的差别。为便于说明，在图 3-7(c)和图 3-8(c)中分别标记出"1"和

"2"两段波形，这两段波形的起止点分别与原始信号波形的峰谷点相对应，也即与经式（3-16）所提取出的峰谷点相对应（图 3-7(b)和图 3-8(b)），并且它们是彼此邻近的。观察图 3-7 和图 3-8 可以发现以下几个特点。

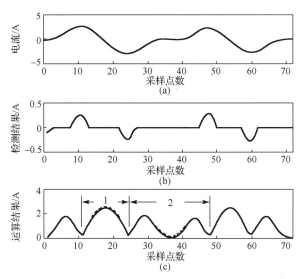

图 3-7　对称性涌流的情况

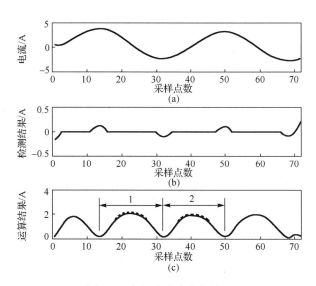

图 3-8　内部故障电流的情况

（1）图 3-7(c)和图 3-8(c)中的标记"1"段波形极为相似。这不难理解，因为与之相对应的原始信号波形，无论是对称性涌流还是内部故障电流在该区段内的波形很相似。

（2）图 3-8(c)中的标记"1"段和"2"段波形极为相似。虽然与"1"段和"2"

段相对应的原始信号波形（图 3-8(a)）有着相反变化趋势，但经形态梯度运算后，两者的变化特征是一致的。

（3）图 3-7(c)中的标记"1"段和"2"段波形有着较明显的差别。前者对应于对称性涌流中的波形连续部分，该段波形与内部故障电流波形极为相似；后者对应于对称性涌流中波形有间断的部分，其与内部故障电流波形有一定的差别。经形态梯度运算后"1"段和"2"段波形出现了较明显的差别。

（4）图 3-7(c)中的标记"2"段波形和图 3-8(c)中的标记"2"段波形有着较明显的差别，可以依据此特征来区分对称性涌流和内部故障电流。

为什么图 3-7(c)和图 3-8(c)中的标记"2"段波形会有这么明显的差别？根据形态梯度运算的特点（图 3-5），可以这样来理解：波形的上升（或下降）段经形态梯度运算后对应产生了一个类似半波正弦波形，而波形的间断部分将波形的上升（或下降）段分解为两个小的上升（或下降）段，因而经形态梯度运算后产生了两个类似半波正弦波形。所以对于对称性涌流，波形带有间断部分经形态梯度运算后，其标记"2"段波形出现了两个半波正弦波形；而对于故障电流，波形没有间断，经形态梯度运算后，其标记"2"段波形仅出现了一个半波正弦波形。

构造怎样的判据可以简便而又准确地识别出两者的差异？根据式（3-13）可知形态梯度的运算结果总为正值，如果将标记"2"段波形等分为三段，在图 3-7(c)和图 3-8(c)中将中间段用虚线标出，然后求取每段波形下所包含的面积。从图形上可以直观地看出：对于对称性涌流的情况（图 3-7(c)中的标记"2"段波形），三等分后每段波形下所包含面积的大小规律是"大-小-大"；而对于内部故障电流的情况（图 3-8(c)中的标记"2"段波形），三等分后每段波形下所包含的面积大小规律是"小-大-小"，两者的变化规律相反。给出对应图 3-7(c)和图 3-8(c)情况下的计算结果，对于对称性涌流的标记"2"段波形，三等分后每段波形下所包含面积为"10.03-2.71-8.75"；对于内部故障电流的标记"2"段波形，三等分后每段波形下所包含面积为"4.70-12.63-4.56"，变化规律特征明确，据此可以很容易地区分出对称性涌流和内部故障电流。

2. 励磁涌流识别框图

根据 3.1.3 节中所述内容，设计判别励磁涌流和内部故障电流的程序流程图如图 3-9 所示，图中标出了判别步骤的序号，以便于下面的说明。

对流程图 3-9 中的内容，解释说明如下几点。

（1）图 3-9 中的步骤 1 是在故障启动元件动作后，取出第一个周波的数据，并将其拓展一个周波，以构成两个周波的数据量，满足可能的后续判断需要。需要注意的是，励磁涌流和故障电流中可能含有较大的衰减非周期分量，对它进行周期延拓时，如果不采取一定的措施会出现波形的不连续。但这种不连续，一方面对判断结果的影响不大（因为峰谷检测器本身就具有一定的滤波作用），另一方面还可以采取一定的措施来消除。本节设计并采用了一种简单的方法来消除由于波形周期延拓而产生的不连续，如图 3-10 所示。图 3-10 中为表示方便，将一个周波内的衰减非周期分量近似用一段斜线来表示。

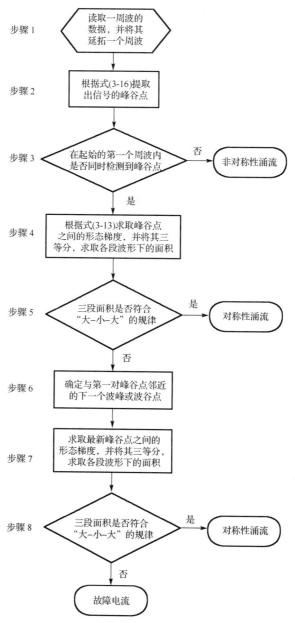

图 3-9　判别励磁涌流和内部故障电流的程序流程图

（2）图 3-10 中横坐标上的数字表示采样点数，由于采用 36 点采样，所以 1～36 为一个周波的采样点数，在一个周波后多采集一个采样点的数据，即得到第 37 点的数值，然后利用周期延拓后得到的第 37 点采样值，也即原来的第 1 点采样值减去实际第 37 点的数值，得到 delta 的值，将周期延拓后的每个采样点的数值均减去 delta，就可以消除波形上的不连续，并构成两个周波的数据量。以涌流波形为例，检验上述处理方法的有效性，如图 3-11 所示。

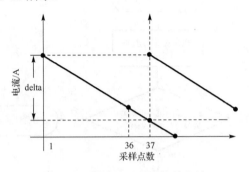

图 3-10　消除波形不连续的方法

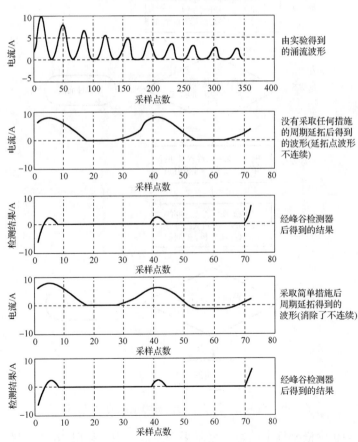

图 3-11　采取措施前后，周期延拓的效果对比及其对峰谷检测器的影响

（3）由图 3-11 可以看出，若不采取任何措施，直接将波形进行周期延拓，会在延拓点产生波形的不连续，但对峰谷检测器的计算结果影响不大；若按照前述简单方法处理后，再进行波形的周期延拓，很明显地消除了延拓点的波形不连续性，从而更有利于后续的判断处理。

（4）按照式（3-16）对拓展后得到的两周波数据进行处理，提取出峰谷点，图 3-9 中的步骤 4 是针对在第一周波内同时出现的峰谷点进行处理的。

（5）图 3-9 中的步骤 6 是确定继第一个周波出现的峰谷点（或谷峰点）后，紧接着出现的波峰点（与前面的"峰-谷"次序相对应）或波谷点（与前面的"谷-峰"次序相对应）的位置。

（6）图 3-9 中步骤 7 所提到的"最新峰谷点"是指由步骤 6 所确定的波峰（或波谷）点和与之邻近的第一周波内的波谷（或波峰）点构成的点对。

（7）为使流程图简单明了，在图 3-9 的步骤 5 和步骤 8 中，只给出了在典型情况下的逻辑判断流程。考虑实际情况的复杂性和多样性，三段面积大小的排列次序，如果以中间段面积的大小作为参考，则可能会出现四种结果，其分别是："大-小-大"，"小-大-小"，"大-中-小"，"小-中-大"。前两种结果对应于典型的对称性涌流和内部故障电流的情况，而当电流波形因某种原因发生一定程度的畸变时，则可能会出现后两种结果，此时需要进一步比较"大"，"中"，"小"三者的相对大小关系。如果有

$$\text{"大"} - \text{"中"} \gg \text{"中"} - \text{"小"}，判为对称性涌流 \qquad (3-17)$$

$$\text{"大"} - \text{"中"} \ll \text{"中"} - \text{"小"}，判为故障电流 \qquad (3-18)$$

3. 仿真验证

本节参照流程图 3-9 编制了基于数学形态学算法的变压器保护仿真程序，实验平台是加拿大魁北克公司生产的 HYBRISIM（hybrid simulator），即数字/模拟混合实时仿真系统，其中发电机、无穷大电源、动态负荷等元件采用数字模型；而输电线、变压器、电抗器、补偿电容器等均为物理模型。其中变压器采用物理元件，可以进行变压器的内外部故障实验、空载合闸的励磁涌流实验和变压器绕组内部的匝间匝地短路实验等项目，可以较真实地反映出实际变压器在上述条件下的物理现象，其实验结果与物理动模实验结果非常接近,可以有效验证保护算法的性能。仿真系统模型如图 3-12 所示，变压器采用 $Y_n/D-1$ 的接线形式。

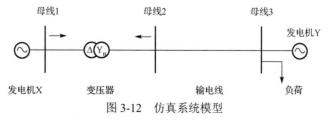

图 3-12 仿真系统模型

利用 HYBRISIM 进行了大量的仿真实验，鉴于在实际运行中变压器空载合闸产生励

磁涌流、变压器空载合闸于内部故障以及变压器运行中发生内部故障这三种状况对变压器保护算法校验的代表性，表 3-1 给出了在这三种典型状况下，采用本节所提方案进行判断的结果及中间过程的数据。表 3-1 中 Step1 表示对第一周波数据使用式（3-16）的检测结果；Step2 表示求取第一对峰谷点之间形态梯度波形的三段面积大小；Step3 表示求取后一对峰谷点之间形态梯度波形的三段面积大小。篇幅所限，表 3-1 仅给出了针对 A 相电流的运算判断结果，B，C 两相电流的判别在形式上与之相似，具体结果不再给出。

以表 3-1 中励磁涌流实验的第一组数据为例，对实验结果说明如下：首先采用式（3-16）定义的峰谷检测器对启动元件动作后的第一周波数据进行处理，检测到波峰和波谷点的存在，其大小分别为 0.193 和−0.214；接着将该对峰谷点之间的形态梯度波形三等分，计算各段面积的大小，依次为 5.23，13.31 和 4.39，符合"小-大-小"的规律，此时需要进一步判断；接下来确定与之邻近的下一个波峰（或波谷）点的位置，将后一对峰谷点之间的形态梯度波形三等分，然后计算各段面积的大小，依次为 15.46，3.49 和 8.85，符合"大-小-大"的规律，结合上一步的"小-大-小"判别结果，就可以判定为"对称性涌流"。需要特别说明的是，对于变压器空载合闸于内部轻微匝间故障的情况，例如，角侧发生 1.7%匝间短路，其 A 相电流被判为对称性涌流，但 B 相电流的判别结果为故障电流，若采用分相制动方案仍可以保证正确动作。表 3-2 给出了二次谐波制动判据和波形比较判据[1]在同样的 HYBRISIM 实验数据下的仿真结果，根据波形比较法的实验结果，在变压器空载合闸于角侧发生 1.7%匝间短路的情况下，也是 B 相电流表现出更接近于故障电流的特征。

表 3-1 基于数学形态学提取电流波形特征判据的仿真计算结果

			基于数学形态学的电流特征提取判据（A 相电流分析结果）			
			Step1	Step2	Step3	判断结果
励磁涌流	实验组别	1	波谷(−0.214)波峰(0.193)	5.23/13.31/4.39	15.46/3.49/8.85	对称涌流
		2	波谷(−0.222)	—	—	非对称涌流
		3	波谷(−0.241)	—	—	非对称涌流
		4	波峰(0.202)	—	—	非对称涌流
		5	波峰(0.229)	—	—	非对称涌流
空载合闸于内部故障	角侧 A 相绕组匝间短路	1.7%	波谷(−0.224) 波峰(0.149)	5.29/13.33/5.39	7.42/4.61/7.21*	对称涌流
		3.5%	波谷(−0.186) 波峰(0.242)	9.78/23.86/7.13	11.58/16.54/7.55	故障电流
		7.0%	波谷(−0.165) 波峰(0.308)	9.28/23.04/9.91	11.38/22.46/8.01	故障电流
		10.5%	波谷(−0.302) 波峰(0.295)	12.27/27.68/9.61	12.04/25.53/11.92	故障电流
		14.0%	波谷(−0.342) 波峰(0.269)	12.03/27.52/8.06	14.32/26.02/11.19	故障电流
	星侧 A 相绕组匝间短路	1.7%	波谷(−0.159) 波峰(0.214)	6.75/21.31/7.96	6.99/15.14/9.04	故障电流
		2.6%	波谷(−0.116) 波峰(0.222)	8.80/24.46/8.67	9.14/18.44/7.85	故障电流
		14.0%	波谷(−0.292) 波峰(0.337)	13.89/28.06/9.50	15.92/25.82/11.82	故障电流
		15.7%	波谷(−0.228) 波峰(0.232)	8.86/31.62/11.16	12.05/22.88/6.23	故障电流
		16.6%	波谷(−0.325) 波峰(0.285)	9.14/26.44/10.54	14.10/30.83/10.38	故障电流

续表

			基于数学形态学的电流特征提取判据（A相电流分析结果）			
			Step1	Step2	Step3	判断结果
内部故障	角侧 A 相绕组匝间短路	1.7%	波谷(−0.081) 波峰(0.028)	1.02/2.34/0.66	1.15/2.87/0.92	故障电流
		3.5%	波谷(−0.083) 波峰(0.082)	3.71/9.36/3.13	3.74/9.17/3.23	故障电流
		7.0%	波谷(−0.131) 波峰(0.169)	8.88/18.42/5.81	7.39/17.79/5.62	故障电流
		10.5%	波谷(−0.258) 波峰(0.221)	8.24/20.35/9.84	9.38/25.57/8.39	故障电流
		14.0%	波谷(−0.266) 波峰(0.256)	11.6/28.53/11.35	10.75/22.10/9.72	故障电流
	星侧 A 相绕组匝间短路	1.7%	波谷(−0.028) 波峰(0.025)	1.21/3.69/1.35	1.50/3.68/1.31	故障电流
		2.6%	波谷(−0.063) 波峰(0.051)	2.38/6.82/2.71	2.46/6.71/2.72	故障电流
		14.0%	波谷(−0.161) 波峰(0.179)	9.29/20.36/6.07	8.21/17.42/7.96	故障电流
		15.7%	波谷(−0.124) 波峰(0.127)	6.02/13.48/6.07	8.07/16.75/5.19	故障电流
		16.6%	波谷(−0.236) 波峰(0.211)	11.04/27.28/10.20	9.12/25.54/9.30	故障电流

表 3-2 二次谐波判据和波形比较判据的仿真计算结果

			二次谐波判据			波形比较判据		
			A 相	B 相	C 相	A 相	B 相	C 相
励磁涌流	实验组别	1	36.67%	11.65%	26.78%	0.087	0.531*	0.226
		2	29.65%	32.10%	80.28%	0.277	0.434	0.095
		3	31.40%	64.37%	25.12%	0.282	0.190	0.262
		4	32.44%	32.43%	13.44%	0.139	0.098	0.449
空载合闸于内部故障	角侧 A 相绕组匝间短路	1.7%	34.28%	40.08%	49.02%	0.325*	0.434*	0.246*
		3.5%	11.50%	21.57%	34.09%	0.938	0.424	0.135
		7%	8.35%	15.22%	19.27%	1.245	0.752	0.565
		10.5%	6.85%	17.91%	20.51%	0.881	0.473	0.807
	星侧 A 相绕组匝间短路	1.7%	10.39%	10.70%	34.09%	0.873	0.517	0.147
		2.6%	8.85%	21.36%	35.69%	1.028	0.327	0.098
		14%	10.34%	13.58%	18.03%	0.787	0.503	0.537
		15.7%	6.67%	22.22%	19.84%	0.823	0.640	0.611
内部故障	角侧 A 相绕组匝间短路	1.7%	7.74%	6.65%	9.01%	1.014	0.981	0.919
		3.5%	4.66%	4.60%	4.72%	1.080	1.160	1.083
		7%	8.60%	8.59%	8.60%	1.147	1.112	1.175
		10.5%	4.30%	4.19%	4.42%	1.005	1.009	1.003
	星侧 A 相绕组匝间短路	1.7%	0.62%	1.61%	2.06%	1.011	0.954	0.981
		2.6%	7.24%	6.65%	7.87%	1.012	1.024	0.978
		14%	2.09%	2.19%	2.01%	0.999	0.994	1.003
		15.7%	4.45%	4.52%	4.41%	1.060	1.040	1.006

表 3-2 中二次谐波判据给出的是三相差流中二次谐波分量占基波分量的百分比，波形比较判据给出的是三相差流的波形系数。对于二次谐波制动判据，如果整定值取为 20% 并且采用一相制动三相的方案，即三相差流中有一相差流的二次谐波含量超过

整定值就闭锁整个差动保护，可以保证保护在励磁涌流情况的不误动和内部故障情况
下的正确动作。但在变压器空载合闸于内部故障情况下，将会带来较长的延时动作，
即使采取综合相制动方案，也会有一定的延时[1]。对于波形比较判据，根据文献[2]采
取分相制动方案，波形系数的整定值为 0.5，由表 3-2 的计算结果可以看出，波形比较
判据相对于二次谐波判据在性能有了较大的提高，但对某些实验数据有可能识别不清，
表 3-2 中用 "*" 标记出。例如，对于励磁涌流的第一组实验数据，虽然 A，C 两相电
流的波形系数较小，但由于 B 相电流的波形系数为 0.531，稍大于整定值，所以保护
可能误动；对于变压器空载合闸于内部故障的情况（如角型侧发生 1.7%匝间短路），
由于三相电流的波形系数均小于 0.5，保护也将延时动作。对比表 3-1 和表 3-2 的实验
结果，不难看出：新原理在性能上优于二次谐波判据和波形比较判据。

　　TA 饱和问题也是困扰变压器差动保护的难题之一，随着电子式互感器（electronic
curcent transformer，ECT）技术的日趋成熟，ECT 逐渐步入实用化阶段，TA 饱和问题
将不复存在，但是考虑目前的实际情况，仍需要考虑 TA 饱和对保护判据的影响。特
别是在励磁涌流情况下发生 TA 饱和时，如果涌流闭锁判据的鲁棒性不强，会使差动
保护误动，这是人们所不希望看到的。考虑实际情况中非对称性涌流的幅值比对称性
涌流大得多，本节主要考察了非对称性涌流情况下 TA 饱和的影响。限于篇幅，本节
不再给出 TA 饱和情况下详细的实验数据分析结果，仅取其中一例加以说明。

　　图 3-13 给出了非对称性涌流波形以及经 TA 饱和模型处理后的波形情况[3]，由
图 3-13(b)可以看出，由于 TA 发生饱和，非对称性涌流自第二个周波起，波形发生畸
变，间断角消失。

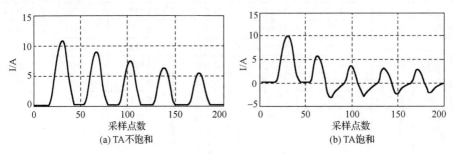

图 3-13　在 TA 不饱和及饱和情况下的非对称性涌流波形

　　为考察 TA 饱和的影响，取励磁涌流发生后的第 2 个周波数据进行分析，新原理
的判别结果如下：对于 TA 未饱和的情况，可以很容易地识别出是非对称性涌流；在
TA 饱和情况下，第一对峰谷点之间形态梯度波形的三段面积大小为 6.61，20.64 和 6.98，
而后一对峰谷点之间形态梯度波形的三段面积的大小为 6.08，6.64 和 12.86，根据
式（3-17）可以判断为对称性涌流，闭锁差动保护。用同样的实验数据考察其他两种
判据的性能，对于二次谐波制动判据，当 TA 未饱和时，二次谐波分量占基波分量的
百分比为 27.1%；当 TA 饱和后，二次谐波分量占基波分量的百分比为 31.2%，可靠地

闭锁差动保护。对于波形比较判据，当 TA 未饱和时，波形系数为 0.18；当 TA 饱和后，波形系数为 0.42，也能够闭锁差动保护，但冗余度较小。由此可见，三种判据均具有一定的抗 TA 饱和能力，其中尤以二次谐波制动判据最佳（因为增大了判别冗余度），作者认为这也是此判据能够具有较高工程实用价值的重要原因之一。另外，从实验数据可以看出，新原理也具有较好的抗 TA 饱和能力。

3.2　基于等效瞬时励磁电感的变压器励磁涌流识别新原理

3.2.1　概述

变压器磁化曲线具有非线性特性，变压器正常运行时，工作点位于磁化曲线的线性段，励磁电感较大。在变压器空载合闸产生励磁涌流时，在一个周波内变压器铁心交替工作在磁化曲线的线性段和饱和段上，相应的励磁电感将经历一个由大变小，再由小变大的变化过程。当变压器绕组发生匝间短路时，励磁电感比正常运行时的数值要小，而且基本不变。根据上述特征，在引入电压量后可以利用计算出的励磁电感大小和变化规律来识别励磁涌流和内部故障。

本节针对具有 Y/Δ 接线方式的三相变压器，结合 2.4 节有关变压器差动电流的相位补偿方式的讨论，提出一种基于归一化等效瞬时励磁电感分布特性的励磁涌流识别新算法，该算法利用变压器发生励磁涌流和内部故障时，励磁支路所表现出的不同变化特征，从本质上反映了二者的不同。将等效瞬时励磁电感进行归一化处理，使得判据定值选取更具有普遍性，与变压器具体参数、类型无关；利用分布特性更好地反映了等效瞬时励磁电感的变化特征和规律。新算法具有识别灵敏、可靠等优点，准确性和有效性也得到了验证。

3.2.2　等效瞬时励磁电感的基本原理

1. 等效瞬时励磁电感的基本概念和计算方法

变压器磁化曲线具有非线性特性，若不计磁滞回线的影响，变压器磁化曲线如图 3-14 所示。

在正常运行情况下，变压器的励磁电流很小，变压器运行在磁化曲线的线性段，励磁电感很大。但在变压器空载合闸或区外故障切除电压恢复过程中，由于磁通不能突变，磁通中除了具有正弦性质的强制分量，还叠加了一个非周期性的自由分量，再考虑剩磁的影响，有可能使变压器铁心深度饱和；又由于电压是交变的，因而在一个周波内变压器铁心交替工作在磁化曲线的饱和段和非饱和段上，相应的励磁电感也将经历一个由大变小，再由小变大的剧烈变化过程。另外，当变压器发生内部故障时，例如，变压器匝间短路时，相当于在励磁支路并联一个短路的第三绕组（对双绕组变压器而言），此时的励磁电感比正常运行时的数值要小，而且是基本不变的。因此在引入电压量后可以利用励磁电感的大小和变化规律来识别励磁涌流和故障电流。

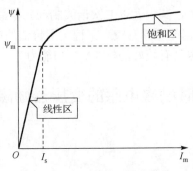

图 3-14　变压器铁心磁化曲线

图 3-15 给出了分析上常用的单相变压器 T 型等值电路，图中 $L_{1\delta}$、r_1、i_1、u_1 分别表示原边绕组的漏感、电阻、电流和端电压；$L'_{2\delta}$、r'_2、i'_2、u'_2 分别表示从副边折算到原边的绕组漏感、电阻、电流和端电压；r_m、L_m、i_m 分别为励磁支路的等效电阻、励磁电感与励磁电流。

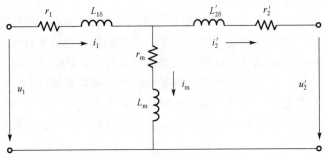

图 3-15　单相变压器 T 型等值电路

根据基尔霍夫电压定律（Kirchhoff's voltage laws，KVL）可列写原边绕组的回路方程如下：

$$u_1 = r_1 i_1 + L_{1\delta}\frac{di_1}{dt} + r_m i_m + \frac{d\psi}{dt} \tag{3-19}$$

式中，ψ 表示原副边绕组的互感磁链：

$$\frac{d\psi}{dt} = \frac{d\psi}{di_m} \cdot \frac{di_m}{dt} = L_m \frac{di_m}{dt} \tag{3-20}$$

由式（3-20）定义瞬时励磁电感为 $L_m = \dfrac{d\psi}{di_m}$，文献[4]中提出了等效瞬时励磁电感的概念，即从原边绕组端口看进去的等效瞬时励磁电感。当变压器空载合闸发生涌流时，等效瞬时励磁电感为瞬时励磁电感与原边漏感之和，由于漏电感可以近似认为常数，如果从变化量的角度来观察，等效瞬时励磁电感和瞬时励磁电感将具有同样的性质。当变压器发生内部故障时等效瞬时励磁电感由两部分构成，一部分为瞬时励磁电感与短路绕组漏感的并联，另一部分为原边绕组的漏感，两者之和即为变压器发生内部故障时的等效瞬时励磁电感。在计及变压器绕组电阻、磁滞及涡流损耗，涌流与故障时变压器将具有如下的统一方程式[4]：

$$u_1 = r_k i_d + L_k \frac{\mathrm{d}i_d}{\mathrm{d}t} \tag{3-21}$$

式中，u_1 为变压器原边绕组的端口电压，r_k 为等效电阻，L_k 为等效瞬时励磁电感，i_d 为变压器原副边绕组电流之差，即差流。为提高计算精度，在计算等效瞬时励磁电感时考虑电阻的影响，消去等效电阻 r_k，求得等效瞬时励磁电感如下（为简单记，省略各物理量的下标）[4]：

$$L_{(k)} = 2T_s \frac{u_{(k)}i_{(k+1)} - u_{(k+1)}i_{(k)}}{i^2_{(k)} + i^2_{(k+1)} - i_{(k-1)}i_{(k+1)} - i_{(k)}i_{(k+2)}} \tag{3-22}$$

式中，小括号内的 k 表示第 k 个采样点的值；T_s 表示采样间隔；i 即 i_d，为变压器原副边绕组电流之差。

2. Δ 侧环流性质及其对等效瞬时励磁电感计算的影响

式（3-22）给出了计算等效瞬时励磁电感的一般公式，是以单相变压器为模型得到的，也可以推广到三相变压器的情况，但三相变压器接线复杂，有各种不同组别的接线形式，尤其是对具有 Y/Δ 接线方式的变压器而言，由于变压器两侧电流相位不一致，必须采取一定的措施来调整差流平衡，常用的有两种转角方式：一种是将 Δ 侧线电流两两相减得到不包含环流分量的 Δ 侧绕组电流，再与星侧（假设中性点接地）相应地去除零序分量影响的线电流做差，得到差动电流，即所谓的"角变星"方式；另一种是将星侧线电流两两相减，再与角侧对应的线电流做差，得到差动电流，即所谓的"星变角"方式。对于 Y/Δ 接线方式的变压器而言，Δ 侧 TA 的位置以及两种转角方式对等效瞬时励磁电感计算的影响有必要做深入的分析研究。

以图 3-16 所示的采用 Y₀/D-1 接线方式的双绕组变压器为例进行说明，图中变量的下标 a、b、c 表示 Δ 侧三相，A、B、C 表示 Y 侧三相，i_p 为 Δ 绕组内环流，i_{La}、i_{Lb}、i_{Lc} 为 Δ 侧三相线电流，变压器两侧电流的正方向如图中箭头所示。

假设从变压器的 Δ 侧空载合闸，用 EMTP 仿真验证采用式（3-22）计算等效瞬时励磁电感的结果。为简单起见，不计磁滞回线的影响，并忽略铁心损耗，铁心磁化曲线采用双折线来描述，如图 3-17 所示。图中的 S 点表示变压器稳态运行对应的工作点。

首先考虑第一种情况：假设变压器 Δ 侧采用套管 TA（接于绕组内部，下同），即可以直接测得绕组电流，差动电流为原副边绕组电流之差，电压采用 Δ 侧线电压，以 a 相绕组为例，仿真计算结果如图 3-18 所示。

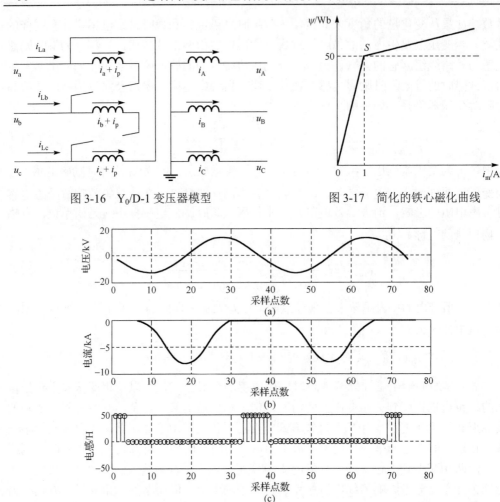

图 3-16 Y_0/D-1 变压器模型   图 3-17 简化的铁心磁化曲线

图 3-18 变压器 Δ 侧采用套管 TA 情况下的仿真计算结果

图 3-18(a)给出了变压器 Δ 侧的线电压 u_{ab} 的波形，图 3-18(b)给出了变压器 Δ 侧 A 相绕组电流（即 $i_a + i_p$）的波形，图 3-18(c)给出了采用式（3-22）计算等效瞬时励磁电感的结果。由图 3-18 可知：在变压器 Δ 侧空载合闸并采用套管 TA 的情况下，采用式（3-22）能够准确计算出等效瞬时励磁电感的大小，并能够较准确地反映出涌流情况下励磁电感的变化情况，与理论分析结果相一致。

接着考虑第二种情况：假设变压器 Δ 侧 TA 接于绕组外侧，即只能测量到 Δ 侧的线电流，为得到式（3-22）计算所必需的差动电流，采用"角变星"的转角方式，对于图 3-16 所示的 Y_0/D-1 接线组别，转换公式如式（3-23）和式（3-24）所示（简单记，假设原副边绕组匝数比为 1∶1）。

$$\begin{cases} i_{a} = (i_{La} - i_{Lb})/3 \\ i_{b} = (i_{Lb} - i_{Lc})/3 \\ i_{c} = (i_{Lc} - i_{La})/3 \\ i_{0} = (i_{A} + i_{B} + i_{C})/3 \end{cases} \tag{3-23}$$

$$\begin{cases} i_{da} = i_{a} - (i_{A} - i_{0}) \\ i_{db} = i_{b} - (i_{B} - i_{0}) \\ i_{dc} = i_{c} - (i_{C} - i_{0}) \end{cases} \tag{3-24}$$

式（3-24）即为所需的三相差动电流，电压采用 Δ 侧线电压，以 A 相绕组为例，在变压器 Δ 侧空载合闸情况下的仿真计算结果如图 3-19 所示。

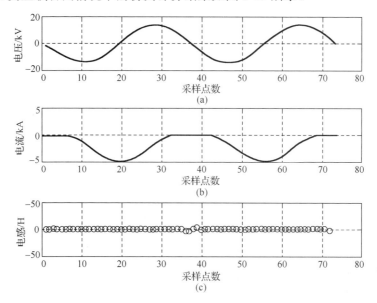

图 3-19　变压器 Δ 侧 TA 接于绕组外侧并采用"角变星"方式下的仿真计算结果

图 3-19(a)给出了变压器 Δ 侧线电压 u_{ab} 的波形，图 3-19(b)给出了采用"角变星"方式的变压器 A 相差动电流（即 i_{da}）波形，图 3-19(c)给出了应用式(3-22)计算等效瞬时励磁电感的结果。与图 3-18(c)相对比，显然在此种情况下，等效瞬时励磁电感计算结果非常不准确，无法真实反映出涌流情况下励磁电感应有的变化规律。

最后考虑第三种情况：变压器 Δ 侧 TA 接于绕组外侧，差动电流采用"星变角"的转角方式，对于图 3-16 所示的 Y_{0}/D-1 接线组别，转换公式如式（3-25）和式（3-26）所示（简单记，假设原副边绕组匝数比为 1:1）。

$$\begin{cases} i_{Ae} = i_{A} - i_{C} \\ i_{Be} = i_{B} - i_{A} \\ i_{Ce} = i_{C} - i_{B} \end{cases} \tag{3-25}$$

$$\begin{cases} i_{\mathrm{da}} = i_{\mathrm{La}} - i_{\mathrm{Ae}} \\ i_{\mathrm{db}} = i_{\mathrm{Lb}} - i_{\mathrm{Be}} \\ i_{\mathrm{dc}} = i_{\mathrm{Lc}} - i_{\mathrm{Ce}} \end{cases} \tag{3-26}$$

电压仍然采用 Δ 侧线电压，以 A 相绕组为例，在变压器 Δ 侧空载合闸情况下的仿真计算结果如图 3-20 所示。

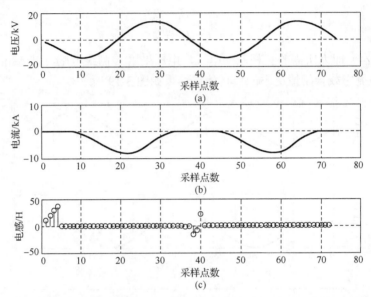

图 3-20　变压器 Δ 侧 TA 接于绕组外侧并采用"星变角"方式下的仿真计算结果

图 3-20(a)给出了变压器 Δ 侧的线电压 u_{ab} 的波形，图 3-20(b)给出了采用"星变角"方式的变压器 A 相差动电流（即 i_{da}）波形，图 3-20(c)给出了应用式（3-22）计算等效瞬时励磁电感的结果。与图 3-18(c)相对比，在此种情况下，等效瞬时励磁电感的计算结果也不正确，无法正确反映涌流情况下励磁电感应有的变化规律。

由前面 EMTP 仿真计算结果可以看出：对于 Y/Δ 接线方式的变压器，当从 Δ 侧空载合闸变压器时，Δ 侧 TA 位置以及不同转角方式对等效瞬时励磁电感计算结果影响很大。下面分析出现上述现象的原因。

对于第一种情况，即变压器 Δ 侧采用套管 TA，能够直接测得绕组电流。A 相差动电流为 $i_{\mathrm{a}} + i_{\mathrm{p}} - i_{\mathrm{A}}$，电压采用 Δ 侧线电压 u_{ab}，此时的计算模型与理论分析模型图 3-15 完全一致，所以计算结果与理论分析结果相一致，准确地反映了涌流情况下励磁电感的变化规律。

对于第二种情况，即变压器 Δ 侧 TA 接于绕组外侧，采用"角变星"的转角方式。A 相差动电流为 $i_{\mathrm{da}} = i_{\mathrm{a}} - (i_{\mathrm{A}} - i_{0})$，考虑变压器从 Δ 侧空载合闸，Y 侧线电流为零，所以 A 相的实际差动电流为 $i_{\mathrm{da}} = i_{\mathrm{a}} = (i_{\mathrm{La}} - i_{\mathrm{Lb}}) / 3$，电压采用 Δ 侧线电压 u_{ab}，与第一种

情况相比，不同之处在于所用差动电流的大小不同。由于 Δ 侧 TA 接于绕组外侧，通过 Δ 侧线电流只能计算得到去除环流分量 i_p 的绕组电流，因而导致计算结果不正确。

对于第三种情况，即变压器 Δ 侧 TA 接于绕组外侧，采用"星变角"的转角方式。A 相差动电流为 $i_{da} = i_{La} - i_{Ae}$，考虑变压器从 Δ 侧空载合闸，Y 侧线电流为零，所以 A 相的实际差动电流就是 Δ 侧线电流 i_{La}，而电压采用 Δ 侧线电压 u_{ab}，采用这两个量与图 3-15 单相变压器的理论分析模型不一致，其计算结果的物理意义不明确，因而也不能正确反映涌流情况下励磁电感应有的变化规律。

对于图 3-16 所示 Y_0/D-1 接线的双绕组变压器，当从变压器 Δ 侧空载合闸时，忽略铁心损耗，并计及式（3-20），列写 Δ 侧回路方程如下：

$$\begin{cases} u_{ab} = r_a(i_a + i_p) + l_a \dfrac{d(i_a + i_p)}{dt} + L_{ma}\dfrac{d(i_a + i_p)}{dt} \\[2mm] u_{bc} = r_b(i_b + i_p) + l_b \dfrac{d(i_b + i_p)}{dt} + L_{mb}\dfrac{d(i_b + i_p)}{dt} \\[2mm] u_{ca} = r_c(i_c + i_p) + l_c \dfrac{d(i_c + i_p)}{dt} + L_{mc}\dfrac{d(i_c + i_p)}{dt} \end{cases} \qquad (3\text{-}27)$$

式中，r_a, r_b, r_c 表示各相绕组电阻，l_a, l_b, l_c 表示各相绕组漏电感，L_{ma}, L_{mb}, L_{mc} 分别表示各相的励磁电感，可以近似认为 $r_a = r_b = r_c = r$，$l_a = l_b = l_c = l$，若进一步假设 $L_{ma} = L_{mb} = L_{mc} = L_m$，则由式（3-27）两两相减，消除环流 i_p 可得

$$\begin{cases} u_{ab} - u_{ca} = r(i_a - i_c) + l\dfrac{d(i_a - i_c)}{dt} + L_m\dfrac{d(i_a - i_c)}{dt} \\[2mm] \qquad\qquad = r i_{La} + l\dfrac{di_{La}}{dt} + L_m\dfrac{di_{La}}{dt} \\[2mm] u_{bc} - u_{ab} = r(i_b - i_a) + l\dfrac{d(i_b - i_a)}{dt} + L_m\dfrac{d(i_b - i_a)}{dt} \\[2mm] \qquad\qquad = r i_{Lb} + l\dfrac{di_{Lb}}{dt} + L_m\dfrac{di_{Lb}}{dt} \\[2mm] u_{ca} - u_{bc} = r(i_c - i_b) + l\dfrac{d(i_c - i_b)}{dt} + L_m\dfrac{d(i_c - i_b)}{dt} \\[2mm] \qquad\qquad = r i_{Lc} + l\dfrac{di_{Lc}}{dt} + L_m\dfrac{di_{Lc}}{dt} \end{cases} \qquad (3\text{-}28)$$

根据式（3-28），以 A 相为例，对于 Y_0/D-1 接线方式的变压器，当从 Δ 侧空载合闸时，电流量选用 Δ 侧线电流 i_{La}，而电压量采用 Δ 侧线电压之差 $u_{ab} - u_{ca}$，再应用式（3-22）似乎可以准确地计算出等效励磁电感，图 3-21 给出了采用上述方法的仿真计算结果。

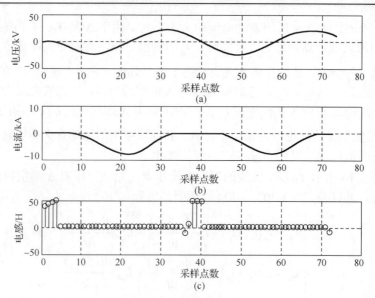

图 3-21　变压器 Δ 侧 TA 接于绕组外侧并采用线电流和线电压差方式下的仿真计算结果

从图 3-21 的仿真结果来看，采用这种方法似乎在一定程度上反映了涌流情况下励磁电感的变化规律，其效果仅次于 Δ 侧采用套管 TA 的方案，但仔细分析不难发现该方法的一个明显漏洞，因为由式（3-27）得到式（3-28）的一个重要前提条件是假设 $L_{ma} = L_{mb} = L_{mc} = L_m$，而该假设是否正确合理值得商榷。众所周知，励磁涌流的产生是一个非常复杂的过程，即使变压器各相绕组励磁特性完全一致，涌流还受到诸如合闸初相角、铁心剩磁的大小和方向等诸多因素的影响。尤其是对于三相变压器，三相电压分别相差 120°，三相基波磁链也互差 120°，磁链不能突变，从而使得三相磁链必然具有不同的变化过程，再考虑铁心剩磁大小和方向等因素的影响，三相绕组的励磁电感不可能在每一瞬间都具有相同的数值，有时可能会相差很大，因此式（3-28）的前提条件是不成立的，不能依据此式来求等效励磁电感。

由前面的分析可以看出，对于具有 Δ 接线方式的变压器，当变压器从 Δ 侧空载合闸时，依据 Δ 侧线电流无法正确计算出励磁电感，问题的关键在于 Δ 侧绕组内部存在环流的影响，那么是否有什么方法能够对 Δ 侧绕组内部的环流进行补偿呢？这要对 Δ 侧绕组内部环流进行仔细分析，图 3-22(a)给出了由 Δ 侧套管 TA 测得的绕组电流；图 3-22(b)给出了由 Δ 侧线电流按照式（3-23）计算得到相应的等效绕组电流（不含环流）；图 3-22(c)是由图 3-22(a)减去图 3-22(b)得到的，也即绕组内部环流；图 3-22(d)是对图 3-22(c)做傅里叶变换后得到的结果。由图 3-22(c)可以看出，当变压器从 Δ 侧空载合闸时，Δ 侧绕组内具有数值较大的环流，如果忽略它的影响，势必会影响到励磁电感的正确计算，这也是不能采用"角变星"方式来计算励磁电感的原因。通过对环流进行傅里叶分析发现，环流内主要包含有直流、基波、二次谐波和三次谐波等分量，进一步实验发现不同的合闸初相角，环流内的谐波分量也会有较大的变化。为什么会出现这种现象？而不是传统意义上的环流主要是三次谐波电流？经分析认为这主要是由于合闸初始时刻三相磁通中的衰减非周期分量具有不同的初始值，从而造成三相磁通的不对称，另外又受到变压器铁心饱和的影响而最终导致在 Δ 侧绕组内部产生含有丰富谐波分量的环流。

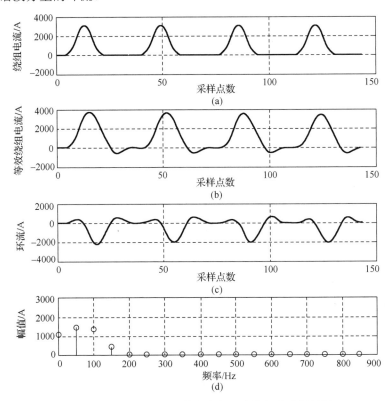

图 3-22 对变压器 Δ 侧绕组内部环流的仿真分析结果

3.2.3 对基于等效瞬时励磁电感变化量识别涌流判据的分析

对具有 Y/Δ 接线方式的变压器差动保护，根据前面的有关变压器接线方式对等效瞬时励磁电感计算结果影响的分析，采用第 2 章提出的改进 TA 配置方式后（图 2-14(b)），能够使励磁电感的计算精度大幅度提高，为准确地判别励磁涌流提供了有力保障。励磁电感在发生涌流时应该是剧烈变化的，而在内部故障时可以认为基本不变。文献[4]中提出的等效瞬时励磁电感与瞬时励磁电感具有相同的变化量，所以依据等效瞬时励磁电感是否变化及其变化剧烈的程度，可以判别励磁涌流与内部故障。施加于变压器上的电压为工频电压，以 20ms 为周期变化，若不考虑磁通中的衰减非周期分量的影响，在反映等效瞬时励磁电感的变化程度上，一个周波内等效瞬时励磁电感的变化量可以与更长时间内等效瞬时励磁电感变化量有相同的效果。虽然变压器空载合闸时，磁通中衰减的非周期分量可能会很大，不能忽视其影响，但只要变压器发生饱和，励磁电感在一个周波内必然会发生剧烈的变化，另外考虑继电保护快速性的要求，选取一个周波的数据窗完全可以满足判别励磁涌流和内部故障的要求。对等效瞬时励磁电感变化量的识别，可以从频域和时域两个角度予以考虑。文献[5]提出以判别等效瞬时励磁电感基频分量的大小来区分涌流和内部故障；文献[6]从时域的角度，利用均值和方差的概念来求取测量阻抗的变化量，两者的本质是一样的。时域分析的方法也可应用到对等效瞬时励磁电感变化量的识别，如式（3-29）和式（3-30）所示。

$$L_{ave} = \frac{1}{N} \sum_{i=1}^{N} L_i \tag{3-29}$$

$$\sigma(L) = \sqrt{\frac{1}{N} \sum_{i=1}^{N} (L_i - L_{ave})^2} \tag{3-30}$$

式中，N 表示一周波的采样点数，L_{ave} 表示一周波内 N 个等效瞬时励磁电感的平均值，$\sigma(L)$ 表示根据一周波内的等效瞬时励磁电感计算出的变化量。

为判断基于等效瞬时励磁电感变化量方法识别励磁涌流的效果，用 HYBRISIM 实验数据和 EMTP 仿真数据对其进行了分析。表 3-3 给出了在这两种仿真数据下，应用式（3-29）和式（3-30）的计算结果（以 A 相绕组为例）。

表 3-3　采用时域分析法的等效瞬时励磁电感变化量的仿真计算结果

	实验项目	L_{ave} /H	$\sigma(L)$ /H	$\overline{\sigma(L)}$
HYBRISIM 物理变压器模型	涌流 1	14.96	19.22	1.28
	涌流 2	19.13	31.93	1.67
	涌流 3	23.26	35.99	1.55
	匝间故障 1	0.18	0.056	0.31
	匝间故障 2	0.205	0.039	0.19
EMTP 仿真 数字变压器模型	涌流 1	104.7	191.9	1.83
	涌流 2	122.8	212.2	1.73
	涌流 3	169.54	236.33	1.36
	匝间故障 1	0.39	0.032	0.082
	匝间故障 2	0.92	0.063	0.068

从表 3-3 可以看出：以等效瞬时励磁电感的变化量为特征量，对于给定的 HYBRISIM 或 EMTP 实验数据，通过设置一定的阈值，可以有效地区分涌流和内部故障。进一步观察发现：HYBRISIM 与 EMTP 的实验数据在励磁涌流情况下等效瞬时励磁电感的变化量 $\sigma(L)$ 差别很大，一种数据源下设定的 $\sigma(L)$ 阈值，未必适用于另一数据源。例如，对于 EMTP 仿真数据，若设定 $\sigma(L)$ 的阈值为 50，可以有效地区分 EMTP 仿真数据下

的涌流和匝间故障，并有足够大的判别余度，但该阈值对 HYBRISIM 实验数据却并不适用。为什么会有此现象？可以用下面的分析加以解释。

对式（3-30）做变换，将 L_{ave} 提取出来，可以得到

$$\sigma(L) = L_{ave} \cdot \sqrt{\frac{1}{N} \sum_{i=1}^{N} \left(\frac{L_i}{L_{ave}} - 1 \right)^2} \tag{3-31}$$

令

$$\overline{\sigma(L)} = \frac{\sigma(L)}{L_{ave}} = \sqrt{\frac{1}{N} \sum_{i=1}^{N} \left(\frac{L_i}{L_{ave}} - 1 \right)^2} \tag{3-32}$$

则

$$\sigma(L) = L_{ave} \cdot \overline{\sigma(L)} \tag{3-33}$$

由式（3-31）可以看出，由于 HYBRISIM 与 EMTP 实验数据涌流情况下的励磁电感平均值 L_{ave} 相差很大，从而导致了涌流时两种数据源下的 $\sigma(L)$ 差异很大；而这两种数据源在匝间故障时励磁电感的平均值 L_{ave} 基本在同一个数量级，因而匝间故障时的 $\sigma(L)$ 相差不大。式（3-32）的 $\overline{\sigma(L)}$ 将 $\sigma(L)$ 中的 L_{ave} 除去，反映了瞬时励磁电感在 L_{ave} 上下变化的相对幅度，减小了 L_{ave} 对 $\sigma(L)$ 的影响。从表 3-3 可以看到，采用 $\overline{\sigma(L)}$ 后两种数据源在涌流情况下计算结果近似一致。但 $\overline{\sigma(L)}$ 将 $\sigma(L)$ 中的 L_{ave} 除去，也带来了负面影响，一方面由于发生励磁涌流和匝间故障时 L_{ave} 值本身就存在很大的差异，$\overline{\sigma(L)}$ 将 $\sigma(L)$ 中的 L_{ave} 除去，相当于不考虑 L_{ave} 的影响，缩小了涌流和内部故障的差别；另一方面在一般情况下匝间故障的 L_{ave} 很小，接近于零，$\sigma(L)$ 的微弱变化可能导致 $\overline{\sigma(L)}$ 的明显变化，甚至出现涌流情况下的 $\overline{\sigma(L)}$ 值或更高，导致励磁涌流和内部故障的边界模糊甚至无法区分。

根据前面的分析可以看出：基于等效瞬时励磁电感变化量 $\sigma(L)$ 来区分涌流和内部故障的方法，对某个具体参数的模型或变压器而言具有很好的效果，但需要通过仿真或实验对其确定合适的阈值，该阈值并不能推广到其他参数的模型或变压器，给实际应用带来不便；若采用基于等效瞬时励磁电感相对变化量 $\overline{\sigma(L)}$ 的方法，虽然受变压器本身磁特性参数的影响不大，但涌流和内部故障的区分边界不明显，难以确定合适的阈值。由此可见，基于等效瞬时励磁电感变化量识别涌流和内部故障的方法还不完善，有待做进一步的改进。

3.2.4 基于归一化等效瞬时励磁电感分布特性识别励磁涌流的新方法

图 3-23 和图 3-24 分别给出了由 HYBRISIM 实验得到的涌流和匝间故障情况下的电压、电流波形。设一周波的采样点数为 N，利用式（3-22）求得 N 个等效瞬时励磁

电感值 L_i，$i=1,2,\cdots,N$，并利用式（3-29）求得 L_{ave}。图 3-25 和图 3-26 分别给出了对应图 3-23 和图 3-24 的等效瞬时励磁电感，其平均值 L_{ave} 在图中用点划线标出。定义归一化等效瞬时励磁电感 $\overline{L}_i$ 如式（3-34）所示。

$$\overline{L}_i = \begin{cases} 2, & L_i / L_{\text{ave}} > 2 \\ L_i / L_{\text{ave}}, & \text{其他} \end{cases} \tag{3-34}$$

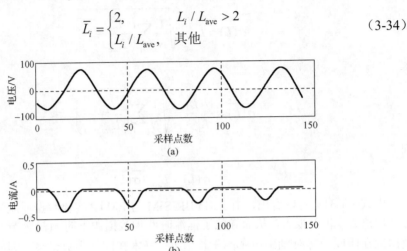

图 3-23　励磁涌流情况下的电压(a)和电流(b)波形

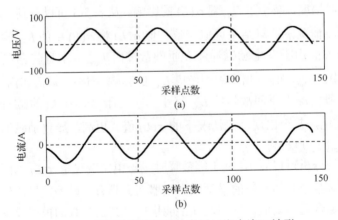

图 3-24　匝间故障情况下的电压(a)和电流(b)波形

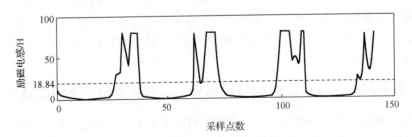

图 3-25　励磁涌流情况下的等效瞬时励磁电感

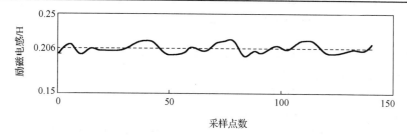

图 3-26　匝间故障情况下的等效瞬时励磁电感

所谓归一化，是将一周波内的 N 个等效瞬时励磁电感除以平均值，以得到新的 N 个等效瞬时励磁电感值，并将大于 2 倍均值的等效瞬时励磁电感削为 2 倍均值。归一化后的等效瞬时励磁电感 $\bar{L}_i$ 与归一化前的等效瞬时励磁电感 L_i 具有相同的变化规律。图 3-27 和图 3-28 分别给出了对应图 3-25 和图 3-26 的归一化等效瞬时励磁电感。

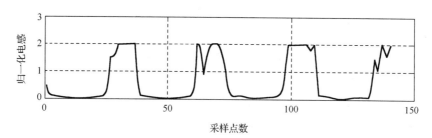

图 3-27　励磁涌流情况下的归一化等效瞬时励磁电感

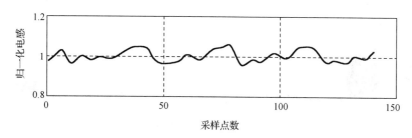

图 3-28　匝间故障情况下的归一化等效瞬时励磁电感

注意在图 3-28 中为了看清归一化等效瞬时励磁电感的变化规律，有意将纵坐标进行了一定程度的放大，如果将纵坐标范围固定为 0～2，则图 3-28 的归一化等效瞬时励磁电感近似为纵坐标为 1 的一条直线。由图 3-27 和图 3-28 可以看出，涌流和匝间故障情况下的归一化等效瞬时励磁电感在坐标平面内的分布特性具有明显区别。这里的分布特性是指按照式（3-34）定义的归一化等效瞬时励磁电感，在纵坐标为 0～2 内的分布规律。励磁涌流时的归一化等效瞬时励磁电感在纵坐标 0～2 内呈分散分布状态；而匝间故障时的归一化等效瞬时励磁电感集中在纵坐标 1 值附近。

1. 归一化等效瞬时励磁电感的直方图

采用什么样的方法可以很好地识别上述特征？数字图像处理中有一种直方图技术，它能提供非常有用的图像信息统计资料，是多种空间域图像处理技术的基础[7]。对于某个灰度图像，假设其灰度级为[0, L]，图像总像素个数为 n，定义灰度直方图为离散函数 $h(r)=n_r$，其中 r 表示某个灰度级（$0 \leqslant r \leqslant L$），$n_r$ 表示图像中灰度级为 r 的像素个数。根据前面涌流和内部故障情况下归一化等效瞬时励磁电感的分布特性，并借鉴数字图像中的直方图处理技术，设想将图 3-27 和图 3-28 中的纵轴区间 0～2 等分为 10段，每段小区间的长度为 0.2，取故障后一周波的 N 个数据，然后统计位于每段小区间内的采样点个数，定义分布系数（C_{DIS}）如式（3-35）所示，将分布系数作为纵坐标，规定横坐标为归一化等效瞬时励磁电感（区间为 0～2 并将其 10 等分），由此得到对应归一化等效瞬时励磁电感的直方图，如图 3-29 和图 3-30 所示。

$$C_{DIS}(\bar{L}_i) = \frac{K_{(\bar{L}_i)}}{N} \tag{3-35}$$

式中，$\bar{L}_i$ 表示归一化等效瞬时励磁电感，步长定为 0.2；$K_{(\bar{L}_i)}$ 表示一周波内处于某一区段的归一化等效瞬时励磁电感的个数，如 $K_{(1.0)}$ 表示一周波内处于 0.8～1.0 的归一化等效瞬时励磁电感的个数。如果分布系数为 0.3，则说明介于这两点之间的归一化等效瞬时励磁电感的数目为 0.3×N 个。因为分母是 N，所以一周波内所有点的分布系数之和是 1，即有 $\sum_{\bar{L}_i = 0.2}^{2} C_{DIS}(\bar{L}_i) = 1$。

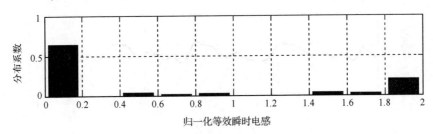

图 3-29　涌流情况下归一化等效瞬时励磁电感的直方图

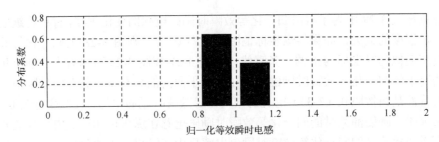

图 3-30　匝间故障情况下归一化等效瞬时励磁电感的直方图

图 3-29 和图 3-30 分别是对应于图 3-27 和图 3-28 的归一化等效瞬时励磁电感直方图，由图中可以看出：变压器内部故障时，归一化等效瞬时励磁电感为 1 附近的分布系数值较大，而距离 1 值较远处的分布系数为零或者很小；变压器发生励磁涌流时的情况正好相反，距离 1 值较远处的归一化等效瞬时励磁电感的分布系数远大于 1 值附近的分布系数。可见，通过对归一化等效瞬时励磁电感值为 1 的附近和距离 1 较远处的分布系数的合理提取和适当的处理，可以有效地区分励磁涌流和内部故障。

2．新判据的提出

以归一化等效瞬时励磁电感 $\overline{L}_i$ 为论域，引入故障隶属函数 $\mu f(\overline{L}_i)$，如下所示：

$$\mu f(\overline{L}_i) = \begin{cases} 2.5\overline{L}_i - 1, & 0.4 < \overline{L}_i < 0.8 \\ 1, & 0.8 < \overline{L}_i < 1.2 \\ 4 - 2.5\overline{L}_i, & 1.2 < \overline{L}_i < 1.6 \\ 0, & \text{其他} \end{cases} \qquad (3\text{-}36)$$

式（3-36）对应的故障隶属函数曲线如图 3-31 所示。

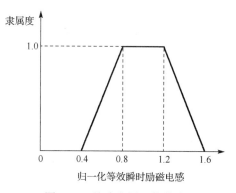

图 3-31　故障隶属函数曲线

引入故障隶属函数后，相当于对每一个归一化等效瞬时励磁电感 $\overline{L}_i$ 都赋予了一个特定的权值。在此基础上，定义故障分布系数如式（3-37）所示。

$$C_{\text{FD}}(\overline{L}_i) = \frac{K_{(\overline{L}_i)}}{N} \cdot \mu f(\overline{L}_i) = C_{\text{DIS}}(\overline{L}_i) \cdot \mu f(\overline{L}_i) \qquad (3\text{-}37)$$

由于 $C_{\text{DIS}}(\overline{L}_i)$ 中的 $\overline{L}_i$ 是以 0.2 为步长，在实际应用中为计算方便，故障隶属函数可采用如下的简便形式：

$$\mu f(\overline{L}_i) = \begin{cases} 0.2, & 0.4 \leq \overline{L}_i < 0.6 \text{ 或 } 1.4 < \overline{L}_i \leq 1.6 \\ 1, & 0.8 \leq \overline{L}_i \leq 1.2 \\ 0.8, & 0.6 \leq \overline{L}_i < 0.8 \text{ 或 } 1.2 < \overline{L}_i \leq 1.4 \\ 0, & \text{其他} \end{cases} \qquad (3\text{-}38)$$

式（3-38）对应的简化故障隶属函数曲线如图 3-32 所示。

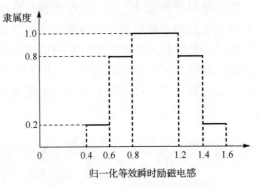

图 3-32　简化故障隶属函数曲线

对故障分布系数 $C_{\mathrm{FD}}(\overline{L}_i)$ 求和，定义故障系数如下所示：

$$C_{\mathrm{F}} = \sum_{\overline{L}_i=0.2}^{2} C_{\mathrm{FD}}(\overline{L}_i) \tag{3-39}$$

由式（3-39）可以看出：$C_{\mathrm{F}} \in [0,1]$，故障系数 C_{F} 越接近 1，表明发生故障的可能性越大；C_{F} 越接近 0，表明发生故障的可能性越小。与故障隶属函数 $\mu f(\overline{L}_i)$ 相对应，以归一化等效瞬时励磁电感 $\overline{L}_i$ 为论域，引入励磁涌流隶属函数 $\mu\mathrm{inr}(\overline{L}_i)$，如图 3-33 所示。

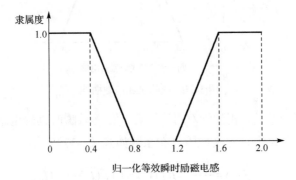

图 3-33　涌流隶属函数曲线

在此基础上，定义涌流分布系数如式（3-40）所示：

$$C_{\mathrm{inrD}}(\overline{L}_i) = \frac{K_{(\overline{L}_i)}}{N} \cdot \mu\mathrm{inr}(\overline{L}_i) = C_{\mathrm{DIS}}(\overline{L}_i) \cdot \mu\mathrm{inr}(\overline{L}_i) \tag{3-40}$$

同样考虑 $C_{\mathrm{DIS}}(\overline{L}_i)$ 中的 $\overline{L}_i$ 是以 0.2 为步长，在实际应用中为计算方便，涌流隶属函数可采用如下的简便形式：

$$\mu\mathrm{inr}(\overline{L}_i) = \begin{cases} 1, & 0 \leqslant \overline{L}_i \leqslant 0.4\text{或}1.6 \leqslant \overline{L}_i \leqslant 2.0 \\ 0.8, & 0.4 < \overline{L}_i \leqslant 0.6\text{或}1.4 \leqslant \overline{L}_i < 1.6 \\ 0.2, & 0.6 < \overline{L}_i \leqslant 0.8\text{或}1.2 \leqslant \overline{L}_i < 1.4 \\ 0, & 0.8 < \overline{L}_i < 1.2 \end{cases} \qquad (3\text{-}41)$$

式（3-41）对应的简化涌流隶属函数曲线如图 3-34 所示。

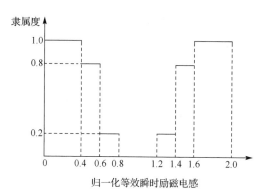

图 3-34　简化的涌流隶属函数曲线

对涌流分布系数 $C_{\mathrm{inrD}}(\overline{L}_i)$ 求和，定义涌流系数如下所示：

$$C_{\mathrm{inr}} = \sum_{\overline{L}_i=0.2}^{2} C_{\mathrm{inrD}}(\overline{L}_i) \qquad (3\text{-}42)$$

由式（3-42）可以看出：$C_{\mathrm{inr}} \in [0,1]$，涌流系数 C_{inr} 越接近 1，表明发生涌流的可能性越大；C_{inr} 越接近 0，表明发生涌流的可能性越小。综合故障系数 C_{F} 和涌流系数 C_{inr} 的特点，定义识别系数如下所示：

$$C_{\mathrm{D}} = C_{\mathrm{F}} / C_{\mathrm{inr}} \qquad (3\text{-}43)$$

对于图 3-29 所示的励磁涌流的情况，故障系数 C_{F}=0.064，涌流系数 C_{inr}=0.94，识别系数 C_{D}=0.068。对于图 3-30 所示的匝间故障的情况，故障系数 C_{F}=1，涌流系数 C_{inr}=0，理论上识别系数 C_{D}=∞。在实际应用中，为避免除零运算，可以对涌流系数 C_{inr} 设置一个小门槛值 e，当 $C_{\mathrm{inr}} < e$ 时，令 $C_{\mathrm{inr}} = e$。例如，设置 e=0.01，则对图 3-30 匝间故障的情况，C_{D}=100。由此可见，识别系数 C_{D} 在涌流和内部故障情况下差别明显，依据此特征构造涌流识别判据如下：

$$C_{\mathrm{D}} \begin{cases} < C_{\mathrm{ZD}}, & \text{判为涌流} \\ > C_{\mathrm{ZD}}, & \text{判为故障} \end{cases} \qquad (3\text{-}44)$$

式（3-44）中的 C_{ZD} 为识别系数 C_{D} 的阈值，根据前面的分析和实验数据对比，可以看到：涌流时 $C_F \ll C_{inr}$，从而 $C_D \ll 1$；而内部故障时 $C_F \gg C_{inr}$，从而 $C_D \gg 1$。C_{ZD} 可定为 1，为了进一步提高保护的可靠性，在实际整定时，可以适当抬高 C_{ZD} 定值，例如，取 C_{ZD} 为 2，以确保保护不会误动。

3. 仿真验证

为了考查基于归一化等效瞬时励磁电感分布特性识别励磁涌流判据的性能，利用大量的 HYBRISIM 实验数据对其进行了验证，以 A 相绕组为例，表 3-4 给出了部分实验数据的仿真计算结果，其中 C_{ZD} 整定为 2。仿真实验中当 $C_D > 100$ 时，则 C_F 取为 100。

表 3-4　基于归一化等效瞬时励磁电感分布特性判据的仿真计算结果

			故障系数 C_F	涌流系数 C_{inr}	$C_D = C_F/C_{inr}$	判断结果	
励磁涌流	实验组别	1	0.065	0.935	0.069	≪2	涌流
		2	0.056	0.944	0.059	≪2	涌流
		3	0.056	0.944	0.059	≪2	涌流
		4	0.106	0.893	0.119	≪2	涌流
		5	0.088	0.912	0.096	≪2	涌流
空载合闸于内部故障	角侧A相绕组匝间短路	3.5%	0.844	0.156	5.43	>2	故障
		7.0%	1.0	0.001	100	≫2	故障
		10.5%	1.0	0.001	100	≫2	故障
		14.0%	1.0	0.001	100	≫2	故障
		17.5%	1.0	0.001	100	≫2	故障
	星侧A相绕组匝间短路	1.7%	0.753	0.247	3.045	>2	故障
		2.6%	0.828	0.172	4.81	>2	故障
		14.0%	1.0	0.001	100	≫2	故障
		15.7%	1.0	0.001	100	≫2	故障
		16.6%	1.0	0.001	100	≫2	故障
内部故障	角侧A相绕组匝间短路	1.7%	0.346	0.654	0.53	<2	涌流*
		3.5%	0.867	0.133	6.52	>2	故障
		7.0%	1.0	0.01	100	≫2	故障
		10.5%	1.0	0.01	100	≫2	故障
		14.0%	1.0	0.01	100	≫2	故障
		17.5%	1.0	0.01	100	≫2	故障
	星侧A相绕组匝间短路	1.7%	0.482	0.518	0.93	<2	涌流*
		2.6%	0.672	0.328	2.05	>2	故障
		14.0%	1.0	0.01	100	≫2	故障
		15.7%	1.0	0.01	100	≫2	故障
		16.6%	1.0	0.01	100	≫2	故障

由表 3-4 可以看出，基于归一化等效瞬时励磁电感分布特性的判据在励磁涌流情况下能够可靠闭锁，余度范围很大，保证不误动；在变压器空投到匝间故障情况下能够准确地识别出故障，保证保护的可靠动作，即使在变压器空投到小匝间故障情况下依然能够正确动作；当变压器在运行中发生匝间故障时，对大部分的匝间故障该判据都能够可靠识别，并有足够大的识别灵敏度，只是对轻微匝间故障（短路匝比<3%），识别灵敏度较低或者无法识别（表 3-4 中用"*"标记出无法识别的项）。经分析，本书作者认为该判据之所以对轻微匝间故障识别灵敏度低，并不是归一化等效瞬时励磁电感分布特性分析方法的问题，而是在轻微匝间故障情况下等效瞬时励磁电感的计算存在一定的误差，解释如下。

当变压器发生匝间短路时，一般可以将短路部分看作第三绕组，其效果相当于一台三绕组变压器在第三绕组发生短路，其等效电路如图 3-35 所示。图中忽略了励磁电阻和短路绕组电阻，且各参数均为折算后的值。

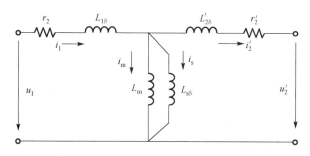

图 3-35　变压器匝间短路时的等效电路

原边回路方程为

$$u_1 = r_1 i_1 + L_{1\delta}\frac{\mathrm{d}i_1}{\mathrm{d}t} + \frac{L_\mathrm{m}L_{s\delta}}{L_\mathrm{m}+L_{s\delta}}\frac{\mathrm{d}(i_1-i_2')}{\mathrm{d}t}$$

$$= r_1(i_1-i_2') + \left(L_{1\delta}+\frac{L_\mathrm{m}L_{s\delta}}{L_\mathrm{m}+L_{s\delta}}\right)\frac{\mathrm{d}(i_1-i_2')}{\mathrm{d}t} + r_1 i_2' + L_{1\delta}\frac{\mathrm{d}i_2'}{\mathrm{d}t} \qquad (3\text{-}45)$$

式（3-45）中，i_1-i_2' 表示原副边绕组的差流，文献[8]中提到，由于原边绕组电阻与漏感非常小，副边的负载电流在其上的压降相对较小，所以若将它们忽略，式（3-45）可近似表示为

$$u_1 = r_1(i_1-i_2') + \left(L_{1\delta}+\frac{L_\mathrm{m}L_{s\delta}}{L_\mathrm{m}+L_{s\delta}}\right)\frac{\mathrm{d}(i_1-i_2')}{\mathrm{d}t} \qquad (3\text{-}46)$$

从而得到文献[4]中提出的基于等效瞬时励磁电感的变压器统一方程式如式（3-21）所示。注意到，由式（3-45）得到式（3-46）的前提条件是：忽略副边负载电流在原边绕组电阻和漏感上的压降。然而在轻微匝间故障情况下，由于原副边绕组的差流

$i_1 - i_2'$ 较小，此时副边负载电流的影响不能忽略，采用式（3-46）来计算等效瞬时励磁电感必然会引入较大的误差，从而在一定程度上影响了等效瞬时励磁电感的分布特性及其后续的判断。更准确地求取瞬时励磁电感或等效瞬时励磁电感必然能够较好地解决这一问题，这将是今后研究工作的重点。

3.3　基于变压器回路方程的励磁涌流识别原理

3.3.1　概述

　　现场运行的绝大部分电力变压器均采用纵联差动保护作为其主保护，其理论根据是基尔霍夫电流定律，对于纯电路设备，差动保护无懈可击。然而，由于差动保护区内不仅有电路还有磁路，导致变压器在空载合闸或外部故障切除后，电压恢复过程中，励磁涌流流入差动回路引起保护误动。因此，差动保护面临的最严重问题就是如何考虑励磁涌流时变压器铁心的非线性问题。为了走出技术困境，需更弦易辙，另辟蹊径。

　　在三相两绕组变压器回路方程的基础上，利用电压、电流信息的差分形式计算变压器各侧瞬时漏电感参数，并推广到三相三绕组变压器。利用故障前、后及故障相与非故障相之间的差异构成变压器保护判据。该原理计算漏电感有较高的可靠性，物理意义明确，且避开了变压器难以取得的内部参数，利用漏电感变化率使判据定值的选取更具有普遍性。

3.3.2　动作方程的推导

1. 三相两绕组变压器的动作方程

Y/Δ接线的三相两绕组变压器如图 3-36 所示。

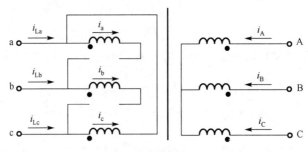

图 3-36　Y/Δ 接线的三相两绕组变压器

由图 3-36 所示的 Y/△接线的三相变压器，根据电路原理可得到式（3-47）、式（3-48），如下：

$$
\begin{cases}
u_{\mathrm{a}} = i_{\mathrm{a}}r + L_{\mathrm{a}}\dfrac{di_{\mathrm{a}}}{dt} + N_1\dfrac{d\phi_{\mathrm{a}}}{dt} \\[2mm]
u_{\mathrm{b}} = i_{\mathrm{b}}r + L_{\mathrm{b}}\dfrac{di_{\mathrm{b}}}{dt} + N_1\dfrac{d\phi_{\mathrm{b}}}{dt} \\[2mm]
u_{\mathrm{c}} = i_{\mathrm{c}}r + L_{\mathrm{c}}\dfrac{di_{\mathrm{c}}}{dt} + N_1\dfrac{d\phi_{\mathrm{c}}}{dt}
\end{cases}
\tag{3-47}
$$

$$
\begin{cases}
u_{\mathrm{A}} = i_{\mathrm{A}}R + L_{\mathrm{A}}\dfrac{di_{\mathrm{A}}}{dt} + N_2\dfrac{d\phi_{\mathrm{a}}}{dt} \\[2mm]
u_{\mathrm{B}} = i_{\mathrm{B}}R + L_{\mathrm{B}}\dfrac{di_{\mathrm{B}}}{dt} + N_2\dfrac{d\phi_{\mathrm{b}}}{dt} \\[2mm]
u_{\mathrm{C}} = i_{\mathrm{C}}R + L_{\mathrm{C}}\dfrac{di_{\mathrm{C}}}{dt} + N_2\dfrac{d\phi_{\mathrm{c}}}{dt}
\end{cases}
\tag{3-48}
$$

式中，$u_{\mathrm{a}}, u_{\mathrm{b}}, u_{\mathrm{c}}$ 为△侧绕组各相的电压，$u_{\mathrm{A}}, u_{\mathrm{B}}, u_{\mathrm{C}}$ 为 Y 侧绕组各相的电压，$i_{\mathrm{a}}, i_{\mathrm{b}}, i_{\mathrm{c}}$ 为△侧各相绕组的电流，$i_{\mathrm{A}}, i_{\mathrm{B}}, i_{\mathrm{C}}$ 为 Y 侧绕组各相的电流，$L_{\mathrm{a}}, L_{\mathrm{b}}, L_{\mathrm{c}}$ 为△侧绕组各相的漏感，$L_{\mathrm{A}}, L_{\mathrm{B}}, L_{\mathrm{C}}$ 为 Y 侧绕组各相的漏感，r 为△侧绕组各相的电阻，R 为 Y 侧绕组各相的电阻，$\phi_{\mathrm{a}}, \phi_{\mathrm{b}}, \phi_{\mathrm{c}}$ 为两侧绕组各相的主磁通，N_1, N_2 分别为△侧、Y 侧绕组匝数。

由于 $L_{\mathrm{a}} = L_{\mathrm{b}} = L_{\mathrm{c}} = L_1, L_{\mathrm{A}} = L_{\mathrm{B}} = L_{\mathrm{C}} = L_2$，又有 $i_{\mathrm{La}} = i_{\mathrm{a}} - i_{\mathrm{c}}, i_{\mathrm{Lb}} = i_{\mathrm{b}} - i_{\mathrm{a}}, i_{\mathrm{Lc}} = i_{\mathrm{c}} - i_{\mathrm{b}}$ 为变压器△侧可测的各相电流，所以可将式（3-47）中的等式两两相减，可得

$$
\begin{cases}
u_{\mathrm{a}} - u_{\mathrm{c}} = i_{\mathrm{La}}r + L_1\dfrac{di_{\mathrm{La}}}{dt} + N_1\dfrac{d(\phi_{\mathrm{a}} - \phi_{\mathrm{c}})}{dt} \\[2mm]
u_{\mathrm{b}} - u_{\mathrm{a}} = i_{\mathrm{Lb}}r + L_1\dfrac{di_{\mathrm{Lb}}}{dt} + N_1\dfrac{d(\phi_{\mathrm{b}} - \phi_{\mathrm{a}})}{dt} \\[2mm]
u_{\mathrm{c}} - u_{\mathrm{b}} = i_{\mathrm{Lc}}r + L_1\dfrac{di_{\mathrm{Lc}}}{dt} + N_1\dfrac{d(\phi_{\mathrm{c}} - \phi_{\mathrm{b}})}{dt}
\end{cases}
\tag{3-49}
$$

将式（3-48）中的等式两两相减，可得

$$
\begin{cases}
u_{\mathrm{A}} - u_{\mathrm{C}} = (i_{\mathrm{A}} - i_{\mathrm{C}})R + L_2\dfrac{d(i_{\mathrm{A}} - i_{\mathrm{C}})}{dt} + N_2\dfrac{d(\phi_{\mathrm{a}} - \phi_{\mathrm{c}})}{dt} \\[2mm]
u_{\mathrm{B}} - u_{\mathrm{A}} = (i_{\mathrm{B}} - i_{\mathrm{A}})R + L_2\dfrac{d(i_{\mathrm{B}} - i_{\mathrm{A}})}{dt} + N_2\dfrac{d(\phi_{\mathrm{b}} - \phi_{\mathrm{a}})}{dt} \\[2mm]
u_{\mathrm{C}} - u_{\mathrm{B}} = (i_{\mathrm{C}} - i_{\mathrm{B}})R + L_2\dfrac{d(i_{\mathrm{C}} - i_{\mathrm{B}})}{dt} + N_2\dfrac{d(\phi_{\mathrm{c}} - \phi_{\mathrm{b}})}{dt}
\end{cases}
\tag{3-50}
$$

将式（3-49）归算到 Y 侧，有

$$
\begin{cases}
u_a' - u_c' = i_{La}' r' + L_1' \dfrac{di_{La}'}{dt} + N_2 \dfrac{d(\phi_a - \phi_c)}{dt} \\[3mm]
u_b' - u_a' = i_{Lb}' r' + L_1' \dfrac{di_{Lb}'}{dt} + N_2 \dfrac{d(\phi_b - \phi_a)}{dt} \\[3mm]
u_c' - u_b' = i_{Lc}' r' + L_1' \dfrac{di_{Lc}'}{dt} + N_2 \dfrac{d(\phi_c - \phi_b)}{dt}
\end{cases}
\tag{3-51}
$$

由式（3-51）减去式（3-50），可得

$$
\begin{cases}
u_a' - u_c' - u_A + u_C = i_{La}' r' - (i_A - i_C)R + L_1' \dfrac{di_{La}'}{dt} - L_2 \dfrac{d(i_A - i_C)}{dt} \\[3mm]
u_b' - u_a' - u_B + u_A = i_{Lb}' r' - (i_B - i_A)R + L_1' \dfrac{di_{Lb}'}{dt} - L_2 \dfrac{d(i_B - i_A)}{dt} \\[3mm]
u_c' - u_b' - u_C + u_B = i_{Lc}' r' - (i_C - i_B)R + L_1' \dfrac{di_{Lc}'}{dt} - L_2 \dfrac{d(i_C - i_B)}{dt}
\end{cases}
\tag{3-52}
$$

式中，$u_a', u_b', u_c', i_{La}', i_{Lb}', i_{Lc}', r', L_1'$ 均为归算到 Y 侧的值。所以，若不满足式（3-52），就表示变压器发生了内部故障。由于变压器制造厂家一般只提供变压器的短路电抗 x_k，并不提供各侧绕组的漏感 L_1, L_2，可以利用关系式 $L_1' + L_2 = x_k / \omega$，将 $L_1' = x_k / \omega - L_2$ 代入式（3-52），可得

$$
\begin{cases}
u_a' - u_c' - u_A + u_C = i_{La}' r' - (i_A - i_C)R + \dfrac{x_k}{\omega} \dfrac{di_{La}'}{dt} - L_2 \dfrac{d(i_{La}' + i_A - i_C)}{dt} \\[3mm]
u_b' - u_a' - u_B + u_A = i_{Lb}' r' - (i_B - i_A)R + \dfrac{x_k}{\omega} \dfrac{di_{Lb}'}{dt} - L_2 \dfrac{d(i_{Lb}' + i_B - i_A)}{dt} \\[3mm]
u_c' - u_b' - u_C + u_B = i_{Lc}' r' - (i_C - i_B)R + \dfrac{x_k}{\omega} \dfrac{di_{Lc}'}{dt} - L_2 \dfrac{d(i_{Lc}' + i_C - i_B)}{dt}
\end{cases}
\tag{3-53}
$$

式中，$i_{La}' + i_A - i_C, i_{Lb}' + i_B - i_A, i_{Lc}' + i_C - i_B$ 分别为现有差动保护中的三个差动电流。在变压器正常运行时，三个差动电流 $i_{La}' + i_A - i_C, i_{Lb}' + i_B - i_A, i_{Lc}' + i_C - i_B$ 为不平衡电流，其值很小，只有在变压器内部故障和励磁涌流时，差动电流增大。

在变压器正常运行（包括产生励磁涌流和外部故障）时，式（3-53）中的三个等式成立，而且三个等式中的 L_2 应为同一值；只有变压器发生内部故障时，式（3-53）中的三个等式不成立，越严重的故障等式两边的差别就会越大，并且分别利用三个等式计算出的 L_2 也会有较大差别。这是制定两绕组变压器保护方案的依据。

2. 三相三绕组变压器的动作方程

下面以 $Y_0/Y/\Delta$-11 接线的三相三绕组变压器为例推导保护的判据，变压器接线图如图 3-37 所示。

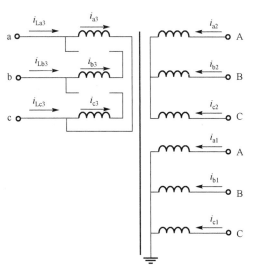

图 3-37　$Y_0/Y/\Delta$-11 接线的三相三绕组变压器

对某相的三侧绕组有

$$
\begin{cases}
u_1 = i_1 r_1 + \dfrac{\mathrm{d}\psi_1}{\mathrm{d}t} \\[2mm]
u_2 = i_2 r_2 + \dfrac{\mathrm{d}\psi_2}{\mathrm{d}t} \\[2mm]
u_3 = i_3 r_3 + \dfrac{\mathrm{d}\psi_3}{\mathrm{d}t}
\end{cases}
\tag{3-54}
$$

$$
\begin{cases}
\psi_1 = \psi_m + \psi_{1L} + \psi_{21L} + \psi_{31L} \\
\psi_2 = \psi_m + \psi_{2L} + \psi_{12L} + \psi_{32L} \\
\psi_3 = \psi_m + \psi_{3L} + \psi_{13L} + \psi_{23L}
\end{cases}
\tag{3-55}
$$

式中，r_1, r_2, r_3 为 1、2、3 侧绕组的电阻值，ψ_1, ψ_2, ψ_3 为穿过 1、2、3 侧绕组的总磁链，ψ_m 为穿过 1、2、3 侧绕组的主磁链，$\psi_{1L}, \psi_{2L}, \psi_{3L}$ 分别为 1、2、3 侧绕组产生的自漏磁链，$\psi_{ijL}(i \neq j)$ 为第 i 个绕组和第 j 个绕组交链的互漏磁链。由式（3-54）、式（3-55）可得 A、B、C 三相的关系如下：

$$\begin{cases} u_{a1} = i_{a1}r_1 + L_{1a}\dfrac{di_{a1}}{dt} + m_{21a}\dfrac{di_{a2}}{dt} + m_{31a}\dfrac{di_{a3}}{dt} + \dfrac{d\psi_{ma}}{dt} \\[2mm] u_{b1} = i_{b1}r_1 + L_{1b}\dfrac{di_{b1}}{dt} + m_{21b}\dfrac{di_{b2}}{dt} + m_{31b}\dfrac{di_{b3}}{dt} + \dfrac{d\psi_{mb}}{dt} \\[2mm] u_{c1} = i_{c1}r_1 + L_{1c}\dfrac{di_{c1}}{dt} + m_{21c}\dfrac{di_{c2}}{dt} + m_{31c}\dfrac{di_{c3}}{dt} + \dfrac{d\psi_{mc}}{dt} \\[2mm] u_{a2} = i_{a2}r_2 + L_{2a}\dfrac{di_{a2}}{dt} + m_{12a}\dfrac{di_{a1}}{dt} + m_{32a}\dfrac{di_{a3}}{dt} + \dfrac{d\psi_{ma}}{dt} \\[2mm] u_{b2} = i_{b2}r_2 + L_{2b}\dfrac{di_{b2}}{dt} + m_{12b}\dfrac{di_{b1}}{dt} + m_{32b}\dfrac{di_{b3}}{dt} + \dfrac{d\psi_{mb}}{dt} \\[2mm] u_{c2} = i_{c2}r_2 + L_{2c}\dfrac{di_{c2}}{dt} + m_{12c}\dfrac{di_{c1}}{dt} + m_{32c}\dfrac{di_{c3}}{dt} + \dfrac{d\psi_{mc}}{dt} \\[2mm] u_{a3} = i_{a3}r_3 + L_{3a}\dfrac{di_{a3}}{dt} + m_{13a}\dfrac{di_{a1}}{dt} + m_{23a}\dfrac{di_{a2}}{dt} + \dfrac{d\psi_{ma}}{dt} \\[2mm] u_{b3} = i_{b3}r_3 + L_{3b}\dfrac{di_{b3}}{dt} + m_{13b}\dfrac{di_{b1}}{dt} + m_{23b}\dfrac{di_{b2}}{dt} + \dfrac{d\psi_{mb}}{dt} \\[2mm] u_{c3} = i_{c3}r_3 + L_{3c}\dfrac{di_{c3}}{dt} + m_{13c}\dfrac{di_{c1}}{dt} + m_{23c}\dfrac{di_{c2}}{dt} + \dfrac{d\psi_{mc}}{dt} \end{cases} \tag{3-56}$$

式中，L_{1a}, L_{1b}, L_{1c} 为对应 ψ_{1L} 的电感，L_{2a}, L_{2b}, L_{2c} 为对应 ψ_{2L} 的电感，L_{3a}, L_{3b}, L_{3c} 为对应 ψ_{3L} 的电感，$m_{21a}, m_{21b}, m_{21c}$ 为对应 ψ_{21L} 的电感，$m_{31a}, m_{31b}, m_{31c}$ 为对应 ψ_{31L} 的电感，$m_{12a}, m_{12b}, m_{12c}$ 为对应 ψ_{12L} 的电感，$m_{32a}, m_{32b}, m_{32c}$ 为对应 ψ_{32L} 的电感，$m_{13a}, m_{13b}, m_{13c}$ 为对应 ψ_{13L} 的电感，$m_{23a}, m_{23b}, m_{23c}$ 为对应 ψ_{23L} 的电感。

设 $L_{1a} = L_{1b} = L_{1c} = L_1$，$L_{2a} = L_{2b} = L_{2c} = L_2$，$L_{3a} = L_{3b} = L_{3c} = L_3$，$m_{21a} = m_{21b} = m_{21c} = m_{21}$，$m_{31a} = m_{31b} = m_{31c} = m_{31}$，$m_{12a} = m_{12b} = m_{12c} = m_{12}$，$m_{32a} = m_{32b} = m_{32c} = m_{32}$，$m_{13a} = m_{13b} = m_{13c} = m_{13}$，$m_{23a} = m_{23b} = m_{23c} = m_{23}$，又有 $m_{12} = m_{21}$，$m_{23} = m_{32}$，$m_{13} = m_{31}$。由图 3-37 可知，$i_{La3} = i_{a3} - i_{b3}$，$i_{Lb3} = i_{b3} - i_{c3}$，$i_{Lc3} = i_{c3} - i_{a3}$，于是由式（3-56）可得

$$\begin{cases} u_{b1} - u_{a1} + u_{a2} - u_{b2} = -(i_{a1} - i_{b1})r_1 - (L_1 - m_{12})\dfrac{d(i_{a1} - i_{b1})}{dt} + (i_{a2} - i_{b2})r_2 \\[2mm] \qquad\qquad + (L_2 - m_{21})\dfrac{d(i_{a2} - i_{b2})}{dt} + (m_{32} - m_{31})\dfrac{di_{La3}}{dt} \\[3mm] u_{c1} - u_{b1} + u_{b2} - u_{c2} = -(i_{b1} - i_{c1})r_1 - (L_1 - m_{12})\dfrac{d(i_{b1} - i_{c1})}{dt} + (i_{b2} - i_{c2})r_2 \\[2mm] \qquad\qquad + (L_2 - m_{21})\dfrac{d(i_{b2} - i_{c2})}{dt} + (m_{32} - m_{31})\dfrac{di_{Lb3}}{dt} \\[3mm] u_{a1} - u_{c1} + u_{c2} - u_{a2} = -(i_{c1} - i_{a1})r_1 - (L_1 - m_{12})\dfrac{d(i_{c1} - i_{a1})}{dt} + (i_{c2} - i_{a2})r_2 \\[2mm] \qquad\qquad + (L_2 - m_{21})\dfrac{d(i_{c2} - i_{a2})}{dt} + (m_{32} - m_{31})\dfrac{di_{Lc3}}{dt} \end{cases} \tag{3-57a}$$

$$
\begin{cases}
u_{a2} - u_{b2} + u_{b3} - u_{a3} = (i_{a2} - i_{b2})r_2 + (L_2 - m_{23})\dfrac{\mathrm{d}(i_{a2} - i_{b2})}{\mathrm{d}t} - (L_3 - m_{32})\dfrac{\mathrm{d}i_{La3}}{\mathrm{d}t} \\
\qquad\qquad - i_{La3}r_3 + (m_{12} - m_{13})\dfrac{\mathrm{d}(i_{a1} - i_{b1})}{\mathrm{d}t} \\[4pt]
u_{b2} - u_{c2} + u_{c3} - u_{b3} = (i_{b2} - i_{c2})r_2 + (L_2 - m_{23})\dfrac{\mathrm{d}(i_{b2} - i_{c2})}{\mathrm{d}t} - (L_3 - m_{32})\dfrac{\mathrm{d}i_{Lb3}}{\mathrm{d}t} \\
\qquad\qquad - i_{Lb3}r_3 + (m_{12} - m_{13})\dfrac{\mathrm{d}(i_{b1} - i_{c1})}{\mathrm{d}t} \\[4pt]
u_{c2} - u_{a2} + u_{a3} - u_{c3} = (i_{c2} - i_{a2})r_2 + (L_2 - m_{23})\dfrac{\mathrm{d}(i_{c2} - i_{a2})}{\mathrm{d}t} - (L_3 - m_{32})\dfrac{\mathrm{d}i_{Lc3}}{\mathrm{d}t} \\
\qquad\qquad - i_{Lc3}r_3 + (m_{12} - m_{13})\dfrac{\mathrm{d}(i_{c1} - i_{a1})}{\mathrm{d}t}
\end{cases}
\tag{3-57b}
$$

将式（3-57）归算到变压器的第一侧时，可得式（3-58）如下：

$$
\begin{cases}
u_{b1} - u_{a1} + u'_{a2} - u'_{b2} = -(i_{a1} - i_{b1})r_1 - (L_1 - m'_{12})\dfrac{\mathrm{d}(i_{a1} - i_{b1})}{\mathrm{d}t} + (i'_{a2} - i'_{b2})r'_2 \\
\qquad\qquad + (L'_2 - m'_{21})\dfrac{\mathrm{d}(i'_{a2} - i'_{b2})}{\mathrm{d}t} + (m'_{32} - m'_{31})\dfrac{\mathrm{d}i'_{La3}}{\mathrm{d}t} \\[4pt]
u_{c1} - u_{b1} + u'_{b2} - u'_{c2} = -(i_{b1} - i_{c1})r_1 - (L_1 - m'_{12})\dfrac{\mathrm{d}(i_{b1} - i_{c1})}{\mathrm{d}t} + (i'_{b2} - i'_{c2})r'_2 \\
\qquad\qquad + (L'_2 - m'_{21})\dfrac{\mathrm{d}(i'_{b2} - i'_{c2})}{\mathrm{d}t} + (m'_{32} - m'_{31})\dfrac{\mathrm{d}i'_{Lb3}}{\mathrm{d}t} \\[4pt]
u_{a1} - u_{c1} + u'_{c2} - u'_{a2} = -(i_{c1} - i_{a1})r_1 - (L_1 - m'_{12})\dfrac{\mathrm{d}(i_{c1} - i_{a1})}{\mathrm{d}t} + (i'_{c2} - i'_{a2})r'_2 \\
\qquad\qquad + (L'_2 - m'_{21})\dfrac{\mathrm{d}(i'_{c2} - i'_{a2})}{\mathrm{d}t} + (m'_{32} - m'_{31})\dfrac{\mathrm{d}i'_{Lc3}}{\mathrm{d}t} \\[4pt]
u'_{a2} - u'_{b2} + u'_{b3} - u'_{a3} = (i'_{a2} - i'_{b2})r'_2 + (L'_2 - m'_{23})\dfrac{\mathrm{d}(i'_{a2} - i'_{b2})}{\mathrm{d}t} - (L'_3 - m'_{32})\dfrac{\mathrm{d}i'_{La3}}{\mathrm{d}t} \\
\qquad\qquad - i'_{La3}r'_3 + (m'_{12} - m'_{13})\dfrac{\mathrm{d}(i_{a1} - i_{b1})}{\mathrm{d}t} \\[4pt]
u'_{b2} - u'_{c2} + u'_{c3} - u'_{b3} = (i'_{b2} - i'_{c2})r'_2 + (L'_2 - m'_{23})\dfrac{\mathrm{d}(i'_{b2} - i'_{c2})}{\mathrm{d}t} - (L'_3 - m'_{32})\dfrac{\mathrm{d}i'_{Lb3}}{\mathrm{d}t} \\
\qquad\qquad - i'_{Lb3}r'_3 + (m'_{12} - m'_{13})\dfrac{\mathrm{d}(i_{b1} - i_{c1})}{\mathrm{d}t} \\[4pt]
u'_{c2} - u'_{a2} + u'_{a3} - u'_{c3} = (i'_{c2} - i'_{a2})r'_2 + (L'_2 - m'_{23})\dfrac{\mathrm{d}(i'_{c2} - i'_{a2})}{\mathrm{d}t} - (L'_3 - m'_{32})\dfrac{\mathrm{d}i'_{Lc3}}{\mathrm{d}t} \\
\qquad\qquad - i'_{Lc3}r'_3 + (m'_{12} - m'_{13})\dfrac{\mathrm{d}(i_{c1} - i_{a1})}{\mathrm{d}t}
\end{cases}
\tag{3-58}
$$

又考虑

$$\begin{cases} i'_{La3} + i'_{a2} - i'_{b2} + i_{a1} - i_{b1} = i_{mab} \\ i'_{Lb3} + i'_{b2} - i'_{c2} + i_{b1} - i_{c1} = i_{mbc} \\ i'_{Lc3} + i'_{c2} - i'_{a2} + i_{c1} - i_{a1} = i_{mca} \end{cases} \tag{3-59}$$

式中，$i_{mab}, i_{mbc}, i_{mca}$ 为三相的差动电流。

将式（3-59）代入式（3-58），整理得式（3-60）如下：

$$\begin{cases} u_{b1} - u_{a1} + u'_{a2} - u'_{b2} = -(i_{a1} - i_{b1})r_1 - (L_1 - m'_{12} - m'_{13} + m'_{23})\dfrac{\mathrm{d}(i_{a1} - i_{b1})}{\mathrm{d}t} + (i'_{a2} - i'_{b2})r'_2 \\ \qquad\qquad + (L'_2 - m'_{12} - m'_{23} + m'_{13})\dfrac{\mathrm{d}(i'_{a2} - i'_{b2})}{\mathrm{d}t} + (m'_{23} - m'_{13})\dfrac{\mathrm{d}i_{mab}}{\mathrm{d}t} \\[4pt] u_{c1} - u_{b1} + u'_{b2} - u'_{c2} = -(i_{b1} - i_{c1})r_1 - (L_1 - m'_{12} - m'_{13} + m'_{23})\dfrac{\mathrm{d}(i_{b1} - i_{c1})}{\mathrm{d}t} + (i'_{b2} - i'_{c2})r'_2 \\ \qquad\qquad + (L'_2 - m'_{12} - m'_{23} + m'_{13})\dfrac{\mathrm{d}(i'_{b2} - i'_{c2})}{\mathrm{d}t} + (m'_{23} - m'_{13})\dfrac{\mathrm{d}i_{mbc}}{\mathrm{d}t} \\[4pt] u_{a1} - u_{c1} + u'_{c2} - u'_{a2} = -(i_{c1} - i_{a1})r_1 - (L_1 - m'_{12} - m'_{13} + m'_{23})\dfrac{\mathrm{d}(i_{c1} - i_{a1})}{\mathrm{d}t} + (i'_{c2} - i'_{a2})r'_2 \\ \qquad\qquad + (L'_2 - m'_{12} - m'_{23} + m'_{13})\dfrac{\mathrm{d}(i'_{c2} - i'_{a2})}{\mathrm{d}t} + (m'_{23} - m'_{13})\dfrac{\mathrm{d}i_{mca}}{\mathrm{d}t} \\[4pt] u'_{a2} - u'_{b2} + u'_{b3} - u'_{a3} = (i'_{a2} - i'_{b2})r'_2 + (L'_2 - m'_{12} - m'_{23} + m'_{13})\dfrac{\mathrm{d}(i'_{a2} - i'_{b2})}{\mathrm{d}t} \\ \qquad\qquad - (L'_3 + m'_{12} - m'_{13} - m'_{23})\dfrac{\mathrm{d}i'_{La3}}{\mathrm{d}t} - i'_{La3}r'_3 + (m'_{12} - m'_{13})\dfrac{\mathrm{d}i_{mab}}{\mathrm{d}t} \\[4pt] u'_{b2} - u'_{c2} + u'_{c3} - u'_{b3} = (i'_{b2} - i'_{c2})r'_2 + (L'_2 - m'_{12} - m'_{23} + m'_{13})\dfrac{\mathrm{d}(i'_{b2} - i'_{c2})}{\mathrm{d}t} \\ \qquad\qquad - (L'_3 + m'_{12} - m'_{13} - m'_{23})\dfrac{\mathrm{d}i'_{Lb3}}{\mathrm{d}t} - i'_{Lb3}r'_3 + (m'_{12} - m'_{13})\dfrac{\mathrm{d}i_{mbc}}{\mathrm{d}t} \\[4pt] u'_{c2} - u'_{a2} + u'_{a3} - u'_{c3} = (i'_{c2} - i'_{a2})r'_2 + (L'_2 - m'_{12} - m'_{23} + m'_{13})\dfrac{\mathrm{d}(i'_{c2} - i'_{a2})}{\mathrm{d}t} \\ \qquad\qquad - (L'_3 + m'_{12} - m'_{13} - m'_{23})\dfrac{\mathrm{d}i'_{Lc3}}{\mathrm{d}t} - i'_{Lc3}r'_3 + (m'_{12} - m'_{13})\dfrac{\mathrm{d}i_{mca}}{\mathrm{d}t} \end{cases} \tag{3-60}$$

变压器厂家提供的变压器各侧的电抗（归算到第一侧）为

$$\begin{cases} x_1 = \omega(L_1 - m'_{12} - m'_{13} + m'_{23}) \\ x'_2 = \omega(L'_2 - m'_{12} - m'_{23} + m'_{13}) \\ x'_3 = \omega(L'_3 - m'_{13} - m'_{23} + m'_{12}) \end{cases} \tag{3-61}$$

变压器经过短路实验后，可得到 $x_{k12}, x_{k13}, x'_{k23}$，由 $x_{k12}, x_{k13}, x'_{k23}$ 可得

$$
\begin{cases}
x_1 = \dfrac{1}{2}(x_{k12} + x_{k13} - x'_{k23}) \\[2mm]
x'_2 = \dfrac{1}{2}(x_{k12} + x'_{k23} - x_{k13}) \\[2mm]
x'_3 = \dfrac{1}{2}(x_{k13} + x'_{k23} - x_{k12})
\end{cases}
\tag{3-62}
$$

由此，可将式（3-60）化简为

$$
\begin{cases}
\begin{aligned}
u_{b1} - u_{a1} + u'_{a2} - u'_{b2} ={}& -(i_{a1} - i_{b1})r_1 - \frac{x_1}{\omega}\frac{\mathrm{d}(i_{a1} - i_{b1})}{\mathrm{d}t} + (i'_{a2} - i'_{b2})r'_2 \\
&+ \frac{x'_2}{\omega}\frac{\mathrm{d}(i'_{a2} - i'_{b2})}{\mathrm{d}t} + (m'_{23} - m'_{13})\frac{\mathrm{d}i_{mab}}{\mathrm{d}t}
\end{aligned} \\[4mm]
\begin{aligned}
u_{c1} - u_{b1} + u'_{b2} - u'_{c2} ={}& -(i_{b1} - i_{c1})r_1 - \frac{x_1}{\omega}\frac{\mathrm{d}(i_{b1} - i_{c1})}{\mathrm{d}t} + (i'_{b2} - i'_{c2})r'_2 \\
&+ \frac{x'_2}{\omega}\frac{d(i'_{b2} - i'_{c2})}{\mathrm{d}t} + (m'_{23} - m'_{13})\frac{\mathrm{d}i_{mbc}}{\mathrm{d}t}
\end{aligned} \\[4mm]
\begin{aligned}
u_{a1} - u_{c1} + u'_{c2} - u'_{a2} ={}& -(i_{c1} - i_{a1})r_1 - \frac{x_1}{\omega}\frac{\mathrm{d}(i_{c1} - i_{a1})}{\mathrm{d}t} + (i'_{c2} - i'_{a2})r'_2 \\
&+ \frac{x'_2}{\omega}\frac{d(i'_{c2} - i'_{a2})}{\mathrm{d}t} + (m'_{23} - m'_{13})\frac{\mathrm{d}i_{mca}}{\mathrm{d}t}
\end{aligned} \\[4mm]
\begin{aligned}
u'_{a2} - u'_{b2} + u'_{b3} - u'_{a3} ={}& (i'_{a2} - i'_{b2})r'_2 + \frac{x'_2}{\omega}\frac{\mathrm{d}(i'_{a2} - i'_{b2})}{\mathrm{d}t} - \frac{x'_3}{\omega}\frac{\mathrm{d}i'_{La3}}{\mathrm{d}t} \\
&- i'_{La3}r'_3 + (m'_{12} - m'_{13})\frac{\mathrm{d}i_{mab}}{\mathrm{d}t}
\end{aligned} \\[4mm]
\begin{aligned}
u'_{b2} - u'_{c2} + u'_{c3} - u'_{b3} ={}& (i'_{b2} - i'_{c2})r'_2 + \frac{x'_2}{\omega}\frac{\mathrm{d}(i'_{b2} - i'_{c2})}{\mathrm{d}t} - \frac{x'_3}{\omega}\frac{\mathrm{d}i'_{Lb3}}{\mathrm{d}t} \\
&- i'_{Lb3}r'_3 + (m'_{12} - m'_{13})\frac{\mathrm{d}i_{mbc}}{\mathrm{d}t}
\end{aligned} \\[4mm]
\begin{aligned}
u'_{c2} - u'_{a2} + u'_{a3} - u'_{c3} ={}& (i'_{c2} - i'_{a2})r'_2 + \frac{x'_2}{\omega}\frac{\mathrm{d}(i'_{c2} - i'_{a2})}{\mathrm{d}t} - \frac{x'_3}{\omega}\frac{\mathrm{d}i'_{Lc3}}{\mathrm{d}t} \\
&- i'_{Lc3}r'_3 + (m'_{12} - m'_{13})\frac{\mathrm{d}i_{mca}}{\mathrm{d}t}
\end{aligned}
\end{cases}
\tag{3-63}
$$

式中，$i_{mab}, i_{mbc}, i_{mca}$ 为三相的差动电流，x_1, x'_2, x'_3 可由短路电抗求得。在变压器正常运行、励磁涌流和外部故障时，式（3-63）中的六个等式完全成立，而且前三个等式中的 $m'_{23} - m'_{13}$ 和后三个等式中的 $m'_{12} - m'_{13}$ 应分别为同一值；只有变压器发生内部故障时，式（3-63）中的六个等式才不成立，而且利用前三个等式分别计算的 $m'_{23} - m'_{13}$ 和后三个等式分别计算的 $m'_{12} - m'_{13}$ 会有较大差别。这些是制定三绕组变压器保护方案的依据。

3.3.3 基于变压器回路方程的励磁涌流识别新判据

1. 保护方案

根据上面的推导，可以分别制定两绕组和三绕组变压器的保护方案[9]。

1）三相两绕组变压器的保护方案

方案一：当差动电流大于门槛值时，利用 L_2 的估算值，计算式（3-53）中三个等式两边的差值，如果等式两边的差值超过门槛值，判定变压器发生内部故障，保护跳闸。由于 L_2 的估算值与实际值存在着误差，故此方案的动作门槛值要躲过励磁涌流和外部故障时方程两侧的差值，它能够保证在发生较严重的内部故障时保护正确动作。

方案二：当差动电流大于门槛值时，利用式（3-53）计算三个方程中的 L_2，如果三个方程分别计算出的 L_2 之间的差值超过门槛值，判定变压器发生内部故障，保护跳闸。此方案可在方案一的基础上进一步判别变压器的轻微故障。

因此，方案一用来识别严重内部故障，方案二用来识别轻微内部故障，两者相结合优势互补就会达到很好的效果，这也是此保护方案的优越性所在。使用方案一和方案二互相配合是因为：当发生变压器相间短路或单相接地短路故障较为严重的内部故障时，测量得到的差动电流会比较大，导致计算出的三个 L_2 数值会非常小，它们之间的差值就会更小，影响方案二的判断。而在发生这些较为严重的内部故障时，方案一就可以发挥很好的判别效果，所以要将两个方案配合使用。

2）三相三绕组变压器的保护方案

方案一：当差动电流大于门槛值时，利用 $m'_{23} - m'_{13}$ 和 $m'_{12} - m'_{13}$ 的估算值，计算式（3-63）中的六个方程等式两边的差值，如果等式两边的差值超过门槛值，判定变压器发生内部故障，保护跳闸。由于 $m'_{23} - m'_{13}$ 和 $m'_{12} - m'_{13}$ 的估算值与实际值存在着误差，故此方案的动作门槛值要躲过励磁涌流和外部故障时方程两侧的差值，它能够保证在发生较严重的内部故障时保护正确动作。

方案二：当差动电流大于门槛值时，利用式（3-63）分别计算前三个等式中的 $m'_{23} - m'_{13}$ 和后三个等式中的 $m'_{12} - m'_{13}$，如果 $m'_{23} - m'_{13}$ 的值或 $m'_{12} - m'_{13}$ 的值超过门槛值，判定变压器发生内部故障，保护跳闸。此方案可在方案一的基础上进一步判别变压器的轻微故障。

同样，方案一用来识别严重内部故障，方案二用来识别轻微内部故障，两者相结合会达到很好的效果。

2. 仿真验证

为了验证该保护方案的正确性，利用仿真试验系统得到的数据进行了保护方案的分析。利用三相两绕组变压器保护方案一得到的结果如表 3-5 所示。表 3-5 中的差值是 10 组数据差值的综合结果，差值取三个等式两边差值的平均值，在计算中将 L_2 估算

为 $0.5x_k/\omega$。从仿真结果可见，在变压器发生内部故障时，方程两边的差值较大，而在变压器空投和正常运行时差值较小。若设两绕组方案一中差值的门槛值定为 15，应用两绕组方案一即可区分励磁涌流和变压器轻微的内部故障。由于仿真数据与实际变压器的数据会存在一定的误差，所以利用动模试验的数据也进行了验证。

表 3-5　根据两绕组方案一得到的差值（仿真试验数据结果）

运行状态				差值	序号
正常	空　投			1～15	1
	运　行			2～5	2
故障	带故障空投	匝间	A9%	19～35	3
			B18%	20～36	4
			C18%	25～38	5
		接地	A	78～90	6
			B	49～65	7
		相间	AB	90～100	8
			BC	95～100	9
	运行中发生故障	匝间	A9%	20～32	10
			B18%	25～30	11
			C18%	24～28	12
		接地	A	80～85	13
			B	57～62	14
		相间	AB	95～104	15
			BC	95～98	16

为了进一步验证该方案的正确性及可行性，用动模试验的数据进行了验证，每种运行状态的数据分别测取 10 次。根据两绕组变压器的方案一，得到表 3-6。

表 3-6　根据两绕组方案一得到的差值（动模试验数据结果）

运行状态				差值	序号
正常	空　投			1.8～13	1
	运　行			2.8～6.1	2
故障	带故障空投	匝间	A9%	15～31	3
			B18%	20～34	4
			C18%	23～34	5
		接地	A	72～80	6
			B	50～60	7
		相间	AB	95～104	8
			BC	90～100	9
	运行中发生故障	匝间	A9%	18～24	10
			B18%	26～28	11
			C18%	23～24	12
		接地	A	76～79	13
			B	58～60	14
		相间	AB	94～102	15
			BC	94～97	16

　　由表 3-6 可以看出，如果设两绕组方案一中差值的门槛值定为 13，那么单独使用两绕组方案一便可以区别励磁涌流和故障电流了。但是为了避开不平衡电流的影响，使保护方案有一定的裕度，可以抬高门槛值定为 20，那么，由表 3-6 可以看出，除了识别轻微匝间故障与励磁涌流的能力较差，其他故障均能够可靠地识别。为此，可以使用三相两绕组变压器保护方案二进一步进行判断。下面依据两绕组方案二对表 3-6 中序号为 1、3、10 的三种情况进行判断。图 3-38(a)～图 3-38(c)分别是将状态 1、3、10 的动模试验数据代入到式（3-53）中，计算得出的三个等式中的 L_2 的变化曲线。为了更加明显地比较三个 L_2 的差别，如图 3-38(d)所示为计算出的每种状态下三个 L_2 的差值变化曲线。

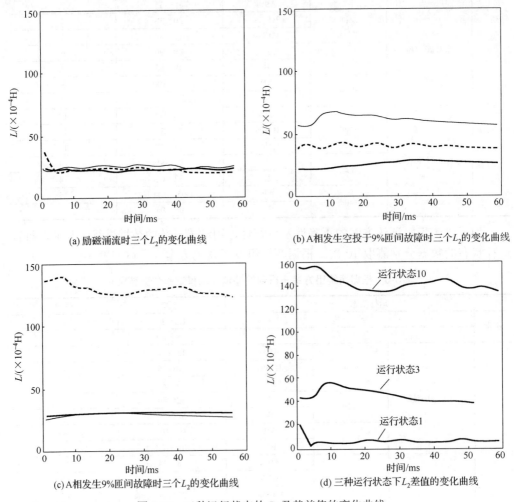

(a) 励磁涌流时三个 L_2 的变化曲线　　　　　　(b) A相发生空投于9%匝间故障时三个 L_2 的变化曲线

(c) A相发生9%匝间故障时三个 L_2 的变化曲线　　　　(d) 三种运行状态下 L_2 差值的变化曲线

图 3-38　三种运行状态的 L_2 及其差值的变化曲线

　　如图 3-38 所示，励磁涌流时三个 L_2 差别很小，而在内部匝间短路时其差别较大，可以利用两绕组方案二可靠地区分励磁涌流和轻微内部故障。

另外，在变压器回路方程的基础上，有关学者提出了基于广义瞬时功率的变压器保护原理[10]。该原理通过计算变压器在各种运行情况下，二端网络中瞬时功率直流分量的大小，来判断变压器是否发生内部故障，其不受变压器铁损和铜损的影响，无需知道变压器的漏感参数，相比于变压器回路方程的方法，具有一定的优势。

3.4 基于模糊理论的变压器励磁涌流识别新原理

3.4.1 概述

模糊数学是一门新兴学科，是研究和处理模糊性现象的数学理论和方法。由于模糊性概念已经找到了模糊集的描述方式，人们运用概念进行判断、评价、推理、决策和控制的过程也可以用模糊数学的方法来描述。

如何正确辨别励磁涌流和内部故障一直是影响变压器差动保护动作性能的关键和技术难点，国内外许多学者对此进行了大量的研究。目前工程应用的变压器差动保护大多采用定量的门槛区分励磁涌流和内部故障，但由于参数的模糊性，往往会造成误判。本节将模糊理论引入变压器差动保护，分别给出基于模糊逻辑的励磁涌流二次谐波闭锁新方法及多判据融合励磁涌流识别方案，希望借此能够提高励磁涌流识别的准确性，改善变压器差动保护的性能。

3.4.2 模糊理论的数学基础

1. 模糊集合和隶属函数

模糊集合的定义：

论域 U 上的一个模糊集合 A 是指，对于论域 U 中的任一元素 $u \in U$，都指定了闭区间[0,1]中的一个数 $\mu_A(u) \in [0,1]$ 与之对应，它称为 u 对 A 的隶属度（degree of membership）。这意味着定义了一个映射 μ_A：

$$\mu_A : U \to [0,1], \quad u \mapsto \mu_A(u) \tag{3-64}$$

这个映射称为模糊集合的隶属函数。

隶属函数的定义：用于描述模糊集合，并在闭区间[0,1]上可以连续取值的特征函数。

由于模糊子集与隶属函数是一一对应的关系，所以要建立某种特性的模糊子集，就必须建立反映这种特性所具有的程度函数，即隶属函数。

隶属函数用 $\mu_A(x)$ 表示，其中 A 表示模糊集合，而 x 是 A 的元素。隶属函数满足：$0 \leqslant \mu_A(x) \leqslant 1$。模糊理论的基本概念就是隶属函数。在表示普通集合时，人们使用特征函数来表示其边界；而特征函数只能取离散值"0"和"1"。模糊集合则用隶属函数表示边界，隶属函数则可以取 0～1 的连续值。一个元素的隶属函数值为 "0"，说明该元素不属于该模糊集合；隶属函数值为 "1"，说明该元素完全属于该模糊集合；隶属函数值为 0～1，则说明元素属于模糊集合的程度。

模糊逻辑认为事物分类并不是黑白分明、界限确定的，而是在两者之间有无限多的中间过渡。这似乎把一切都说成是含含糊糊了，事实上模糊逻辑通过对这些渐变安排特定的数字来排除任何含糊性。模糊逻辑提供的是能获得明确决策的、严格而精确的方法。

2. 模糊测度和模糊积分理论

模糊测度的定义如下。

设 ξ 为 U 的子集系，若映射 $g:\xi \to [0,1]$ 满足条件：

（1）$g(\phi) = 0,\ g(U) = 1$；

（2）$A \subseteq B \Rightarrow g(A) \leqslant g(B)$；

（3）$\{A_n\}$ 单调，$\lim\limits_{n \to \infty} g(A_n) = g(A), n \geqslant 1$，则称 g 为模糊测度，称 (U,ξ) 为模糊可测空间，(U,ξ,g) 为模糊测度空间。

模糊测度的含义如下。

设有某个元素 $u \in U$，猜想 u 可能属于 ξ 的某个元素 A，即 $A \in \xi$ 且 $u \in A$。这种猜想是不确切的、模糊的，g 就是这个模糊性的一个量度，$g(A)$ 表示了 u 属于 A 的程度，g 有各种定义的方法，也就是有各种不同的测度，其中 g_λ 测度（又称 $\lambda\text{-}F$ 测度）是常用的一种。

设 $H(u_i)$ 是对各因素的重视程度 $g(u_i)$ 的模糊分布函数，则对于 g_λ 的分布有

$$\begin{cases} g_1(u_1) = H(u_1) \\ g_i(u_i) = \dfrac{H(u_i) - H(u_{i-1})}{1 + \lambda \cdot H(u_{i-1})}, & 2 \leqslant i \leqslant n \end{cases} \tag{3-65}$$

当取 $\lambda = 0$ 时，有

$$\begin{cases} H(u_1) = g_1(u_1) \\ H(u_i) = g_1(u_1) + H(u_{i-1}), & 2 \leqslant i \leqslant n \end{cases} \tag{3-66}$$

设 (U,ξ,g) 为模糊测度空间，$h:U \to [0,1]$ 是 U 上的可测函数，$A \in \xi$。h 在 A 上关于 g 的模糊积分定义为

$$\int h(u) \circ g(\cdot) = \operatorname*{Sup}_{\lambda \in [0,1]} [\lambda \wedge g(A \bigcap h_\lambda)] \tag{3-67}$$

式中，$h_\lambda = \{u | h(u) \geqslant \lambda\}$，$0 \leqslant \lambda \leqslant 1$，$g(\cdot)$ 表示某集合的测度。

取 g 为 $\lambda\text{-}F$ 测度 g_λ，则

$$\int h(u) \circ g(\cdot) = \bigvee_{i=1}^{n} [\lambda \wedge g(A \bigcap h_\lambda)] \tag{3-68}$$

模糊积分的实际意义可理解为：客体满足各种特性的程度和对特性的重视程度之间的相容性程度，其值越大，表明客体越满足各个特性[11]。

3.4.3　基于模糊逻辑的变压器励磁涌流二次谐波闭锁新原理

对于 Y/Δ 接线三相变压器，由于变压器两侧电流相位的不一致，计算差动电流时通常采取相位补偿方法，详见 2.3 节有关内容。本节将模糊逻辑引入二次谐波制动判据中，综合三种常用的电流相位补偿方式的优缺点，通过选取合适的隶属函数求取各相差流中二次谐波的综合隶属度，在此基础上应用三取二原则来判别励磁涌流和内部故障电流，最后通过仿真和现场录波数据验证了方法的有效性[12]。

1. 二次谐波隶属函数的选取

励磁涌流中含有较大的偶次谐波分量且以二次谐波含量最大，常规变压器差动保护中二次谐波比 I_2/I_1 的阈值一般取为 15%～20%。本节将二次谐波隶属函数取为升半梯形分布，如图 3-39 所示。当二次谐波含量低于 C_1 时，隶属度为 0，即判为故障电流；二次谐波含量高于 C_2 时，隶属度为 1，判为励磁涌流；二次谐波含量位于 C_1 和 C_2 之间时，隶属度 μ 表示差动电流隶属于励磁涌流的概率。隶属函数的表达式如式（3-69）所示。

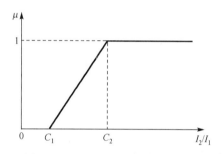

图 3-39　二次谐波含量的隶属函数

$$\mu(I_2/I_1) = \begin{cases} 1, & I_2/I_1 \geq C_2 \\ \dfrac{I_2/I_1 - C_1}{C_2 - C_1}, & C_1 < I_2/I_1 < C_2 \\ 0, & I_2/I_1 \leq C_1 \end{cases} \qquad (3\text{-}69)$$

根据经验取 $C_1 = 7\%$，$C_2 = 15\%$，构建模糊集合 $F = \{f_1, f_2, f_3\}$，其中 f_1, f_2, f_3 分别代表 Y→Δ、Δ→Y 和采用未经任何变换 Y 侧线电流这三种电流相位补偿方式下某相差流的二次谐波含量。

2. 基于二次谐波综合隶属度的三取二方式

前述 2.3 节已表明，Y→Δ、Δ→Y 和采用未经任何变换的 Y 侧线电流方式识别励磁涌流的能力相当，当某一种或某两种方式识别效果较差时，另外两种或一种方式识别效果较好。因此，若能综合利用这三种电流相位补偿方式，使其互相补充，相互制衡，将会取得较好的效果。本节首先求取不同电流相位补偿方式下三相差流的二次谐波隶属度，进而将各种电流补偿方式下的隶属度加权平均而得到各相的综合隶属度，如式（3-70）所示：

$$\mu_{\Sigma f} = [\mu_{f1} + \mu_{f2} + \mu_{f3}]/3 \tag{3-70}$$

式中，μ_{f1}、μ_{f2}、μ_{f3}分别代表某相差流在 Y→Δ、Δ→Y 和采用未经任何变换的 Y 侧线电流这三种电流相位补偿方式下的二次谐波含量隶属度，$\mu_{\Sigma f}$为对应的二次谐波含量综合隶属度。

在求取各相差流二次谐波含量综合隶属度的基础上应用三取二原则，通过选择适当的阈值来判别励磁涌流和故障电流，若三相差流中至少有两相的二次谐波含量综合隶属度大于阈值，则判为励磁涌流；若三相中至少有两相的二次谐波含量综合隶属度小于阈值，则判为内部故障。

3. 仿真验证

利用动模数据进行分析验证，采样率为 1200Hz，综合隶属度 $\mu_{\Sigma f}$ 阈值取为 0.5。

1）变压器空投产生涌流

变压器 Y 侧空投产生涌流时，三种电流相位补偿方式下的差流、差流二次谐波含量和各相综合隶属度如图 3-40 所示。（说明：粗线表示 A 相，细线表示 B 相，虚线表示 C 相，图 3-40～图 3-43 均采用同样的标识）。

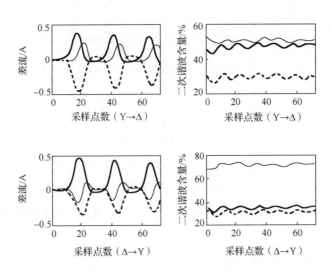

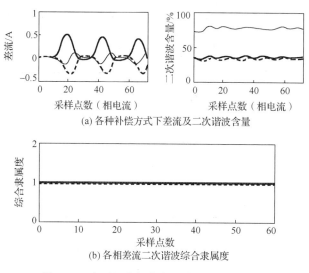

(a) 各种补偿方式下差流及二次谐波含量

(b) 各相差流二次谐波综合隶属度

图 3-40　变压器空投产生涌流时的分析结果

由图 3-40 可知，变压器 Y 侧空充产生励磁涌流时，各相差流的二次谐波含量很高，各相差流的二次谐波含量综合隶属度均为 1，均大于阈值 0.5，采用基于综合隶属度的三取二原则判为励磁涌流，闭锁差动保护。

2）空投到接地故障

变压器 Y 侧空投于 A 相金属性接地时，各种电流相位补偿方式下差流、差流的二次谐波含量和各相综合隶属度如图 3-41 所示。

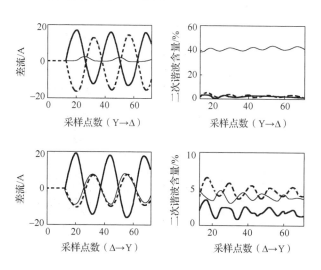

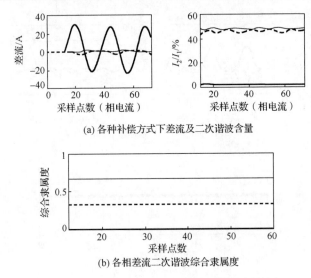

(a) 各种补偿方式下差流及二次谐波含量

(b) 各相差流二次谐波综合隶属度

图 3-41　变压器空投于接地故障时的分析结果

由图 3-41(b)可知，A、B、C 三相二次谐波含量的综合隶属度分别为 0、0.67、0.34，A 相和 C 相的综合隶属度小于阈值 0.5，采用基于综合隶属度的三取二原则判为内部故障，开放差动保护。

3）空投到匝间短路

空投到变压器高压侧 A 相 5%匝间短路时，各种电流相位补偿方式下差流、差流的二次谐波含量和各相综合隶属度如图 3-42 所示。

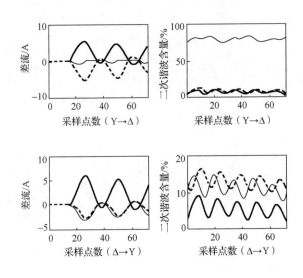

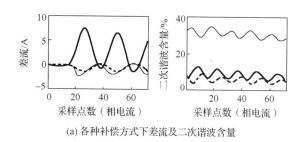

(a) 各种补偿方式下差流及二次谐波含量

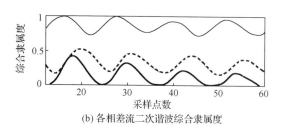

(b) 各相差流二次谐波综合隶属度

图 3-42　变压器空投于匝间故障时的分析结果

由图 3-42(b)可知，A、C 两相差流的综合隶属度均小于阈值 0.5，采用基于综合隶属度的三取二原则判为内部故障，开放差动保护。

4）现场误动实例分析

图 3-43 给出了根据某变电站变压器空投引起差动保护误动的录波数据分析结果。现场误动的保护采用 Y→Δ 电流相位补偿方式。由图 3-43(a)可知，采用 Y→Δ 补偿方式，A，B 两相差流的二次谐波含量均低于 15%，即使应用三取二原则，仍然会判为故障电流。而应用基于二次谐波综合隶属度的涌流闭锁方案，如图 3-43(b)所示，A、C 两相差流的二次谐波综合隶属度均大于 0.5，B 相差流的二次谐波综合隶属度小于 0.5，应用三取二原则，判为励磁涌流，可靠闭锁差动保护。针对现场误动实例的仿真分析，进一步验证了该方法的有效性。

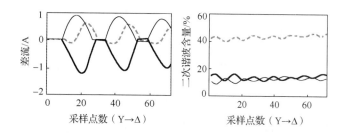

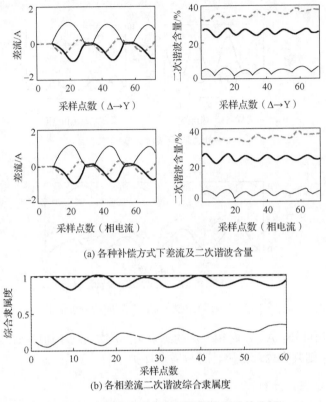

(a) 各种补偿方式下差流及二次谐波含量

(b) 各相差流二次谐波综合隶属度

图 3-43　空投涌流引起变压器保护误动的分析

3.4.4　基于多判据融合的励磁涌流模糊识别方案

由于变压器励磁涌流与合闸初相角、绕组接线方式及铁心剩磁等因素有关，而内部故障又与故障位置、故障形式及故障前变压器运行工况等因素相关，因此，现有的诸多单一励磁涌流与内部故障识别判据难以全面兼顾保护的可靠性与灵敏性，存在误动或拒动的风险。本节在引入模糊理论的基础上，给出一种基于多判据融合的励磁涌流识别方案，可综合多种判据的优点，借此提高变压器励磁涌流识别的准确性[13]。

1. 模糊层次分析法确定权重基本原理

模糊理论具体应用的一般判据为

$$\mu = \sum_{i=1}^{n} \omega_i \mu_i \tag{3-71}$$

式中，μ 为模糊判据综合隶属度输出结果；μ_i 为第 i 种具体判据隶属度；ω_i 为第 i 种判据隶属度对应的权重，满足 $\sum_{i=1}^{n} \omega_i = 1$。

将模糊理论应用于变压器保护中面临的问题之一是如何调整权重，通常情况下权重的确定都是基于经验而非科学推理，其结果很难真实客观地反映变压器的状况，而模糊层次分析法为权重的确定提供了理论依据。

1）模糊层次分析法

层次分析法（analytic hierarchy process，AHP）是在 20 世纪 70 年代由 Saaty 首次提出的，该方法是定量和定性分析相结合的多目标决策方法，能够有效分析目标准则体系层次间的非序列关系，有效地综合测度决策者的判断和比较。

AHP 把复杂的问题分解为各个组成因素，将这些因素按支配关系分组形成有序的递阶层次结构，通过两两比较的方法确定层次中诸因素的相对重要性，然后综合人的判断，以决定决策诸因素相对重要性总的顺序。由于 AHP 的判断矩阵的一致性指标难于达到以及判断矩阵的一致性与人们决策思维的一致性存在差异，所以人们在层次分析法中引入模糊一致矩阵，从而得到一种实用有效的模糊层次分析法（fuzzy analytic hierarchy process，FAHP）。

模糊层次分析法同普通的层次分析法的区别在于判断矩阵的模糊性。在构成判断矩阵的时候，要求此矩阵在大体上具有一致性，以免出现"甲比乙重要，乙比丙重要，而丙又比甲重要"的违反常识的情况。因此还要把此矩阵改成模糊一致矩阵，这样可以保证判断矩阵的一致性。

2）模糊层次分析法标度

设有方案集 $R = \{R_1, R_2, \cdots, R_n\}$ 对某一准则存在相对重要性，根据特定的标度法则，方案 $R_i(i = 1, 2, \cdots, n)$ 与其他方案两两比较判断，其相对重要程度为 $r_{ij}(i, j = 1, 2, \cdots, n)$，这样构成的用以求解各个方案关于某准则的优先权重的 n 阶矩阵称为判断矩阵，记为

$$R = (r_{ij})_{n \times n} \tag{3-72}$$

文献[14]给出了一种由传统层次分析法标度 r_{ij} 得到模糊层次分析法标度 $r_{ij}(a)$ 的方法。为保证 $0 \le r_{ij}(a) \le 1$，取 $a \ge 81$，令 $r_{ij}(a) = \log_a r_{ij} + 0.5$，$r_{ii}(a) = 0.5$，$r_{ij}(a) + r_{ji}(a) = 1$。得到模糊互补判断矩阵 $R = (r_{ij}(a))_{n \times n}$，相应其各级模糊标度的含义如表 3-7 所示。

表 3-7　各级模糊标度

标度	定义	含义
0.5	同样重要	两方案对某属性同样重要
$\log_a 3 + 0.5$	稍微重要	两方案对某属性，一方案比另一方案稍微重要
$\log_a 5 + 0.5$	明显重要	两方案对某属性，一方案比另一方案明显重要
$\log_a 7 + 0.5$	强烈重要	两方案对某属性，一方案比另一方案强烈重要
$\log_a 9 + 0.5$	极端重要	两方案对某属性，一方案比另一方案极端重要
$\log_a i + 0.5, i = 2, 4, 6, 8$	相邻标度折中值	表示相邻两标度之间折中时的标度
上列标度互补	互补	方案 A_i 对方案 A_j 的标度为 r_{ij}，反之为 $1 - r_{ij}$

至于模糊标度值的大小则依赖于决策者对 a 取值的选择。

文献[14]讨论了基于模糊一致互补判断矩阵 $R = \left(r_{ij}(a) \right)_{n \times n}$ 的权重确定问题，R 中各元素关系如式（3-73）所示：

$$\begin{cases} 0 \leqslant r_{ij}(a) \leqslant 1 \\ r_{ii}(a) = 0.5 \\ r_{ij}(a) + r_{ji}(a) = 1 \\ \forall i, j, k = 1, 2, \cdots, n 有 r_{ij}(a) = r_{ik}(a) - r_{jk}(a) + 0.5 \end{cases} \tag{3-73}$$

推理得出权重的确定公式为

$$w_i = \beta^{\frac{1}{n}\sum\limits_{j=1}^{n} r_{ij}(a)} \Bigg/ \sum\limits_{k=1}^{n} \beta^{\frac{1}{n}\sum\limits_{j=1}^{n} r_{kj}(a)} \tag{3-74}$$

式中，$i = 1, 2, \cdots, n$，$\beta > 1$。因而对于模糊一致互补判断矩阵 $R = \left(r_{ij}(a) \right)_{n \times n}$，根据式（3-74）可得到一组权重：$\omega_1(\beta), \omega_1(\beta), \cdots, \omega_n(\beta)$。

2. 判据的选取

1）二次谐波判据

常规保护中一般取 I_2 / I_1 的定值为 15%～20%。利用数字仿真发现，励磁涌流时的 I_2 / I_1 一般大于 6%，因此取下限为 7%。隶属函数的表达式为

$$\mu_1 = \begin{cases} 0, & \dfrac{I_2}{I_1} < C_{11} \\[2mm] \dfrac{1}{C_{12} - C_{11}} \left(\dfrac{I_2}{I_1} - C_{11} \right), & C_{11} < \dfrac{I_2}{I_1} < C_{12} \\[2mm] 1, & \dfrac{I_2}{I_1} > C_{12} \end{cases} \tag{3-75}$$

式中，C_{11} 为下限值，C_{12} 为上限值，在此取 $C_{11} = 0.07$，$C_{12} = 0.20$。

2）间断角判据

励磁涌流波形具有间断角特征，在间断角部分曲线与时间轴包围的面积很小，几乎趋近于零。而把经过绝对值变换的一个周期的故障电流在任意位置分为 2 个部分，曲线与时间轴包围的面积都不会很小。仿真实验表明在最小值附近有连续 4 个数量级相对较小的数值时可判为励磁涌流。构造其隶属函数为

$$\mu_2 = \begin{cases} \mathrm{e}^{-(n-4)^2/1.44}, & 1 \leqslant n \leqslant 3 \\ 1, & n \geqslant 4 \\ 0, & n = 0 \end{cases} \tag{3-76}$$

3）波形对称判据

波形对称法是通过判断差电流的对称性来鉴别励磁涌流。对称性定义为

$$K_{sym} = \sum_{i=1}^{N/2} |I_i' + I_{i+N/2}'| \Big/ \sum_{i=1}^{N/2} |I_i' - I_{i+N/2}'| \qquad (3-77)$$

式中，I_i' 为第 i 个电流采样点的导数值；N 为一个周期的采样点数；设门槛值为 K_{set}，当 $K_{sym} > K_{set}$ 时判为涌流，否则判为内部故障。

取其隶属函数为

$$\mu_3 = \begin{cases} 0, & K_{sym} < C_{31} \\ \dfrac{1}{C_{32} - C_{31}}(K_{sym} - C_{31}), & C_{31} < K_{sym} < C_{32} \\ 1, & K_{sym} > C_{32} \end{cases} \qquad (3-78)$$

式中，C_{31} 为下限值，C_{32} 为上限值，通过动模实验对该判据进行验证。在此取 $C_{31} = 0.50$，$C_{32} = 0.78$。

4）基于波形正弦特征判据

对任意正弦函数波形存在：

$$\sqrt{(S\sin\alpha)^2 + [S\sin(\alpha - 90°)]^2} = S \qquad (3-79)$$

式中，S 为正弦波形的峰值，是一常数；α 为任意角。

设差分后差动电流的某一点的瞬时值为 i_i，前 1/4 周期的瞬时值为 $i_{i-90°}$。

定义：

$$S_i = \sqrt{i_i^2 + i_{i-90°}^2} \qquad (3-80)$$

如果差动电流是正弦波，则 S 就是正弦波形峰值的理论值。

正弦波形峰值的实际值 I_{max} 可以通过采样获得，其方法是在任意半周期内取各采样值的绝对值，然后寻找最大值即可得到。令

$$J = \frac{1}{n/2} \sum_{i=1}^{n/2} J_i \qquad (3-81)$$

式中，n 为每周期采样点数；$J_i = |1 - S_i / I_{max}|$。

大量仿真和实验表明：变压器励磁涌流波形畸变严重，在波形上以间断角和波形不对称的形式出现，经过差分后波形畸变程度更为明显，而在变压器发生内部故障时，差动电流 i_d 波形具有类似于标准正弦波的波形。所以对于故障电流波形，J_i 的值应在 0 附近，而励磁涌流时 J_i 的值离 0 较远。隶属函数表达式为

$$\mu_4 = \begin{cases} 0, & J_i < C_{41} \\ \dfrac{1}{C_{42} - C_{41}}(J_i - C_{41}), & C_{41} < J_i < C_{42} \\ 1, & J_i > C_{42} \end{cases} \quad (3\text{-}82)$$

式中，C_{41} 为下限值，C_{42} 为上限值，通过动模实验对该判据进行验证。在此取 $C_{41} = 0.20$，$C_{42} = 0.55$。

3. 各判据权重的确定

首先根据表 3-7 确定模糊标度。因为要求 $a \geq 81$，经过多次运算表明 a 取值的大小对权重的最终确定影响不大，在此取 $a = 243$，各级模糊标度如表 3-8 所示。

表 3-8　a=243 时的各级模糊标度

i	1	2	3	4	5	6	7	8	9
$\log_a i + 0.5$	0.5	0.6262	0.7	0.7524	0.7930	0.8262	0.8524	0.8786	0.9

根据表 3-7 所示的模糊互补判断矩阵 $R = (r_{ij})_{n \times n}$ 各元素的关系和表 3-8 所示的各级模糊标度建立 $R = (r_{ij})_{4 \times 4}$。

R_1 为二次谐波判据；R_2 为间断角判据；R_3 为波形对称判据；R_4 为基于波形正弦特征判据。

目前现场主要采用判据 R_1 和 R_2 防止励磁涌流引起纵差保护误动，其中对 R_1 的应用最为广泛，判据 R_3 也得到了一定的应用，判据 R_4 是一种新的识别励磁涌流的方法。基于此，认为判据 $R_1 \sim R_4$ 的相对重要性依次降低，建立模糊互补判断矩阵 $\boldsymbol{R}$ 为

$$\boldsymbol{R} = \begin{bmatrix} 0.5 & 0.6262 & 0.8262 & 0.9 \\ 0.3738 & 0.5 & 0.7 & 0.7738 \\ 0.1738 & 0.3 & 0.5 & 0.5738 \\ 0.1 & 0.2262 & 0.4262 & 0.5 \end{bmatrix}$$

因为要求 $\beta > 1$，且 β 的取值根据决策者对权重的分辨能力而定，在此取 $\beta = e$，根据式（3-75）计算得到各判据的相应权重为

$$\omega_1 = 0.3055, \quad \omega_2 = 0.2693, \quad \omega_3 = 0.2205, \quad \omega_4 = 0.2047$$

再由各判据的隶属函数公式（3-75）、式（3-76）、式（3-78）、式（3-82）得到各判据判别是励磁涌流的隶属度 $\mu_i (i = 1, 2, 3, 4)$，则最终结果 μ 可以由式（3-71）计算得到。

4. 仿真验证

为了验证上述方法的正确性和可行性，通过动模实验获得了变压器在各种运行状

态下的大量真实数据，表 3-9 给出了 $R_1 \sim R_4$ 各判据判别变压器差动电流是励磁涌流的隶属程度和综合判别结果。

表 3-9　仿真结果

实验项目	μ_1	μ_2	μ_3	μ_4	μ	结论
1	1.0000	0.0622*	1.0000	1.0000	0.9832	励磁涌流
2	1.0000	1.0000	0.3218*	1.0000	0.9290	励磁涌流
3	1.0000*	0.0000	0.0000	0.0000	0.3055	空投于内部故障
4	0.6144*	0.0000	0.0000	0.5100*	0.2921	空投于内部故障
5	0.1510	1.0000*	0.0000	0.0000	0.3154	空投于内部故障
6	0.0000	0.9378	0.0000	0.0000	0.2525	空投于内部故障
7	0.0128	0.0000	1.0000*	0.0000	0.2244	空投于内部故障
8	0.0000	0.0000	0.0000	1.0000*	0.2047	空投于内部故障
9	0.2792	0.0000	0.0000	0.0000	0.0853	空投于内部故障
10	0.0000	0.0000	0.0000	0.0000	0.0000	内部故障
11	0.0000	0.0000	0.0000	0.0000	0.0000	内部故障
12	0.0000	0.0000	0.0000	1.0000*	0.2047	内部故障
13	0.0000	0.0000	0.0000	0.0000	0.0000	内部故障
14	0.1048	0.0000	0.0000	0.0000	0.0320	内部故障
15	0.0000	0.0000	0.0000	0.0000	0.0000	内部故障
16	0.0000	0.0000	0.0000	0.0000	0.0000	内部故障
17	0.0000	0.0000	0.0000	0.0000	0.0000	内部故障
18	0.0000	0.0000	0.0000	0.0000	0.0000	内部故障

注：*表示不能准确判别出故障或涌流的项。

各序号代表故障如下：1 为空投对称性涌流，2 为空投非对称性涌流，3～5 为空投于匝间故障，6～7 为空投于单相接地故障，8～9 为空投于相间故障，10～12 为匝间故障，13～15 为单相接地故障，16～18 为相间故障。

从动模试验结果可以看出，如果单独使用任何一个判据，都可能会出现误判的情况，但综合使用这四种判据，可使判别励磁涌流的可靠性大为提高。通过分析各种运行状态下的判别结果，可取门槛值 $\mu_0 = 0.7$：$\mu \geq \mu_0$ 判为励磁涌流；$\mu < \mu_0$ 判为故障电流。

本节介绍的基于多判据融合的励磁涌流模糊识别方案，相较于常规的识别方法有以下优势。

（1）容错性好。利用多判据融合的思想使各判据之间取长补短，而且一旦发生异常，多判据提供的信息量往往比单个判据多，提高了励磁涌流识别正确率和保护的可靠性。

（2）容易增加新判据。本节选取的判据仅做抛砖引玉之用，读者可结合其他判据组成新的励磁涌流识别方案。调整各判据的权重可实现新旧判据的结合，从而充分发挥新旧判据各自的优势。

（3）模糊理论更加符合人的思维方式和自然界的客观规律。对于运行状态时刻变化的电力系统，模糊描述可以较准确地反映电力系统的运行状态，提高解决问题的效率。

但该新方案也存在一定的不足，如多判据融合会增加算法的复杂程度，延长判别时间，在一定程度上降低了保护的速动性等，还需要不断地探索研究，争取尽早实现工程应用。

3.5　本章小结

本章首先根据差动电流波形特征，从纯电流量出发提出了基于数学形态学的励磁涌流识别新原理，利用数学形态梯度对电流波形特征进行分析，得到区别励磁涌流和故障电流的判据。

其次，综合利用电流量、电压量的方法，提出基于等效瞬时励磁电感以及变压器回路方程的励磁涌流识别新原理。其中，基于等效瞬时励磁电感的识别原理在引入电压量后，可以利用计算出的励磁电感大小和变化规律来识别励磁涌流，且等效瞬时励磁电感的归一化处理使得判据定值更具普遍性；基于对三相双绕组和三绕组变压器的回路方程的分析，利用电流和电压的差分形式计算得到变压器各侧的瞬时漏电感，进而得出识别励磁涌流和内部故障的具体判据。

最后，介绍了模糊理论在变压器励磁涌流识别方面的应用，基于模糊理论的数学原理，在二次谐波制动原理的基础上，提出了基于综合隶属度的三取二方式励磁涌流识别方法。另外，结合已有的多种涌流识别判据各自的优缺点，通过选取合适的隶属函数，提出基于模糊理论的多判据融合励磁涌流识别方案，仿真验证了方案的有效性。

参 考 文 献

[1] 陈德树, 尹项根, 张哲, 等. 虚拟三次谐波制动式变压器差动保护[J]. 中国电机工程学报, 2001, 21(8): 19-23.

[2] 何奔腾, 徐习东. 波形比较法变压器差动保护原理[J]. 中国电机工程学报, 1998, 18(6): 395-398, 404.

[3] 焦邵华, 刘万顺, 刘建飞. 用小波理论区分变压器的励磁涌流和短路电流的新原理[J]. 中国电机工程学报, 1999, 19(7): 1-5, 76.

[4] 葛宝明, 于学海, 王祥珩, 等. 基于等效瞬时电感判别变压器励磁涌流的新算法[J]. 电力系统自动化, 2004, 28(7): 44-48.

[5] 葛宝明, 苏鹏声, 王祥珩, 等. 基于瞬时励磁电感频率特性判别变压器励磁涌流[J]. 电力系统自动化, 2002, 26(17): 35-39.

[6] 宗洪良, 金华烽, 朱振飞, 等. 基于励磁阻抗变化的变压器励磁涌流判别方法[J]. 中国电机工

程学报, 2001, 21(7): 91-94.

[7] 冈萨雷斯. 数字图像处理[M]. 2 版. 阮秋琦, 译. 北京: 电子工业出版社, 2003.

[8] 葛宝明. 基于等效瞬时电感判别变压器的内部故障与励磁涌流[D]. 北京: 清华大学, 2002.

[9] 徐岩. 电力变压器内部故障数字仿真及其保护新原理的研究[D]. 保定: 华北电力大学, 2005.

[10] 马静, 王增平, 吴劼. 基于广义瞬时功率的新型变压器保护原理[J]. 中国电机工程学报, 2008, 28(13): 78-83.

[11] 杨纶标, 高英仪, 凌卫新. 模糊数学原理及应用[M]. 广州: 华南理工大学出版社, 2011.

[12] 郑涛, 曹志辉. 基于模糊逻辑的变压器励磁涌流二次谐波闭锁方案[J]. 电力系统自动化, 2009, 33(2): 61-65.

[13] 卢雪峰, 王增平, 徐岩, 等. 模糊层次分析法在变压器励磁涌流识别中的应用[J]. 电力自动化设备, 2008, 28(11): 57-61.

[14] 兰继斌, 徐扬, 霍良安, 等. 模糊层次分析法权重研究[J]. 系统工程理论与实践, 2006, 26(9): 107-112.

第4章 变压器励磁涌流新现象及其影响分析

长期以来，关于变压器差动保护的研究主要集中在如何正确区分励磁涌流和内部故障电流，尤其对变压器空载合闸产生励磁涌流的机理及特征开展了大量研究工作，并取得了诸多成果。近年来，根据实际工程发生的变压器差动保护误动案例的报道，发现了多种不同于空载合闸励磁涌流的新现象，例如，变压器并列运行产生的和应涌流，外部故障切除后形成的恢复性涌流以及变压器三相非同期合闸产生的励磁涌流。

区别于空载合闸励磁涌流，本章主要介绍变压器和应涌流、恢复性涌流以及非同期合闸励磁涌流的产生机理及其特征。在此基础上，进一步分析三种励磁涌流对变压器差动保护动作特性的影响，并给出相应的防范措施。

4.1 变压器和应涌流产生机理及其影响分析

发电厂和变电站中一般存在多台变压器并列运行的情况，其中一台变压器在投运过程中会在相邻的变压器中产生和应涌流的现象，该涌流在合闸变压器励磁涌流持续一段时间后才产生，偏向时间轴的另一侧，然后逐渐增大。这一和应涌流出现时，并列运行的变压器相互作用使得涌流的衰减过程较单个变压器合闸时慢得多，从而可能引起变压器的差动保护和后备保护误动作。由于正常运行的变压器本身没有故障，并且误动发生在相邻变压器空投完成一段时间之后，误动原因更具有隐蔽性[1]，所以，有必要对和应涌流产生机理及其特性进行分析，寻求新的制动措施使发生和应涌流时变压器差动保护和后备保护能可靠闭锁。

4.1.1 变压器和应涌流现象

电力系统中，变压器空载合闸时，会产生励磁涌流，励磁涌流对变压器差动保护影响极大，其识别方法已在第3章进行了详细研究，但尚未计及有其他非线性设备串、并联的情况。实际上，当一台变压器空载投入时，总存在其他变压器与之串联或并联工作，此时，在已正常运行的变压器中将出现与励磁涌流相对应的和应涌流，如图4-1所示。该涌流在合闸变压器励磁涌流持续一段时间后才产生，电流幅值可达额定电流的数倍，偏向时间轴的一侧，然后逐渐增大，达到最大后又逐渐衰减，这个涌流称为和应涌流[2]。

由于和应涌流的新特点，对电力系统运行和继电保护有一定的影响，值得对其产生原因和特性进行深入的研究和分析[3]。

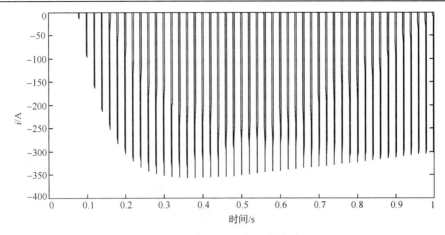

图 4-1　变压器和应涌流波形

4.1.2　变压器和应涌流仿真模型的建立

和应涌流的产生情况大致可分为两种[4]：一种是两台变压器并联，一台空载合闸时，另一台会产生和应涌流；另一种是两台变压器级联，当末端变压器空载合闸时，靠近系统侧的变压器可能产生和应涌流。电气连接图如图 4-2 所示，其中变压器 T1 正常运行，T2 空载合闸，下文中也如此表示。

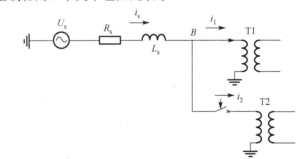

(a) 两台变压器发生并联和应涌流的电气连接图

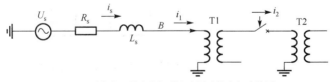

(b) 两台变压器发生级联和应涌流的电气连接图

图 4-2　发生和应涌流电气连接图

利用 MATLAB/Simulink 建立如图4-2所示两台单相变压器并联或级联产生和应涌流的模型。基于对变压器和应涌流的产生机理和影响因素做定性分析的目的，该模型具备以下特点。

（1）适于仿真两台并联或级联变压器产生和应涌流的结构，可调整模型中的各参数。

（2）模型中应加入电流互感器仿真模型，对比一次侧电流分析进入保护装置的二次侧电流可能的变化。

（3）该模型应能够仿真变压器内部短路故障，分析防止和应涌流引起保护误动的措施对内部故障时纵差动保护动作性能的影响。

采用 MATLAB 提供的变压器模型，可对反应变压器特性的各侧绕组接线方式、电压、电阻、漏感、铁心的饱和特性、磁滞回环等主要参数进行设置。变压器 T1 的参数：容量为 150MVA，频率为 50Hz，额定电压为 $\left(500/\sqrt{3}\right)\mathrm{kV}/\left(220/\sqrt{3}\right)\mathrm{kV}$，高压和低压绕组的电阻和漏电感相同，分别为 0.004p.u. 和 0.08p.u.，用两段直线模拟饱和特性 i-φ：0，0；0，1.2；1.0，1.45。仿真并联和应涌流场景时，变压器 T2 参数与 T1 一致。仿真级联和应涌流场景时，变压器 T2 容量为 50MVA，额定电压为 $\left(220/\sqrt{3}\right)\mathrm{kV}/\left(110/\sqrt{3}\right)\mathrm{kV}$，其余参数不变。

4.1.3　变压器和应涌流的产生机理及影响分析

并联运行的变压器组和级联运行的变压器组和应涌流的产生机理相似，研究和应涌流时，我们以两台单相变压器并联运行为例进行和应涌流产生机理的分析说明，如图 4-2(a)所示，当 T1 已正常运行时，T2 空载投入。如果 T2 中励磁涌流较大，在 T1 中将会出现与励磁涌流相对应的和应涌流，线路电流波形也将出现很大变化，采用如图 4-3 所示对应的等效电路来进行详细的分析。

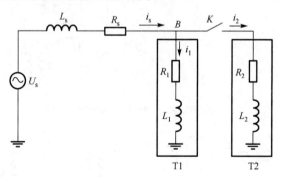

图 4-3　并联运行变压器产生和应涌流的等效电路图

1. 和应涌流的发生阶段

在图 4-3 中，设系统的电压为 U_s，电阻为 R_s，电感为 L_s，变压器 T1 的原边等效电阻为 R_1，电感为 L_1，变压器 T2 的原边等效电阻为 R_2，电感为 L_2，B 为公共点。当开关 K 合闸时，变压器 T2 会产生励磁涌流 i_2，i_2 完全偏于时间轴一侧，有很大的非周期分量，非周期分量电流通过系统电阻造成的压降使得 T1、T2 的母线电压产生直流偏移。由于变压器的磁通是其所加载电压的积分，变压器 T1 的新增磁通将随着母线电压的偏移而向一侧偏移发展，该偏移磁通增量叠加周期磁通分量将会导致 T1 铁心在偏移一侧饱和，使得 T1 产生和应涌流。设 i_s、i_1 分别为系统电流与流过 T1 的电流，则有 $i_s = i_1 + i_2$，对整个过程做如下说明。

如图 4-3 所示，在 T2 合闸之前，T1 正常运行，由于变压器 T1 铁心没有饱和，所以 $i_1 = 0$。T2 合闸后，T1 还未来得及饱和，i_1 仍为 0，此时，$i_s = i_2$，对变压器 T1 列电压平衡方程为

$$\frac{\mathrm{d}\psi_1}{\mathrm{d}t} = u_s - L_s \frac{\mathrm{d}i_2}{\mathrm{d}t} - R_s i_2 \qquad (4\text{-}1)$$

式中，ψ_1 是变压器 T1 的磁链，考虑一个周期，将式（4-1）两边积分后得

$$\psi_1(2\pi) = \psi_1(0) + \int_0^{2\pi} u_s(\theta)\mathrm{d}\theta - L_s[i_2(2\pi) - i_2(0)] - R_s \int_0^{2\pi} i_2(\theta)\mathrm{d}\theta \qquad (4\text{-}2)$$

因 $u_s(\theta)$ 为正弦电压源，一个周期中积分为零；i_2 为励磁涌流，根据励磁涌流的波形，可知 $\theta = 0$ 和 $\theta = 2\pi$ 两点都处于涌流间断期间，$i_2(0) \approx i_2(2\pi) \approx 0$。则由式（4-2）得

$$\psi_1(2\pi) = \psi_1(0) - R_s \int_0^{2\pi} i_2(\theta)\mathrm{d}\theta \qquad (4\text{-}3)$$

从式（4-3）可以分析出 T1 磁链的变化主要由 T2 中的电流 i_2 在系统电阻 R_s 上一个周期的积分所决定，则 T1 的磁链变化量为

$$\Delta\psi_1 = -R_s \int_0^{2\pi} i_2(\theta)\mathrm{d}\theta \qquad (4\text{-}4)$$

为了方便讨论，假设 T2 的励磁涌流 i_2 是偏向于时间轴正侧的（同理可假设为偏于时间轴负侧，不影响分析结果），由式（4-4）可以看出，$\Delta\psi_1$ 为负，T1 磁链反方向增加，逐渐达到饱和点。在没有达到饱和点之前，i_1 可基本认为是零。因为磁链 ψ_1 中的交流分量作用，在 ψ_1 的非周期分量还没有完全达到饱和点之前，叠加了周期分量后，每个周期中都会有部分时间段磁链超过饱和点，因此，磁链超过饱和点以上对应会产生涌流，且涌流整体波形中存在间断角。随着 T1 磁链的继续反方向增大，和应涌流 i_1 也越来越大，间断角减小，励磁涌流与和应涌流的波形如图 4-4 所示。

2. 和应涌流的发展阶段

在 T1 中出现和应涌流之后，磁链 ψ_1 的变化则由 i_1 和 i_2 共同决定，此时

$$\Delta\psi_1 = -\int_\alpha^{\alpha+2\pi} [(R_s + R_1)i_1(\theta) + R_s i_2(\theta)]\mathrm{d}\theta \qquad (4\text{-}5)$$

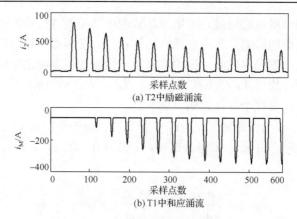

图 4-4　励磁涌流与和应涌流

经整理后得

$$\Delta\psi_1 = -\int_{\alpha}^{\alpha+2\pi}[R_s(i_1(\theta)+i_2(\theta))+R_1 i_1(\theta)]\mathrm{d}\theta \qquad (4\text{-}6)$$

i_1 和 i_2 在幅值上是相反的，所以 i_1 的出现使得 ψ_1 反向增加的趋势减缓，直到在一个周期中 i_1 与 i_2 在系统电阻上的压降可以抵消的时候，$\Delta\psi_1 = 0$。此时 T1 的磁链 ψ_1 反方向增大到最大，和应涌流 i_1 也逐渐增加到最大。设 $i_{1.f}$ 和 $i_{2.f}$ 分别是 i_1、i_2 的非周期分量。可得到

$$i_{1.f} = -\frac{R_s}{R_s+R_1}i_{2.f} \qquad (4\text{-}7)$$

由于 R_1 值与 R_s 相比很小，可近似认为 $i_{1.f} = i_{2.f}$。从图 4-5 流过系统电阻的电流 $i_s = i_1 + i_2$，可以看出 i_1 增大，i_2 减小到非周期分量绝对值几乎相等，即 i_s 出现了正负半周对称的时候，$\Delta\psi_1$ 变号，T1 中磁链绝对值减小，i_1 也开始减小。

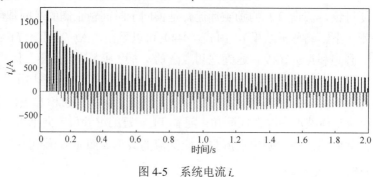

图 4-5　系统电流 i_s

3. 和应涌流的出现对涌流衰减速度的影响分析

　　和应涌流的出现，会造成涌流的衰减速度比单个变压器发生涌流时缓慢得多，如图 4-6 和图 4-7 所示。

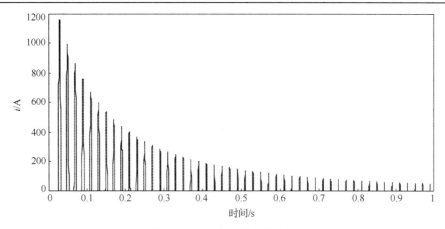

图 4-6　单个变压器励磁涌流

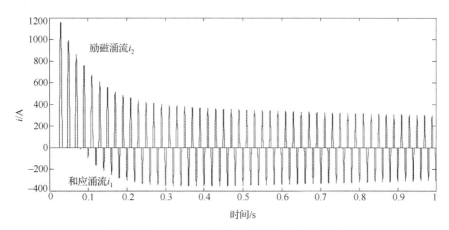

图 4-7　并联变压器发生和应涌流后的励磁涌流

和应涌流产生后，变压器 T1 与 T2 的磁链变化分别为

$$\Delta\psi_1 = -2\pi[R_s(i_{1.f} + i_{2.f}) + R_1 i_{1.f}] \tag{4-8}$$

$$\Delta\psi_2 = -2\pi[R_s(i_{1.f} + i_{2.f}) + R_2 i_{2.f}] \tag{4-9}$$

在和应涌流产生的初始阶段，$i_{1.f}$ 很小，由式（4-4）可知，随着 T1 磁链的不断增大，和应涌流 i_1 也越来越大，且 $i_{1.f}$ 迅速增大。而随着 $i_{1.f}$ 的负向增大，使得和电流 $i_{s.f} = i_{1.f} + i_{2.f}$ 迅速减小到 0 附近，R_s 所起的衰减作用几乎消失，造成两台变压器只能靠各自的电感 R_1 和 R_2 来衰减偏磁，每个周期磁链的变化为

$$\Delta\psi_1 = -2\pi R_1 i_{1.f} \tag{4-10}$$

$$\Delta\psi_2 = -2\pi R_2 i_{2.f} \tag{4-11}$$

由于 R_1 和 R_2 的值比较小，所以涌流的衰减速度要比单个变压器发生涌流时缓慢得多。

4.1.4　变压器和应涌流的特性

结合前面的线性化解析分析和非线性数值仿真分析，对于变压器并联与级联和应涌流的变化特点，得到以下结论。

（1）在相同初始合闸条件下，较之无和应作用，有和应作用时，变压器空载合闸的励磁涌流衰减速度较慢，如图 4-6 与图 4-7 对比所示。

（2）励磁涌流在第一个周期达到最大值，然后衰减至稳态，和应涌流在合闸几周期后出现，幅值先增大再减小，如图 4-5 所示。

（3）当合闸变压器励磁涌流处于峰值附近时，母线电压的瞬时值较低，此时不产生和应涌流；当励磁涌流处于间断期间，运行变压器在励磁涌流的直流励磁和高电压的共同作用下，将产生和应涌流。因此励磁涌流与和应涌流峰值总是相反[5]的，并在时间轴上交错，不会重叠。

（4）和应涌流的产生机理从实质上讲，也是由于偏磁导致变压器饱和引起的，所以其一次电流的波形与普通变压器空载合闸时的励磁涌流并无明显差异，只是衰减速度变慢而已，因此已有的鉴别励磁涌流的方法仍然适用[6]。图 4-8 为两台变压器并联时，在运行变压器 T1 中产生的和应涌流（TA 一次侧）及其二次谐波含量图，从图中可以看出：尽管和应涌流的幅值是先增大后减小的，但其二次谐波含量（与基波的比值）一直都是比较高的，而且起伏不大。因此可以说，如果 TA 能够正确传变一次侧电流的话，和应涌流的产生不会对差动保护中的涌流检测环节（如二次谐波制动、间断角原理、波形对称原理等）产生直接的影响。

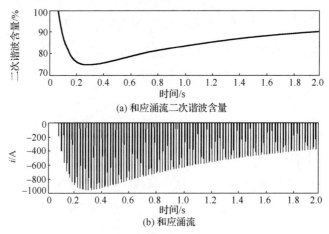

(a) 和应涌流二次谐波含量

(b) 和应涌流

图 4-8　和应涌流及其二次谐波含量图

通过以上分析，我们知道如果不考虑电流互感器的影响，和应涌流不容易引起变压器差动保护误动，所以我们在仿真中应当加入电流互感器，对比一次侧电流分析进入保护装置的二次侧电流可能的变化，才能找到使变压器差动保护误动的真正原因，并最终找到解决措施。考虑了电流互感器的影响，变压器两侧一次电流与经过 TA 之后的二次电流相比较，我们得出以下结论。

和应涌流出现以后，使得变压器 T1、T2 中的涌流衰减大为变缓，更加容易造成变压器相应侧的 TA 饱和，饱和的严重性也随之增加[6]，TA 一次电流为和应涌流与工频负荷电流的叠加，使 TA 工作在饱和点附近的局部磁滞回环，容易发生局部暂态饱和。此时 TA 的一、二次电流会产生一定的角差[7]，使差流中二次谐波含量减小，导致差动保护误动。

4.2　变压器恢复性涌流产生机理及其影响分析

4.2.1　变压器恢复性涌流现象

近年来，变压器差动保护出现多起区外故障切除后误动的报道。变压器经历区外故障切除扰动可以按故障电流是否流经变压器来划分为两种情况：一种是区外故障时故障电流不流过变压器（图 4-9），这种情况下，断路器跳开后变压器因电压突然升高而产生励磁电流，相当于变压器空载合闸；另一种是故障电流流过变压器（图 4-10），断路器跳开后变压器同样产生励磁涌流，这种情况与变压器空载合闸不同[8]，因为区外故障切除变压器端电压突然升高时一次回路电流并不是零值。

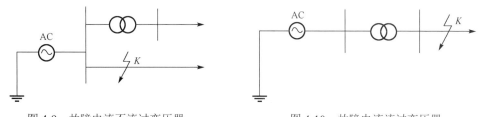

图 4-9　故障电流不流过变压器　　　　　　　　图 4-10　故障电流流过变压器

4.2.2　变压器恢复性涌流仿真模型的建立

建立如图 4-11、图 4-12 所示的仿真模型，其中，变压器容量为 360MVA、电压 220kV/35kV，采用 Y/Δ接线；S 为无穷大系统；电流互感器 TA_1 变比是 1600/5，TA_2 变比是 6000/5；DL_1 和 DL_2 分别是线路 L_1 和 L_2 上的断路器；L 是负荷，其有功功率为 310MW，无功功率为 150MVAR；线路参数为 $R_1 = 0.263\Omega / km$，$\omega L_1 = 0.943\Omega / km$，$1 / (\omega C_1) = 2.859\Omega / km$，$L_1 = L_2 = 100km$；采样频率取 1000Hz，即每周采样 20 点。

变压器主保护采用含 15%二次谐波制动判据的双折线比率制动差动保护。高压侧

额定电流 $I_e = 2.95\text{A}$ ，最小动作电流 $I_{op.0} = 0.35I_e = 1.03\text{A}$ ，拐点电流 $I_{res.0} = 1.0I_e = 2.95\text{A}$ ，斜率 $k = 0.5$ 。

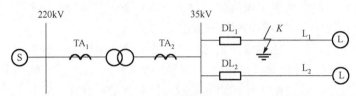

图 4-11 降压变压器低压侧发生区外故障

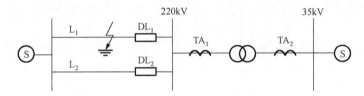

图 4-12 升压变压器高压侧发生区外故障

4.2.3 变压器恢复性涌流的产生机理

以单相变压器为例，其暂态数学模型使用变压器的 T 型等效电路[9]，如图 4-13 所示。忽略铁心损耗，励磁支路为纯电感回路，在此等效电路中各电气量都是瞬时值。

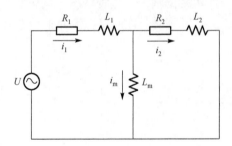

图 4-13 变压器暂态数学模型

根据基尔霍夫定律和回路方程，可以得出

$$\begin{cases} u = R_1 i_1 + L_1 \dfrac{\mathrm{d}i_1}{\mathrm{d}t} + \dfrac{\mathrm{d}\Psi_m}{\mathrm{d}t} \\ \dfrac{\mathrm{d}\Psi}{\mathrm{d}t} = R_2 i_2 + L_2 \dfrac{\mathrm{d}i_2}{\mathrm{d}t} \\ \dfrac{\mathrm{d}\Psi}{\mathrm{d}t} = u_m \\ i_1 = i_2 + i_m \end{cases} \tag{4-12}$$

式中，Ψ 是变压器铁心磁链；u_m 是变压器励磁支路电势；R_1 和 L_1 分别是变压器一次回路电阻和电感（包括系统和变压器一次侧电阻、电感）；R_2 和 L_2 分别是归算后的变压器二次回路的电阻和电感（包括负荷和变压器二次侧的等效电阻、电感）。

令电源电势为 $u(t) = \sqrt{2}U\cos(\omega t + \theta)$。正常运行时，变压器一次回路的电阻和电感相对二次回路很小，可忽略。此时励磁支路的电势 u_m 可以近似认为与电源电势 u 相等，则变压器的铁心磁链通过式（4-12）得

$$\Psi(t) = \Psi_m \sin(\omega t + \theta) \tag{4-13}$$

式中，$\Psi_m = \dfrac{\sqrt{2}U}{\omega}$。

令 $t = 0$ 时刻变压器区外发生故障，变压器二次回路的电阻、电感突变为 R_{2k} 和 L_{2k}。变压器区外发生故障后，其励磁电流变得很小，可以忽略，即 $i_m \approx 0$。

令 $m = \dfrac{|R_{2k} + jX_{2k}|}{|R_k + jX_k|}$，表示区外故障的严重程度。其中，$R_{2k} = R_1 + R_{2k}$，$X_k = X_1 + X_{2k} = \omega(L_1 + L_{2k}) = \omega L_k$。不计及一次侧阻抗的影响，此时励磁支路的电势可表示为

$$u_m(t) \approx mu = \sqrt{2}mU\cos(\omega t + \theta) \tag{4-14}$$

故障发生时，变压器铁心磁链不会突变，根据式（4-12）和 $\Psi(0_-) = \Psi(0_+)$ 可得变压器的铁心磁链为

$$\Psi(t) = m\Psi_m \sin(\omega t + \theta) + (1 - m)\Psi_m \sin\theta \tag{4-15}$$

式（4-15）没有考虑变压器铁心磁链 Ψ 的衰减。因为通常变压器区外故障持续的时间很短，在几个周期内就会切除，所以可以忽略铁心磁链的衰减。

令 $t = \tau$ 时刻故障切除，变压器二次回路的电阻、电感突变为 R_2'、L_2'。此时，励磁电感 L_m 是变化的，时大时小。式（4-12）为非线性微分方程，要获得其解析解较困难。但是，区外故障切除后，电压恢复，变压器一次回路的电阻和电感相对二次回路很小，同样可忽略。此时励磁支路的电势 u_m 又可以近似认为与电源电势 u 相等。因此根据式（4-12）和 $\Psi(\tau_-) = \Psi(\tau_+)$ 可得此时变压器的铁心磁链为

$$\Psi(t) = \Psi_m \sin(\omega t + \theta) + \Psi_{1.p}, \quad t > \tau \tag{4-16}$$

式中，$\Psi_{1.p} = (1 - m)\Psi_m(\sin\theta - \sin(\tau\omega + \theta))$，称为变压器的偏磁[4]。

令 $\alpha = \tau\omega + \theta$ 是故障切除时刻的电势相角，则偏磁可表示为

$$\Psi_{1.p} = (1 - m)\Psi_m(\sin\theta - \sin\alpha) \tag{4-17}$$

通过分析，正是偏磁 $\Psi_{1.p}$ 的存在，造成了恢复性涌流。在区外故障发生前后变压器磁通和励磁涌流的变化情况如图 4-14 所示。图中 $\Psi_{1.sat}$ 为变压器的饱和磁通。在系统

正常运行和区外故障期间 $\Psi < \Psi_{1.sat}$，变压器铁心不饱和，励磁电感无穷大，电流等于零；故障切除后，如果 $\Psi > \Psi_{1.sat}$，变压器饱和，励磁电感迅速减小，从而产生了恢复性涌流。

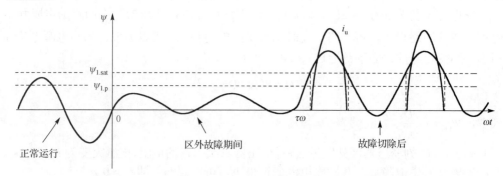

图 4-14　无损变压器在区外故障发生前后的磁通与恢复性涌流

这里没有考虑损耗，所以偏磁呈不衰减的直流性质。如果计及损耗，它是衰减的非周期性质。

在变压器铁心磁化特性曲线确定的情况下，偏磁 $\Psi_{1.p} = (1-m)\Psi_m(\sin\theta - \sin\alpha)$ 的数值将决定变压器铁心饱和的程度以及恢复性涌流的最大峰值。从式（4-17）可知，变压器区外故障的严重程度 m、故障发生时刻的电势相角 θ、故障切除时刻的电势相角 α 这些因素影响恢复性涌流的大小。具体关系如下。

（1）故障越严重（m 越小），变压器励磁电压在切除故障时恢复的幅度就越大，从而恢复性涌流就大；反之，就小。

（2）变压器区外故障发生时刻的电势相角 θ 的正弦值 $\sin\theta$ 越大，恢复性涌流就越大；反之，就小。

（3）变压器区外故障切除时刻的电势相角 α 的正弦值 $\sin\alpha$ 越大，恢复性涌流就越小；反之，就大。

（4）当 m 接近 1，即发生故障点远离变压器的单相接地故障或 $\sin\theta \approx \sin\alpha$ 时，偏磁 $\Psi_{1.p} \approx 0$，不会产生恢复性涌流。

（5）当 m 很小，即发生故障点在变压器出口处的三相接地故障且 $\sin\theta = 1(\theta = 90°)$，$\sin\alpha = -1(\alpha = -90°)$ 时，偏磁 $\Psi_{1.p} = 2(1-m)\Psi_m$ 最大，这时产生的恢复性涌流最大。

下面用数字仿真验证以上理论分析的结论并分析恢复性涌流对变压器差动保护的影响。

4.2.4　变压器恢复性涌流的影响因素分析

采用图 4-11 的试验模型，将断路器 DL_2 断开。0.7s 时线路 L_1 的 K 点发生故障，约 60ms 后断路器 DL_1 跳开，故障切除。

故障发生时刻 A 相的电势相角 θ_A 和故障切除时刻的电势相角 α_A 相同（$\theta_A = 90°$，$\alpha_A = -90°$），故障类型为三相接地故障，故障点 K 与变压器距离不同时，A 相恢复性涌流波形（0%、10%、20%表示故障点 K 与变压器的距离占线路 L_1 全长的百分数）如图 4-15(a)～(c)所示。

图 4-15(a)和图 4-16(a)、图 4-16(b)是在故障点 K 距离变压器 0%处，$\theta_A = 90°$，$\alpha_A = -90°$，发生不同故障类型时的 A 相恢复性涌流波形。

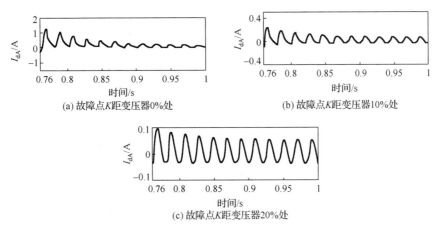

(a) 故障点K距变压器0%处　　　　　　　(b) 故障点K距变压器10%处

(c) 故障点K距变压器20%处

图 4-15　故障点离变压器距离不同

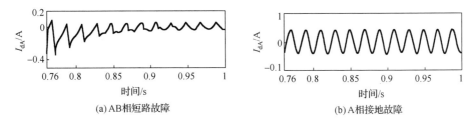

(a) AB相短路故障　　　　　　　　　　(b) A相接地故障

图 4-16　不同故障类型时的恢复性电流波形

图 4-15(a)～图 4-15(c)对比说明了变压器区外故障的严重程度降低，参数 m 增大，变压器恢复性涌流的峰值就变小。

图 4-15(a)和图 4-17(a)～图 4-17(c)是故障点 K 在 0%处，$\alpha_A = -90°$，发生三相接地故障，区外故障发生时刻 A 相的电势相角 θ_A 不同时的 A 相恢复性涌流波形。通过对比可知，参数 θ 的正弦值 $\sin\theta$ 越小，恢复性涌流就越小。

图 4-15(a)和图 4-18(a)～图 4-18(c)是故障点 K 在 0%处，$\theta_A = 90°$，发生三相接地故障，区外故障切除时刻 A 相的电势相角 α_A 不同时的 A 相恢复性涌流波形。通过对比可知，参数 α 的正弦值 $\sin\theta$ 越小，恢复性涌流就越大。

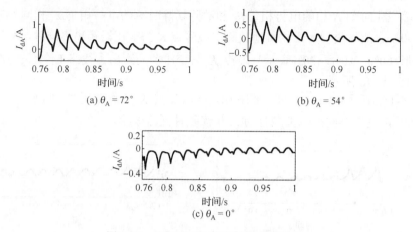

图 4-17 θ 角不同时的恢复性电流波形

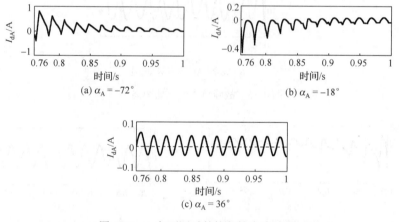

图 4-18 α 角不同时的恢复性电流波形

4.2.5 变压器恢复性涌流对差动保护的影响

变压器低压侧 0.7s 时发生故障点 K 在 0%处的三相接地故障，约 60ms 后故障切除，其变压器三相恢复性涌流如图 4-19 所示。

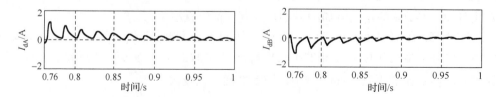

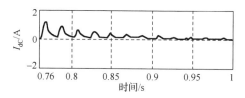

图 4-19　变压器三相恢复性涌流

通过分析图 4-19 可以发现：变压器区外故障切除后的恢复性涌流的二次谐波含量保持在较高的水平，但是恢复性涌流的数值较小，如图 4-20 所示。而相应的变压器差动保护的动作平面如图 4-21 所示。表 4-1 是在各种区外故障下，变压器差动保护的动作情况。

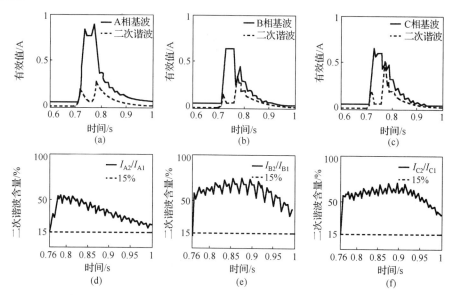

图 4-20　恢复性涌流的基波和二次谐波有效值及二次谐波含量

表 4-1　试验记录

试验项目 （0.7s 发生故障，约 60ms 后故障切除）	低压侧发生区外故障（图 4-11）		高压侧发生区外故障（图 4-12）	
	（K 点在 0% 处，$\theta_A = 90°$，$\alpha_A = -90°$）			
	一条线路（DL_2 断开）	两条线路	一条线路（DL_2 断开）	两条线路
ABCN	不动作	不动作	不动作	不动作
ABN、BCN、CAN	不动作	不动作	不动作	不动作
AB、BC、CA	不动作	不动作	不动作	不动作
AN、BN、CN	不动作	不动作	不动作	不动作

根据图 4-20、图 4-21 以及表 4-1 的试验记录显示：变压器区外故障切除后恢复性涌流的幅值达不到差动保护的启动条件，即使能够满足保护的启动判据，二次谐波

（15%）闭锁判据也能够阻止差动保护误动。所以在电流互感器没有出现饱和的情况下，变压器区外故障切除后的恢复性涌流本身不会引起差动保护误动。

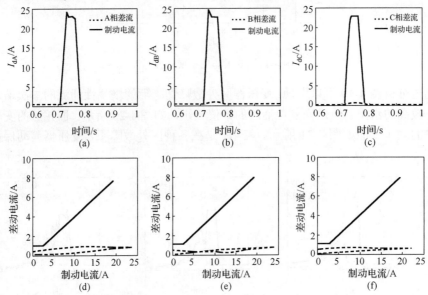

图 4-21　变压器差动保护的动作量和制动量及动作平面

　　其实变压器区外故障切除后出现恢复性涌流的情况并不是很多。特别是变压器带有两条以上线路而故障点离变压器较远的轻微故障时，是很难看到恢复性涌流现象的。因为恢复性涌流与空载合闸时的励磁涌流相比其幅值要小得多，在区外故障切除后有负荷电流的情况下，很难显示出涌流的特征。

　　综上所述，变压器在区外故障切除后形成的恢复性涌流具备以下主要特征。

　　（1）峰值较小，难以达到差动保护的启动判据。

　　（2）二次谐波含量较高，即使恢复性涌流能够满足差动保护的启动条件，二次谐波制动判据也能够正确闭锁差动保护。

　　但近年来相继出现变压器差动保护在区外故障切除时发生误动的现象，问题很可能与电流互感器饱和特性有关。有关电流互感器饱和对变压器差动保护的影响将在第 5 章予以详细论述。

4.3　非同期合闸励磁涌流特征及其影响分析

4.3.1　非同期合闸励磁涌流现象

　　目前，新安装的 110kV 及以上电压等级以及大部分的 35kV 电压等级的断路器，都采用 SF6 断路器。分、合闸的同期性是 SF6 断路器机械特性的重要参数。如果分、合闸时间不同期，将造成线路或变压器非全相接入或切断，甚至出现危害绝缘的过电压。因此，按照国家有关标准规定，断路器在进行交接试验、预防性试验及大修后的试验中，都要求测量时间参数。电力系统规程要求三相断路器触头闭合时间差不能超过 5ms[10]。然而由于实际运行中的诸多原因，系统中的三相合闸往往是非同期的，三相合闸的时间差也是随机的。

对变压器而言，当断路器三相非同期空载合闸（简称空投）时，由于已合闸相对未合闸相的影响，可能使得后合闸相铁心中的磁链远远大于饱和值，甚至可能导致变压器铁心发生超饱和，此时的励磁涌流波形接近正弦波，二次谐波含量降低，间断角消失，使现有的涌流判据无法正确动作[11]，从而导致变压器差动保护误动作，因此分析变压器三相非同期空投的本质特点并提出识别方案具有重要的意义。

4.3.2　Y/Δ接线变压器空投的过程分析

以 Y/Δ接线的变压器为例，首先分析同期与非同期空投情况下Δ绕组中环流的特点。

1. Y/Δ接线变压器等效模型

如图 4-22 所示为 Y/Δ接线变压器的等值电路，假设 $R_A \approx R_B \approx R_C \approx R_1$，$L_A \approx L_B \approx L_C \approx L_1$，$R_a \approx R_b \approx R_c \approx R_2$，$L_a \approx L_b \approx L_c \approx L_2$。

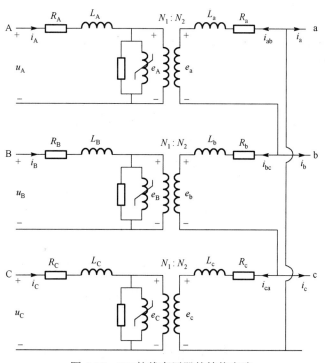

图 4-22　Y/Δ接线变压器的等值电路

变压器一次和二次的电压方程可表示为

$$\begin{cases} u_A = R_1 i_A + L_1 \dfrac{\mathrm{d}i_A}{\mathrm{d}t} + \dfrac{\mathrm{d}\Psi_{mA}}{\mathrm{d}t} \\[3mm] u_B = R_1 i_B + L_1 \dfrac{\mathrm{d}i_B}{\mathrm{d}t} + \dfrac{\mathrm{d}\Psi_{mB}}{\mathrm{d}t} \\[3mm] u_C = R_1 i_C + L_1 \dfrac{\mathrm{d}i_C}{\mathrm{d}t} + \dfrac{\mathrm{d}\Psi_{mC}}{\mathrm{d}t} \end{cases} \tag{4-18}$$

$$\begin{cases} u_{ab} = R_2 i_{ab} + L_2 \dfrac{\mathrm{d}i_{ab}}{\mathrm{d}t} + \dfrac{\mathrm{d}\Psi_{ma}}{\mathrm{d}t} \\[3mm] u_{bc} = R_2 i_{bc} + L_2 \dfrac{\mathrm{d}i_{bc}}{\mathrm{d}t} + \dfrac{\mathrm{d}\Psi_{mb}}{\mathrm{d}t} \\[3mm] u_{ca} = R_2 i_{ca} + L_2 \dfrac{\mathrm{d}i_{ca}}{\mathrm{d}t} + \dfrac{\mathrm{d}\Psi_{mc}}{\mathrm{d}t} \end{cases} \tag{4-19}$$

式中，R_1、R_2、L_1、L_2 分别为变压器原、副边绕组电阻及漏感；Ψ_{mA}、Ψ_{mB}、Ψ_{mC} 为原边各相绕组的磁链；Ψ_{ma}、Ψ_{mb}、Ψ_{mc} 为副边各相绕组的磁链；u_A、u_B、u_C、u_{ab}、u_{bc}、u_{ca} 为原、副边相电压；i_A、i_B、i_C、i_{ab}、i_{bc}、i_{ca} 为原、副边相电流。对于变压器空载合闸，例如，从 Y 侧进行合闸，由于Δ侧线电流始终为 0，则

$$\begin{cases} i_{ab} = i_{bc} = i_{ca} = i_\Delta \\ u_{ab} = u_{bc} = u_{ca} = 0 \end{cases} \tag{4-20}$$

2. 变压器同期空投过程分析

若变压器从 Y 侧三相同期空投，当三相均未产生励磁涌流时，Y 侧三相线电流可近似为 0，即 $i_A \approx i_B \approx i_C \approx 0$，该线电流在 R_1 及 L_1 上的压降可忽略，根据式（4-18）可得

$$\begin{cases} u_A = \dfrac{\mathrm{d}\Psi_{mA}}{\mathrm{d}t} \\[3mm] u_B = \dfrac{\mathrm{d}\Psi_{mB}}{\mathrm{d}t} \\[3mm] u_C = \dfrac{\mathrm{d}\Psi_{mC}}{\mathrm{d}t} \end{cases} \tag{4-21}$$

假设电源电压三相对称，即 $u_A + u_B + u_C = 0$，将式（4-21）中三个等式相加可得

$$\frac{\mathrm{d}\Psi_{mA}}{\mathrm{d}t} + \frac{\mathrm{d}\Psi_{mB}}{\mathrm{d}t} + \frac{\mathrm{d}\Psi_{mC}}{\mathrm{d}t} = 0 \tag{4-22}$$

因此

$$\frac{\mathrm{d}\Psi_{ma}}{\mathrm{d}t} + \frac{\mathrm{d}\Psi_{mb}}{\mathrm{d}t} + \frac{\mathrm{d}\Psi_{mc}}{\mathrm{d}t} = 0 \tag{4-23}$$

结合式（4-20）、式（4-23），将式（4-19）中三个等式相加可得

$$R_2 i_\Delta + L_2 \frac{\mathrm{d}i_\Delta}{\mathrm{d}t} = 0 \tag{4-24}$$

由于变压器未空投前，其 Δ 绕组中环流为 0，即方程（4-24）的初值 $i_\Delta(0_-)=0$，解该方程可得 $i_\Delta=0$。因此，在变压器三相均未产生涌流时，Δ 绕组中的环流始终为 0。

变压器三相励磁涌流不是同时产生的，当有一相首先产生励磁涌流时，假设为 A 相，则 i_A 不再为 0。i_A 在 R_1 及 L_1 上的压降使得式（4-21）中第一相不再成立，因此式（4-22）也不成立，变压器 Δ 侧的三相磁链也不再平衡，即式（4-23）也不再成立，将在 Δ 绕组中产生环流。此时，变压器 Y 侧三相线电流 i_A、i_B、i_C 不再等同于各相的励磁电流，而是叠加了 Δ 绕组中的环流，如式（4-25）所示。

$$\begin{cases} i_A = i_{mA} + i_\Delta \\ i_B = i_{mB} + i_\Delta \\ i_C = i_{mC} + i_\Delta \end{cases} \tag{4-25}$$

综合上述分析：变压器三相同期空载合闸时，三相励磁涌流不会同时出现，第一相励磁涌流出现的同时，将在 Δ 侧绕组中产生环流，该环流叠加到 Y 侧的三相线电流中，环流的助增作用，将使未产生涌流相的线电流发生变化。因此，环流的影响，使得 Y 侧三相线电流同时发生变化。

3. 变压器非同期空投过程分析

变压器非同期空投是个复杂的过程，Δ 绕组中的环流呈现出与同期空投时不同的特性。假设 A、B、C 相依次空投，时间分别为 t_1、t_2、t_3。

1）A 相合闸（B、C 相未合闸）

t_1 时刻 A 相合闸，u_A 与电源电压一致，同时产生 A 相感应电势 $e_A(e_a)$。Δ 绕组中 b、c 相可视为 a 相的串联负载，e_a 分配于 b、c 绕组上，b、c 绕组中流过的电流（B、C 相的励磁电流）就是 Δ 绕组中的环流，由于 B、C 相铁心未饱和，其励磁电感值很大，励磁电流值很小，可视为 0，所以环流为 0。e_a 将平均分配于 b、c 绕组上，b、c 相的感应电势为 a 相的一半，$e_b = e_c = -0.5e_a$。如果此时 A 相铁心饱和，产生励磁涌流，将引起 Y 侧 A 相线电流 i_A 发生变化，而此时由于 B、C 相未合闸，其线电流 i_B、i_C 始终为 0。

虽然 B、C 相没有合闸，但由于 A 相的影响，其铁心上却产生压降，该电压的积累可能导致铁心发生饱和。如果 B 相铁心饱和，而 C 相铁心没有饱和，则 $l_{mB} < l_{mC}$，l_{mB} 与 l_{mC} 分别为 B、C 相的励磁电感，使得 $e_b < e_c(e_B < e_C)$，加速 C 相的饱和，而减缓 B 相的饱和，最终使得两相饱和程度一致，此时 $i_{mB} = i_{mC} = i_\Delta$，$i_{mB}$ 与 i_{mC} 分别为 B、C 相的励磁电流。因此，未合闸相饱和时，将在 Δ 绕组中引起环流。根据式（4-25），i_Δ 将引起 Y 侧 A 相线电流的变化，而由于 B、C 相没有合闸，其 Y 侧线电流值 i_B、i_C 始终为 0。

因此，在 A 相已合闸，而 B、C 相未合闸的过程中，任一相铁心饱和都将引起 A 相 Y 侧线电流的变化，而 B、C 相的 Y 侧线电流始终为 0。

2）B 相合闸（A 相已合闸，C 相未合闸）

t_2 时刻 B 相合闸，与 A 相合闸后的情况相同，如果 B 相铁心饱和，将引起励磁涌流，从而引起其 Y 侧线电流的变化；由于 C 相没有合闸，其励磁电流与Δ绕组中的环流相同，如果 C 相铁心饱和，将引起环流，从而引起已合闸的 A、B 相 Y 侧线电流变化，而 C 相 Y 侧线电流始终为 0。

3）C 相合闸（A、B 相均已合闸）

t_3 时刻 C 相合闸，此时三相均已合闸，如同同期空投时的分析结果。C 相的 Y 侧线电流将受其自身励磁涌流及Δ绕组中环流的影响而发生变化，不再为 0。

根据上述分析可以得出结论：在变压器非同期空投的初始阶段，其三相励磁电流及环流均为 0，随着铁心中磁通的积累，将发生饱和。如果已合闸相发生饱和，将以励磁涌流的形式引起该相 Y 侧线电流发生变化；如果未合闸相发生饱和，将以环流的形式引起所有已合闸相的 Y 侧线电流发生变化。而未合闸相的 Y 侧线电流始终为 0。因此，非同期空投时变压器 Y 侧三相线电流不会同时发生变化。

4. 特殊问题

前面分析了变压器在非同期空投过程中，三相未全合闸时，就发生铁心饱和的情况。如果变压器非同期间隔较小，或铁心中剩磁较小，在 t_3 时刻三相铁心可能均未饱和。图 4-23 所示为变压器非同期空投时 Y 侧的三相电压波形，可以看出 t_1 时刻 A 相合闸后，A 相电压与系统电压一致；t_2 时刻 B 相合闸后，B、C 相电压均与系统电压一致。在Δ绕组中可以近似认为 $e_c=(e_a+e_b)$，因此 A、B 相均合闸后，从变压器 Y 侧端电压的角度来看，等同于 C 相也已合闸。即从 t_2 时刻开始，相当于三相均已合闸，至 t_3 时刻，相当于三相合闸且运行一段时间，如果此时三相铁心都没有饱和，则相当于变压器同期空投情况，此时即使由于铁心饱和引起励磁涌流，以往的涌流判据也可以正确判断，不会引起差动保护误动。

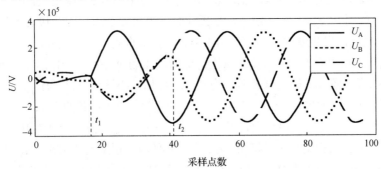

图 4-23　非同期空投时 Y 侧的电压波形图

4.3.3　非同期空投引起差动保护误动的原因分析

变压器同期空投时，由于铁心中的磁通不能突变，因此将出现一个非周期分量磁通。如果在 u=0 时合闸，铁心中将感应出一个非周期分量磁通 $+\Psi_m$，经过半个周期后，铁心中磁通近似达到 $2\Psi_m$。如果考虑铁心中有剩磁 Ψ_r，则总磁通将为 $2\Psi_m+\Psi_r$[12]。考虑最严重情况，当 $\Psi_r=0.9\Psi_m$ 时，铁心将达到最大磁通 $2.9\Psi_m$，此时变压器严重饱和，励磁涌流急剧增大。由于三相变压器各相电压相差 120°，导致各相铁心中磁通大小不相同，但对于每一相，其铁心磁通的最大可能值均为 $2.9\Psi_m$。

变压器非同期空投时，情况将更加严重。设 A 相系统电压为 $u_A = u_m \sin \omega t$，三相剩磁分别为 Ψ_{rA}、Ψ_{rB}、Ψ_{rC}。A 相在 t_1 时刻合闸，将在 B、C 相铁心中产生电压降，忽略漏抗时，$e_b = e_c = -0.5e_a$，A、B、C 相的磁通可表示为

$$\begin{cases} \Psi_A = \Psi_m \cos \omega t + \Psi_m \cos \omega t_1 + \Psi_{rA} \\ \Psi_B = \dfrac{1}{2}\Psi_m \cos \omega t - \dfrac{1}{2}\Psi_m \cos \omega t_1 + \Psi_{rB} \\ \Psi_C = \dfrac{1}{2}\Psi_m \cos \omega t - \dfrac{1}{2}\Psi_m \cos \omega t_1 + \Psi_{rC} \end{cases} \tag{4-26}$$

根据式（4-26）可以看出，B、C 相未合闸前，其磁通已经开始积累，t_2 时刻 B 相合闸，此时 B 相中的磁通为该次合闸的剩磁：

$$\Psi'_{rB} = \frac{1}{2}\Psi_m \cos \omega t_2 - \frac{1}{2}\Psi_m \cos \omega t_1 + \Psi_{rB} \tag{4-27}$$

B 相合闸后，其励磁电压与系统电压相同，其磁通可表示为

$$\Psi_B = -\Psi_m \cos(\omega t - 120°) + \Psi_m \cos(\omega t_2 - 120°) + \Psi'_{rB} \tag{4-28}$$

C 相合闸时，B 相的励磁电压不再发生变化，其磁通仍可用式（4-28）表示。根据式（4-28），由四个部分组成：

$$\begin{cases} \Psi_{B1} = -\Psi_m \cos(\omega t - 120°) \\ \Psi_{B2} = \Psi_m \cos(\omega t_2 - 120°) + \dfrac{1}{2}\Psi_m \cos \omega t_2 \\ \Psi_{B3} = -\dfrac{1}{2}\Psi_m \cos \omega t_1 \\ \Psi_{B4} = \Psi_{rB} \end{cases} \tag{4-29}$$

分析可知，当满足式（4-30）时，

$$\begin{cases} \varPsi_{rB} = 0.9\varPsi_m \\ t_1 = nT + T/2 \\ t_2 = nT + T/4 \\ t = nT + 5T/6, n = 1,2,3,\cdots \end{cases} \tag{4-30}$$

$\varPsi_B$ 可达到最大值 $\varPsi_{Bm}=\varPsi_m+0.866\varPsi_m+0.5\varPsi_m+0.9\varPsi_m=3.266\varPsi_m$，超过同期空投时的 $2.9\varPsi_m$。同理 C 相的磁通最大也可达 $3.266\varPsi_m$。对于 A 相，在 t_1 时刻合闸后，其电压即与系统电压保持一致，不受 B、C 相合闸时刻的影响，因此其铁心磁通的变化与同期空投情况相同。

可以得出结论：变压器非同期空投情况下，已合闸相铁心中的感应电势将通过Δ绕组影响未合闸相，使其在未合闸前就已经有磁通积累，如果正好与其合闸后磁通的积累方向相同，将产生较大的磁通，加深该相的饱和程度。因此，后合闸相受非同期空投影响较大。

变压器同期与非同期空投时，最严重情况下的磁通波形如图 4-24 所示，变压器铁心的饱和磁通值为 1.2（标幺值）。同期空投时，每个周期中有一段磁通低于饱和值，对应于励磁涌流中的间断角部分。而非同期空投情况下，磁通值较高，可能完全位于饱和值之上，使得变压器铁心发生超饱和。根据之前的分析，铁心发生超饱和时，励磁涌流幅值较大，且没有间断角。在实际情况中，考虑漏抗、直流分量的衰减等因素，情况将有所缓解，但由于磁通值较高，涌流特征不明显，二次谐波含量降低，间断角减小，仍有可能引起差动保护误动，需要引起注意。

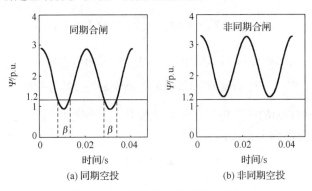

图 4-24　变压器铁心中磁通波形图

考虑三相合闸的先后顺序，本书取合闸时刻 $t_1=0.01s$，$t_2=0.025s$，$t_3=0.0367s$。根据上述分析，此时 B 相铁心的磁通将达到最大情况，有可能发生超饱和。仿真结果中的三相差流的波形如图 4-25 所示，i_{dA}、i_{dB}、i_{dC} 分别表示各相的差流，可以看出 A、B 相差流波形中二次谐波含量低，且间断角消失，不同于同期空投时励磁涌流的特点。因此，传统的涌流闭锁判据将失效，有必要寻求变压器非同期空投的识别方法。

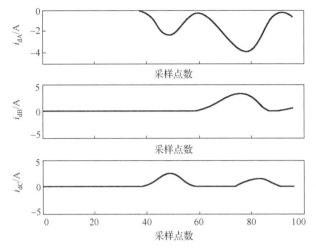

图 4-25　变压器非同期空投情况下的差流波形

4.3.4　变压器非同期空投的识别方案

1. 基于时差法的变压器非同期空投识别判据

变压器非同期空投时，其三相合闸时刻存在一定的时间差，因此，可通过该特性对变压器的非同期空投情况进行识别。时差法作为贯穿本书的一种有效方法，在识别变压器非同期空投时同样有良好的效果。

变压器从 Y 侧空投时，在铁心不饱和的情况下，其 Y 侧三相线电流为 0。根据上述分析可知，在同期空投时，当某一相铁心发生饱和时，受到 i_Δ 的影响，其 Y 侧三相线电流都将发生变化。变压器非同期空投时，如果已合闸相发生饱和，将以励磁涌流的形式引起该相 Y 侧线电流发生变化；如果未合闸相发生饱和，将以环流的形式引起所有已合闸相的 Y 侧线电流发生变化，而未合闸相的 Y 侧线电流始终为 0。因此，可根据变压器 Y 侧三相线电流是否同时发生变化来判断是否为非同期空投情况。

变压器 Y 侧中性点电流为 $i_n = i_A + i_B + i_C$，其中任一相线电流的变化，都将引起 i_n 的变化，本书选取 i_n 作为基准电流（对于中性点不接地系统，或中性点处不安装电流互感器的情况，则直接选用 $i_A + i_B + i_C$，记录其突变时刻为 t_n。当检测到其发生突变时，说明 Y 侧三相线电流中至少有一相发生变化，此时检测 i_A、i_B、i_C 是否发生变化。如果 i_A、i_B、i_C 均发生突变，可判断为变压器同期空投情况。如果只有一或两相发生突变，而至少有一线电流始终为 0，可判断为变压器非同期空投情况。时差法原理框图如图 4-26 所示。

利用 MATLAB/Simulink 对变压器同期与非同期空投情况进行仿真，变压器为 Y_n/Δ 接线，从 Y 侧进行空投，每周期采样 36 点。

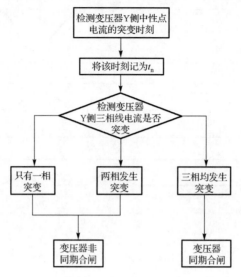

图 4-26　时差法原理框图

1）非同期空投——间隔时间较长情况

对应于图 4-25 所示的非同期空投情况，其非同期间隔较长，变压器 Y 侧的三相线电流、励磁电流及中性点的电流波形如图 4-27 所示，i_{mA}、i_{mB} 和 i_{mC} 为各相励磁电流，用虚线表示。可以看出在 i_n 的突变时刻，只有 A 相的线电流发生变化。B、C 相铁心在其合闸前就已经发生饱和，且饱和程度一致，i_{mB} 和 i_{mC} 以环流的形式作用于 A 相，从而引起 A 相线电流发生变化。而直到 B、C 相合闸，其线电流才开始发生变化。根据流程图 4-26，可判断此时为变压器非同期空投情况，应采取适当措施，以防止其误动。

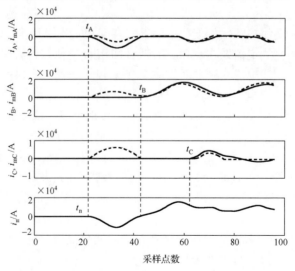

图 4-27　变压器严重非同期空投情况下的差电流波形

2）非同期空投——间隔时间较短情况

如图 4-28 所示为非同期间隔较短的变压器非同期空投情况。可以看出在 i_n 的突变时刻，只有 A 相的线电流发生变化。t_B 时刻，C 相的铁心发生饱和，产生励磁涌流 i_{mC}，由于此时 C 相并未合闸，所以 i_{mC} 以环流的形式作用于 A、B 相。B 相铁心虽然没有饱和，但其线电流发生突变；C 相铁心虽然饱和，但由于其未合闸，其线电流为 0。直到 t_C 时刻 C 相合闸后，其线电流才开始变化。根据流程图 4-26，可判断此时为变压器非同期空投情况。

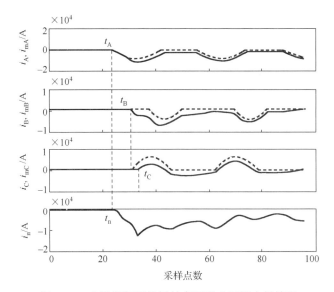

图 4-28　非同期间隔较短的变压器非同期空投情况

3）同期空投情况

如图 4-29 所示为变压器同期空投的仿真图，可以看出在 i_n 的突变时刻，i_A、i_B、i_C 均同时发生突变。此时，A、B 相铁心发生饱和，产生励磁涌流，而 C 相没有饱和，其励磁电流为 0，但环流的影响，使得 C 相的线电流也发生变化。根据流程图可判定此时为变压器同期空投的情况，可继续使用传统的涌流闭锁判据。

2. 基于变压器回路方程的非同期空投识别判据

根据式（4-18）及式（4-19）的变压器原、副边等值电路，以及磁通平衡的原理可以消去互感磁链，设图 4-22 中的 $N_1:N_2=1$，得到三相只包含变压器原、副边电压、电流以及相关绕组参数的方程式，如式（4-31）。

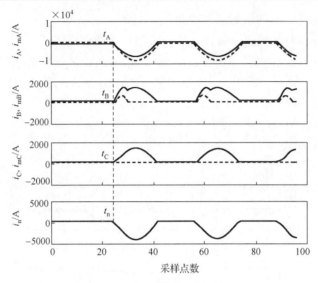

图 4-29　变压器同期空投情况

$$\begin{cases} u_A - R_1 i_A - L_1 \dfrac{\mathrm{d}i_A}{\mathrm{d}t} = u_{ab} - R_2 i_{ab} - L_2 \dfrac{\mathrm{d}i_{ab}}{\mathrm{d}t} \\[2mm] u_B - R_1 i_B - L_1 \dfrac{\mathrm{d}i_B}{\mathrm{d}t} = u_{bc} - R_2 i_{bc} - L_2 \dfrac{\mathrm{d}i_{bc}}{\mathrm{d}t} \\[2mm] u_C - R_1 i_C - L_1 \dfrac{\mathrm{d}i_C}{\mathrm{d}t} = u_{ca} - R_2 i_{ca} - L_2 \dfrac{\mathrm{d}i_{ca}}{\mathrm{d}t} \end{cases} \tag{4-31}$$

式（4-31）中 u_A、u_B、u_C 表示变压器原边的相电压，但由于电压互感器安装于断路器之前的位置，所以无论断路器是否合闸，所测得的 u_A、u_B、u_C 均为电源电压，R_1、L_1 及 R_2、L_2 可通过变压器铭牌参数得到，i_A、i_B、i_C 可通过安装于变压器 Y 侧的电流互感器测得，若 u_{ab}、u_{bc}、u_{ca} 可测得（根据电网的具体结构及系统中元件的实际布置方式，对于副边电压，若电压互感器装于断路器后的母线侧，则有可能难以通过直接测量得到，本节作为探讨性研究，重点针对该方法进行讨论），则通过对微分方程（4-31）进行离散求解，可得到变压器二次侧电流 i_{ab}、i_{bc}、i_{ca} 的数值解（本书采用前差分欧拉法对方程进行离散处理）。

在变压器非同期空投情况下，对于已合闸相，其原边的相电压与该相的电源电压相等（忽略断路器上的压降），因此利用电压互感器中测得该相的电源电压代替该相的原边电压时得到的式（4-31）成立；对于未合闸相，其原边的相电压与该相的电源电压不相同，式（4-31）不成立。因此，在假设式（4-31）成立的前提下，通过数值计算对微分方程进行离散求解，可以得到 i_{ab}、i_{bc}、i_{ca}，其中已合闸相的 Δ 绕组中电流与实际值相同，而未合闸相的 Δ 绕组中电流与实际值相差较大。另外，对于变压器空投于内部故障的情况，由于故障相的互感磁链不平衡，不满足式（4-31），因此在假设式（4-31）成立的前提下，求得的Δ绕组中故障相电流与正常相差别较大。

根据式（4-31）可以推导出Δ绕组中电流的计算公式，以 A 相为例，采用欧拉法进行差分离散，可以得到

$$u_A(n) - R_1 i_A(n) - L_1 \frac{i_A(n+1) - i_A(n)}{\Delta t} = u_{ab}(n) - R_2 i_{ab}(n) - L_2 \frac{i_{ab}(n+1) - i_{ab}(n)}{\Delta t} \quad (4-32)$$

变压器在未合闸时，其Δ绕组中的环流始终为 0，因此方程的初值可以取为

$$i_{ab}(0) = 0 \quad (4-33)$$

由此可以得到 $i_{ab}(n)$ 的计算公式为

$$\begin{cases} i_{ab}(0) = 0 \\ i_{ab}(n+1) = \left\{ u_{ab}(n) - \left[u_A(n) - R_1 i_A(n) - L_1 \frac{i_A(n+1) - i_A(n)}{\Delta t} \right] \right. \\ \qquad \left. - \left(R_2 - \frac{L_2}{\Delta t} \right) i_{ab}(n) \right\} \bigg/ \left(\frac{L_2}{\Delta t} \right) \end{cases} \quad (4-34)$$

同理可得到 $i_{bc}(n)$ 及 $i_{ca}(n)$ 的计算公式，此处不再赘述。

对于变压器空投的情况，其Δ侧三相绕组电流 $i_{ab} = i_{bc} = i_{ca} = i_\Delta$。当变压器同期空投时，在合闸的瞬时时刻，系统侧的三相电源加到变压器的原边，此时式（4-31）中三相均满足，因此根据式（4-34）求得的 i_{ab}、i_{bc}、i_{ca} 相等，即为Δ绕组中的实际环流。而对于变压器非同期空投或空投于内部故障的情况，则有所不同。对于已合闸相，满足式（4-31），根据式（4-34）求得的该相Δ绕组中的电流为实际绕组中的环流。对于未合闸相，不满足式（4-31），根据式（4-34）求得的该相Δ绕组中的电流与实际绕组中的环流不同，因此，求得的 i_{ab}、i_{bc}、i_{ca} 相差较大。

可以利用相关度的概念判断两个波形的相似程度，归一化相关系数为

$$\rho_{xy} = \frac{\sum\limits_{n=0}^{\infty} X(n)Y(n)}{\left[\sum\limits_{n=0}^{\infty} X^2(n) \sum\limits_{n=0}^{\infty} Y^2(n) \right]^{\frac{1}{2}}} \quad (4-35)$$

分析式（4-35）可知，当 $X(n) = Y(n)$ 时，$\rho_{xy} = 1$；当 $X(n) = -Y(n)$ 时，$\rho_{xy} = -1$；波形越相近，ρ_{xy} 越接近 1，$|\rho| = 1$ 的取值在 0 和 1 之间。对于同期空投情况，由于计算所得的 i_{ab}、i_{bc}、i_{ca} 相等，此时得到的 ρ_{ab}、ρ_{bc}、ρ_{ca} 应为 1，考虑计算误差的影响，ρ_{ab}、ρ_{bc}、ρ_{ca} 可能不为 1，而为非常接近 1 的正数。而对于非同期空投情况，由于

计算所得的 i_{ab}、i_{bc}、i_{ca} 不相等，此时得到的 ρ_{ab}、ρ_{bc}、ρ_{ca} 值较小，或者为负数。

基于变压器回路方程的非同期空投识别方案的原理框图如图 4-30 所示。

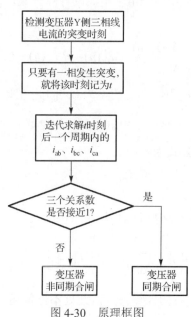

图 4-30　原理框图

解释说明如下。

（1）首先，检测变压器 Y 侧三相线电流值 i_A、i_B、i_C 是否发生突变，只要有一相发生突变，将该时刻记为 t，说明此相已经合闸。

（2）根据式（4-34），求 t 时刻后一个周期内的 i_{ab}、i_{bc}、i_{ca}，并根据式（4-35）计算 ρ_{ab}、ρ_{bc}、ρ_{ca}，当 ρ_{ab}、ρ_{bc}、ρ_{ca} 接近于 1 时，判断为变压器同期空投情况；当 ρ_{ab}、ρ_{bc}、ρ_{ca} 值较小，或者为负数时，则判断为变压器非同期空投或空投于内部故障的情况。

基于上述推导及分析，利用 MATLAB/Simulink 对变压器同期与非同期空投情况进行仿真，变压器为 Y_n/Δ 接线，从 Y 侧进行空投。

1）变压器同期空投情况

如图 4-31 所示为变压器同期空投的情况，变压器在 0.05s 时三相同时合闸，图 4-31(a)所示为利用仿真软件所得变压器 Δ 绕组中的实际环流，图 4-31(b)所示为根据式（4-34）求得的三相绕组环流 i_{ab}、i_{bc}、i_{ca}，可以看出 i_{ab}、i_{bc}、i_{ca} 的波形基本相同，且与 Δ 绕组中的实际环流的波形基本相同。此时 Δ 绕组中三相电流之间的归一化相关系数为 $\rho_{ab}=0.9998$，$\rho_{bc}=0.9999$，$\rho_{ca}=0.9996$，可以判断此时为变压器同期空投情况。

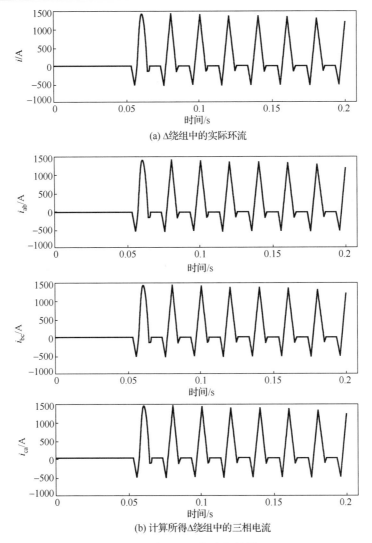

(a) Δ绕组中的实际环流

(b) 计算所得Δ绕组中的三相电流

图 4-31   变压器同期空投的情况

2）变压器非同期空投情况

如图 4-32 所示为变压器非同期空投的情况，变压器 A 相在 0.05s 合闸，B 相在 0.06s 合闸，C 相在 0.065s 合闸，图 4-32(a)所示为测得的变压器Δ绕组中的实际环流，图 4-32(b) 所示为根据式（4-34）求得的三相绕组环流 i_{ab}、i_{bc}、i_{ca}。可以看出，由于 A 相为最先合闸相，根据式（4-34）计算所得Δ绕组中 A 相电流 i_{ab} 与Δ绕组中的实际环流的波形基本相同。而在 0.05s 时 B、C 相没有合闸，因此计算所得 i_{bc}、i_{ca} 与Δ绕组中的实际环流相差较大。此时Δ绕组中三相电流之间的归一化相关系数为 ρ_{ab}=0.0633，ρ_{bc}= −0.9994，ρ_{ca}= −0.0911，可以判断此时为变压器非同期空投情况。

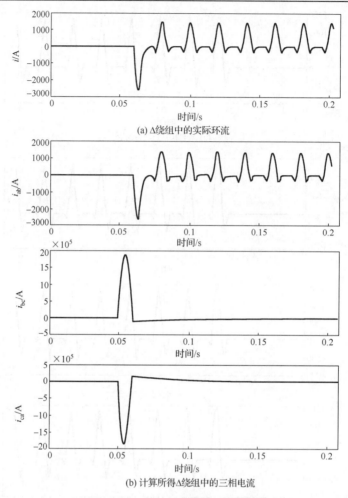

(a) Δ绕组中的实际环流

(b) 计算所得Δ绕组中的三相电流

图 4-32　变压器非同期空投的情况

4.3.5　变压器非同期空投的防误动措施

根据上述分析，在变压器非同期空投的情况下，后合闸相受已合闸相的影响可能发生超饱和，使得差电流中的二次谐波含量较低，当采用分相制动方式时，可能引起差动保护误动。而当变压器空投于内部故障时，差电流为涌流与故障电流的叠加，其二次谐波含量可能较高，当采用或门制动方式时，将使保护长时间处于闭锁状态。因此有必要针对这两种情况提出提高差动保护可靠性的措施。

1. 基于二次谐波含量变化趋势的防误动措施

变压器非同期空投的过程中，由于铁心发生超饱和，从而引起数值较大且二次谐波含量较低的差流，随着磁通中直流分量的衰减，铁心将逐渐退出超饱和区，从而进一步退出饱和区。在这个过程中，差电流中的间断角将逐渐增大，其二次谐波含量逐渐上升[13]，如图 4-33 所示。

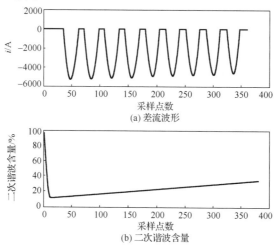

图 4-33　变压器非同期空投的差流及其二次谐波含量

当变压器空投于内部故障时，差流为涌流与故障电流的叠加，虽然涌流中的二次谐波含量为上升趋势，但由于故障电流中二次谐波含量为下降趋势，且速度快于涌流中二次谐波含量的上升趋势，因此导致差电流中二次谐波含量的整体变化趋势为下降，如图 4-34 所示。

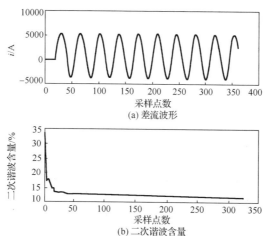

图 4-34　变压器空投于内部故障的差流及其二次谐波含量

根据上述分析，可以利用差流中二次谐波含量的变化趋势作为判据来防止差动保护误动。对于 Y/Δ 接线的变压器，当从 Y 侧空投时，由于其差流为 Y 侧两相线电流的差值，所以当只有一相发生内部故障时，将有两相差电流中含有该故障电流。对于两相或两相以上有内部故障的情况，则三相差流中均含有故障电流。而当变压器非同期空投时，至少有两相中将产生励磁涌流，其二次谐波含量为上升趋势。因此新判据采用三取二原则，当检测到两相或两相以上的差流中二次谐波含量为下降趋势时，判断为变压器空投于内部故障的情况，保护立即动作；当检测到两相或两相以上的差流中二次谐波含量为上升趋势时，判断为变压器非同期空投的情况，保护闭锁。对于变压器同期空投的情况，其差电流中的二次谐波含量通常高于15%，保护不会误动作，即使低于15%的情况，其二次谐波含量的变化趋势也是上升的，利用该判据可以正确闭锁差动保护。

2. 仿真验证

利用 MATLAB/Simulink 对变压器同期空投、非同期空投与空投于内部故障的情况进行仿真，变压器为 Y_n/Δ 接线，从 Y_n 侧进行空投。

1）变压器空投于内部故障

图 4-35 所示为变压器空投于 A 相匝间短路的情况，图 4-35(a)为三相差流的波形，图 4-35(b)为其二次谐波含量。可以看出受励磁涌流的影响，A 相和 B 相差电流的二次谐波含量高于15%，采用传统的二次谐波制动判据，保护将会误闭锁。但是 A、C 相差流受 A 相故障电流的影响，其二次谐波含量均为下降趋势，而 B 相差流中不含有故障分量，其二次谐波含量为上升趋势。根据本书所提出的新判据，此时保护将会迅速动作。

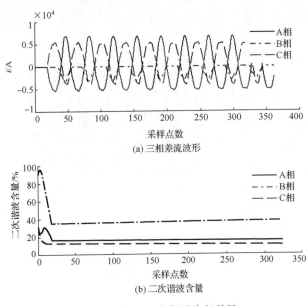

图 4-35　变压器空投于内部故障

2）变压器非同期空投

图 4-36 所示为变压器非同期空投的情况。可以看出 A、B 相差流的二次谐波含量

低于 15%，采用分相制动的差动保护将会误动作，但是其二次谐波含量均为上升趋势，根据本书所提出的新判据，此时保护将会正确闭锁。

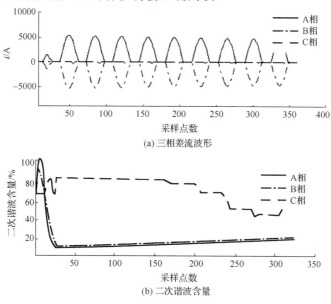

(a) 三相差流波形

(b) 二次谐波含量

图 4-36　变压器非同期空投的情况

3）变压器同期空投

图 4-37 所示为变压器同期空投的情况。可以看出三相差流的二次谐波含量均为上升趋势，根据新判据，此时保护会正确闭锁。

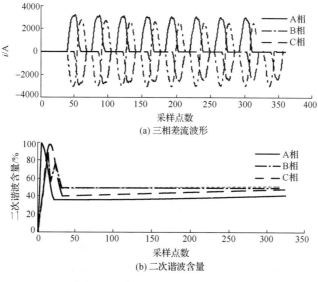

(a) 三相差流波形

(b) 二次谐波含量

图 4-37　变压器同期空投的情况

经过上述仿真分析可得，利用差电流中二次谐波含量的变化趋势防止差动保护误动，具有方法简单、容易实现的优点。但该方法至少需要两个周期的采样点才可以得到二次谐波含量的变化趋势，因此判断速度较慢。对于变压器同期与非同期空投的情况，由于最终保护为闭锁状态，判断速度慢没有影响。而对于变压器空投于内部故障的情况，判断速度慢将影响保护的速动性，具体的对策还有待进一步研究。

4.4　本章小结

本章分别对变压器和应涌流、恢复性涌流以及非同期合闸励磁涌流的产生机理及其对变压器差动保护动作性能的影响进行了分析，具体总结如下。

首先，从磁链变化的角度对并联、级联和应涌流的产生机理做了详细分析，指出系统电阻是导致和应涌流产生的重要因素，详细分析了和应涌流不同阶段的特征，指出和应涌流幅值大小与变压器的剩磁、合闸角、系统阻抗等参数有关。另外，通过与空载合闸产生励磁涌流的对比，指出和应涌流衰减速度较为缓慢，更加容易造成变压器相应侧的 TA 饱和，并导致差动保护误动。

其次，针对变压器区外故障切除后差动保护出现的误动情况，本章着重研究了变压器恢复性涌流的暂态过程，指出变压器恢复性涌流的大小与变压器区外故障发生时刻、故障的严重程度、故障切除时刻的电势相角以及变压器铁心性质等因素相关。另外，分析了恢复性涌流的特征及其对 TA 传变特性的影响，给出了变压器差动保护在区外故障切除时发生误动的原因。

最后，本章根据系统实际运行中存在的变压器三相非同期合闸问题展开了分析，指出了在变压器非同期空投情况下，受已合闸相的影响，后合闸相铁心中的磁链可能远远大于饱和值，甚至可能发生超饱和现象，导致差动保护误动。另外，针对变压器非同期空投时差动保护容易误动，以及变压器空投于内部故障时差动保护容易误闭锁的问题，提出了利用差电流中二次谐波含量的变化趋势来提高差动保护的可靠性，并通过仿真验证了判据的有效性。

参 考 文 献

[1]　Bronzado H S, Yachmini R. Phenomenon of sympathetic interaction between transformers caused by inrush transients[J]. IEE Proceedings-Science, Measurement and Technology, 1995, 142(4): 323-329.

[2]　毕大强, 王祥珩, 李德佳, 等. 变压器和应涌流的理论探讨[J]. 电力系统自动化, 2005, 29(6): 1-8.

[3]　张建松. 变压器励磁涌流形成机理以及电流互感器仿真模型研究[D]. 杭州: 浙江大学, 2005.

[4]　张雪松, 何奔腾, 张建松. 变压器和应涌流的产生机理及其影响因素研究[J]. 电力系统自动化, 2005, 29(6): 15-19.

[5]　Bronzeado H S, Brogan P B, Yachmini R. Harmonic analysis of transient currents during sympathetic interaction[J]. IEEE Transactions on Power Systems, 1996, 11(4): 2051-2056.

[6]　张雪松, 何奔腾. 变压器和应用流对继电保护影响的分析[J]. 中国电机工程学报, 2006, 26(14): 12-17.

[7]　袁宇波, 陆于平, 许扬, 等. 切除外部故障时电流互感器局部暂态饱和对变压器差动保护的影响及对策[J]. 中国电机工程学报, 2005, 25(10): 12-17.

[8]　许正亚, 陈月亮. 外部短路故障切除时变压器差动保护行为分析[C]. 第九届全国继电保护和控制学术研讨会, 南京, 2003: 288-293.

[9]　Crear B, Dolinar D, Ritonja J. System analysis of differential power transformer protection[C]. Proceedings of 4th International Conference on Developments in Power System Protection, Edinburgh, 1989: 220-224.

[10]　张四江, 曹小龙, 张敏强, 等. SF6 断路器分合闸时间及三相不同期超标的处理[J]. 电力设备, 2007, 8(2): 76-78.

[11]　许扬, 陆于平. 非同期合闸对发电机-变压器组差动保护的影响及解决措施[J]. 电力系统自动化, 2008, 32(13): 104-107.

[12]　陈增田. 电力变压器保护[M]. 2 版. 北京: 中国电力出版社, 1997: 40-45.

[13]　郑涛, 张婕. 一起特高压变压器的差动保护误动分析及防范措施[J]. 电力系统自动化, 2011, 35(18): 1-6.

第 5 章　保护用电流互感器的饱和特性及其对差动保护的影响

电流互感器（current transformer，CT）是电力系统中重要的测量元件，在继电保护中起着举足轻重的作用。无论是传统的模拟式继电保护还是目前广泛采用的微机式继电保护装置，都需要将流过 CT 的一次侧电流传变至二次回路。当电力系统发生故障时，CT 的一次电流可能达到正常运行时电流的几十倍甚至上百倍，且往往含有以指数形式衰减的直流分量，使得 CT 可能进入饱和状态。另外，铁心中往往存在剩磁，若剩磁极性与故障电流所产生的磁场极性相同，则会使铁心更容易饱和。CT 铁心饱和时，二次电流出现畸变，不能准确反映一次电流，可能导致变压器差动保护无法正确动作。可见，CT 的传变性能对于保护装置的可靠性至关重要。

本章在详细阐述 CT 基本工作原理及饱和特性的基础上，着重介绍了伴随 CT 饱和时变压器区外故障存续和切除时 CT 出现饱和、转换性故障、内桥接线方式下 CT 饱和特性对变压器差动保护的影响，并针对性地提出了解决方案。

5.1　保护用 CT 的传变特性

5.1.1　CT 的基本工作原理

CT 的等值电路[1]如图 5-1 所示。

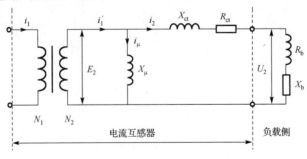

图 5-1　CT 等效电路

图 5-1 中，N_1 为一次绕组匝数；N_2 为二次绕组匝数；$K_n = N_2 / N_1$ 为 CT 变比；i_1 为系统一次侧电流；i_1' 为一次侧电流折算至二次侧的电流；i_2 为 CT 二次侧电流；i_μ 为 CT 励磁电流；X_μ 为 CT 励磁电抗；X_{ct} 为 CT 二次绕组漏电抗；R_{ct} 为二次绕组漏电阻；

$Z_{load} = R_b + jX_b$ 为 CT 负载；E_2 为折算至 CT 二次侧的感应电动势；U_2 为 CT 二次负载端电压；$Z_2 = R_2 + jX_2 = (R_{ct} + R_b) + j(X_{ct} + X_b)$ 为 CT 二次总负载。另外，设 CT 的铁心截面积为 A，平均磁路长度为 l_μ。

由等值电路可知，CT 两侧的电流关系为

$$i_1' = \frac{i_1}{K_n} = i_\mu + i_2 \tag{5-1}$$

电磁感应关系为

$$N_2 \cdot A \cdot \frac{dB}{dt} = L_2 \frac{di_2}{dt} + R_2 i_2 \tag{5-2}$$

铁心全电流关系为

$$H \cdot l_\mu = N_1 \cdot i_1 - N_2 \cdot i_2 = N_2 \cdot i_\mu \tag{5-3}$$

注意到铁心磁密与励磁电流存在如下关系：

$$N_2 \cdot A \cdot B = L_\mu i_\mu \tag{5-4}$$

将式（5-4）代入式（5-2），可得

$$L_\mu \frac{di_\mu}{dt} = L_2 \frac{di_2}{dt} + R_2 i_2 \tag{5-5}$$

式中，$L_\mu = \dfrac{\omega N_2^2 \mu A}{l_\mu}$，$\mu$ 为磁路的磁导率。

铁心被磁化的过程中，铁心磁密 B 与磁场强度 H 是呈现一定关系的，两者关系形成磁化轨迹，磁化轨迹是联系式（5-2）、式（5-3）的纽带，当 B-H 磁化轨迹确定后，在确定的一次电流作用下，CT 铁心工作磁密、磁场强度变化过程也会被确定，铁心工作的物理过程就能够被充分的描述。

CT 正常稳态运行时，作用在 CT 一次侧的电流是幅值很小的工频交流电，铁心中的磁密只运行在图 5-2 中靠近原点的小磁滞回环中，工作在低磁密下，其励磁阻抗很大，用于产生工作磁密的励磁电流非常小，即 $i_\mu \approx 0$，由式（5-1）可知，$\dfrac{i_1}{K_n} \approx i_2$，可认为 CT 二次电流正比于一次电流，能够线性传变系统一次电流。

稳态时 CT 的测量误差主要是由励磁电流引起的，这种误差通常用电流误差（比差（ratio correction factor，RCF））、相位差（角差）β 和复合误差（ε_c）来衡量。

（1）比差（RCF）：比差是电流互感器在测量电流时的数值误差，是由于励磁电流的存在而引起的实际电流比与额定电流比不相等，定义为

$$\text{RCF} = \frac{K_n I_2 - I_1}{I_1} \times 100\% \tag{5-6}$$

式中，I_1 为一次电流方均根值，I_2 为二次电流方均根值。

（2）角差（β）：角差是电流互感器一次电流与二次电流相量的相位差值。按规定

的正方向定义，若二次电流的相量超前一次电流相量时，定义角差为正值。

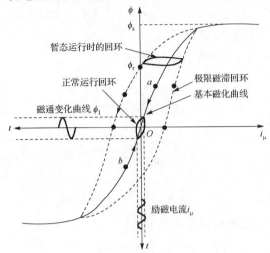

图 5-2　不同运行状态下的工作磁滞回线

（3）复合误差（ε_c）：在铁心磁通接近饱和等情况下，电流互感器的二次电流与励磁电流不再是标准的正弦波，此时，误差无法用比值差和角差来准确表示，而利用稳态一次电流瞬时值与 K_n 倍的二次电流瞬时值之差的方均根值定义复合误差，表示为

$$\varepsilon_c = \frac{100}{I_1} \times \sqrt{\frac{1}{\Delta T} \int_0^{\Delta T} (K_n i_2 - i_1)^2 \, \mathrm{d}t} \qquad (5\text{-}7)$$

式中，i_2 是一次电流瞬时值，i_1 是二次电流瞬时值，ΔT 是一个周波的时间。

5.1.2　CT 的稳态饱和特性

作用在 CT 一次侧的稳态对称短路电流数值过大时，对应的二次电动势将在一次电流达到峰值前达到饱和电动势，CT 铁心进入饱和，CT 在稳态时饱和的特性称为 CT 的稳态饱和特性。

为简化分析，假设 CT 具有理想的励磁特性，如图 5-3 所示。CT 未饱和时，励磁电流为零，CT 一次侧电流能够完全传变到二次侧；当 CT 饱和后，铁心磁通将保持在饱和磁密的水平而不再变化。

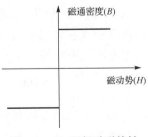

图 5-3　CT 理想励磁特性

根据 CT 二次侧所接负荷性质的不同，二次电流波形表现出不同的畸变特征。①如果 CT 二次负荷为纯电阻，在铁心磁通达到饱和后，二次电流立即下降到零，一次电流全部转变为励磁电流以维持铁心在饱和状态。当一次电流过零并反向变化时，铁心磁通退出饱和并开始下降，感应出二次电动势，直至铁心磁通达到反向饱和，二次电流再次变为零，如图 5-4 所示。②如果 CT 二次负荷为纯电感，在铁心磁通达到饱和后，二次电动势为零，而此时二次电流值保持恒定，等于饱和瞬间值。当一次电流降到饱和发生时的幅值，励磁安匝重新为零，铁心磁通退出饱和并反向变化，直至反向饱和。该情况下的各波形变化情况如图 5-5 所示。③对于 CT 二次负荷为阻抗的情况，在铁心磁通达到饱和后，二次电流值既不会维持恒定，也不会突降为零，而是按指数规律衰减，当励磁安匝重新为零时，铁心磁通退出饱和并开始反向变化，直至反向饱和，此时的波形变化情况如图 5-6 所示。

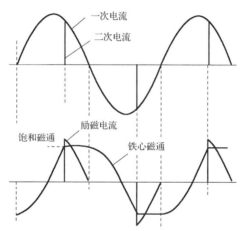

图 5-4　CT 二次负荷为纯电阻时稳态饱和情况

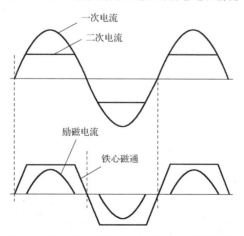

图 5-5　CT 二次负荷为纯电感时稳态饱和情况

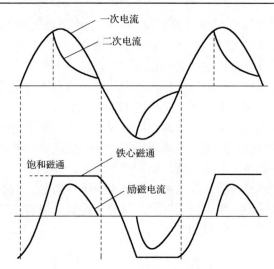

图 5-6　CT 二次负荷为阻抗时稳态饱和情况

因此，稳态饱和时，CT 二次电流的波形特点可总结如下。

（1）CT 开始饱和的时间，即二次电流开始出现畸变的时间小于一次电流达到峰值的时间，一次电流幅值越大，饱和起始时间越短。

（2）饱和后的二次电流波形类似脉冲，波形缺损，过零点提前且伴随谐波出现，整体来看正负半波近似对称，二次电流有效值将低于未饱和情况，一次电流幅值越大，铁心饱和程度越高时，该特点越明显。

（3）饱和后，二次侧电流的变化趋势与二次负载功率因数有关。功率因数越高，二次电流变化越剧烈，会迅速降低或升高。

除此之外，对 CT 饱和后二次电流的谐波含量进行估算，表 5-1 给出了不同饱和程度时 CT 二次电流中的基波分量 $I_{m(1)}$、二次谐波分量 $I_{m(2)}$ 和三次谐波分量 $I_{m(3)}$ 以及三次谐波分量与基波分量的比值 $I_{m(3)}/I_{m(1)}$。因此，可总结 CT 二次电流谐波分量特点如下。

（1）稳态饱和时，二次电流中的谐波分量主要是三次谐波，不含二次谐波或含量极少。

（2）三次谐波电流与其中基波电流的比值，随饱和程度的减少而减少，但比值一般在 30%以上。

表 5-1　不同程度稳态饱和时 CT 二次电流中的 $I_{m(1)}$、$I_{m(2)}$、$I_{m(3)}$ 及 $I_{m(3)}/I_{m(1)}$

t_{sat}/ms	1	2	3	4
$I_{m(1)}$	$0.08834\,I_m$	$0.22471\,I_m$	$0.39834\,I_m$	$0.56742\,I_m$
$I_{m(2)}$	0	0	0	0
$I_{m(3)}$	$0.08353\,I_m$	$0.14759\,I_m$	$0.22590\,I_m$	$0.26074\,I_m$
$I_{m(3)}/I_{m(1)}$	94.6%	65.7%	56.7%	46.0%

注：I_m 为折算至 CT 二次侧的一次电流幅值，t_{sat} 为 CT 开始饱和的时间，其数值越小表示饱和程度越深

5.1.3　CT 的暂态饱和特性

1. 暂态过程的计算

在短路故障过程中，含非周期分量的短路电流会使 CT 铁心中磁密大大提高，易导致 CT 饱和。为分析 CT 的暂态特性，一般做如下基本简化[2-14]。

（1）基于线性化励磁特性，认为在饱和前和深度饱和后磁导率均为常数。

（2）未计及铁心损耗。该损耗影响二次时间常数，且无法线性化处理。

（3）只分析暂态饱和前的暂态特性，以下分析只对饱和前近似准确，但不影响对饱和特性的分析。

设电力系统在 $t=0$ 时发生短路，则故障电流为

$$i_1 = \sqrt{2}I_1 \cdot [\sin(\omega t + \alpha - \varphi) + e^{-\frac{t}{T_1}} \cdot \sin(\varphi - \alpha)] \tag{5-8}$$

式中，I_1 为一次电流稳态分量的有效值；α 为故障时系统电压的初相角；φ 为一次系统阻抗角，$\varphi = \arctan(\omega L_1 / R_1)$；$L_1$ 为一次系统总电感；R_1 为一次系统总电阻；$T_1 = L_1 / R_1$ 为一次系统时间常数。

由于一次系统中 $\omega L_1 \gg R_1$，所以近似认为 $\varphi = \dfrac{\pi}{2}$，式（5-8）可简化为

$$i_1 = \sqrt{2}I_1 \cdot [e^{-\frac{t}{T_1}} \cdot \cos\alpha - \cos(\omega t + \alpha)] \tag{5-9}$$

由此可知，暂态情况下，一次电流包含暂态非周期分量和对称稳态周期分量。

联立式（5-1）、式（5-5），并将式（5-9）代入，因饱和前相关系数均为常数，可利用拉普拉斯变换和拉普拉斯逆变换解得暂态过程中的励磁电流：

$$i_\mu = \frac{\sqrt{2}I_1}{K_n} \left\{ \frac{T_1 - T_2}{T - T_1} \left(e^{-\frac{t}{T}} - e^{-\frac{t}{T_1}} \right) \cos\alpha \right.$$

$$\left. + \sqrt{\frac{1 + (\omega T_2)^2}{1 + (\omega T)^2}} [\sin(\alpha + \psi + \delta)e^{-\frac{t}{T}} - \sin(\omega t + \alpha + \psi + \delta)] \right\} \tag{5-10}$$

式中，$T_2 = \dfrac{L_2}{R_2}$ 为二次系统时间常数；$T_\mu = \dfrac{L_\mu}{R_2}$ 为与 CT 励磁支路相关的时间常数；$T = \dfrac{L_2 + L_\mu}{R_2}$ 为 CT 的时间常数；$\psi = \arctan(\omega T_2)$ 为 CT 二次总负载阻抗角；$\delta = \arctan\left(\dfrac{1}{\omega T}\right)$ 为 CT 角误差。

式（5-10）整理得

$$i_\mu = \frac{\sqrt{2}I_1}{K_n}\left\{\frac{T_\mu\sin\delta}{T-T_1}[\sin(\alpha+\delta)+\omega T_1\cos(\alpha+\delta)]\mathrm{e}^{-\frac{t}{T}}-\frac{T_1-T_2}{T-T_1}\cos\alpha\cdot\mathrm{e}^{\frac{t}{T_1}}\right.$$

$$\left.-\frac{\sin\delta}{\cos\psi}\sin(\omega t+\alpha+\psi+\delta)\right\} \tag{5-11}$$

由式（5-10）、式（5-11）可知，励磁电流的大小与 T_1、$T_2(\psi)$、T_μ、T（δ）和 $\cos\alpha$ 各参数有关。接下来通过分析这些参数的一般大小[9]以简化励磁电流的计算公式。

一次系统时间常数 T_1 与线路、变压器、线路参数有关，并因短路点位置的不同而有不同的数值，对于 220kV 及以上的超高压系统，一般 $T_1=0.045\sim0.35\mathrm{s}$ 时，$\varphi=86°\sim89.5°$，简化分析时取 $\varphi=90°$，上述分析已用到此简化条件。T_2 一般比较小，若 $\cos\psi\geq0.8$，则 $T_2\leq0.00239\mathrm{s}$，可见，$T_1\gg T_2$。因 $\delta=\arctan(1/(\omega T))$，所以 T 的大小与所要求的误差限额有关，若要求 $\delta\leq3°\sim4.5°$，则 $T\geq0.061\sim0.04\mathrm{s}$，工作点不同，$T_\mu$ 不同，在磁化曲线的未饱和段，T_μ 值较大。对于铁心无气隙的 P 级 CT 而言，在铁心饱和前，$T_\mu\gg T_1$。

由上述分析可知：$\omega T\gg1$，$\sqrt{1+(\omega T)^2}\approx\omega T$，$\delta\approx0$，可设二次负荷阻抗角为 0，并不计 CT 二次绕组的漏电抗，则 $T_2=0$，式（5-10）可化为

$$i_\mu = \frac{\sqrt{2}I_1}{K_n}\left[\frac{T_1}{T-T_1}\left(\mathrm{e}^{-\frac{t}{T}}-\mathrm{e}^{-\frac{t}{T_1}}\right)\cos\alpha+\frac{\sin\alpha}{\omega T}\mathrm{e}^{-\frac{t}{T}}-\frac{\sin(\omega t+\alpha)}{\omega T}\right] \tag{5-12}$$

式（5-12）的第二项是 CT 传变一次电流中的非周期分量所需的励磁电流，为励磁电流非周期强制分量，按一次电流时间常数 T_1 衰减；第四项为正弦周期性强制分量，相当于传变一次电流中的周期分量所需的励磁电流，考虑 $\omega T\gg1$，该励磁电流周期分量幅值很小；第一项是励磁电流非周期分量自由分量 1，补偿短路初始时非周期分量初始值，按二次回路时间常数 T 衰减；第三项是励磁电流非周期自由分量 2，补偿短路初始时周期分量与初始励磁电流的差值，按二次回路时间常数 T 衰减，而 $\omega T\gg1$，所以该项值很小，分析时可不计其影响。

在故障初相角 α 很小时，第一项、第二项非周期分量绝对值很大，尽管短路开始时符号相反，互相抵消，但因衰减时间常数不同，可能出现很大周期分量励磁电流。

联立（5-1）、式（5-12）可知，CT 二次电流为

$$i_2 = \frac{i_1}{K_n}-i_\mu$$

$$= \frac{\sqrt{2}I_1}{K_n}\left[\frac{1}{T-T_1}(T\mathrm{e}^{-\frac{t}{T_1}}-T_1\mathrm{e}^{-\frac{t}{T}})\cos\alpha-\frac{\sin\alpha}{\omega T}\mathrm{e}^{-\frac{t}{T}}-\cos(\omega t+\alpha)+\frac{\sin(\omega t+\alpha)}{\omega T}\right] \tag{5-13}$$

结合式（5-9）、式（5-12）、式（5-13）可知，i_1 中的非周期分量按 T_1、T 比例分给励磁支路 i_μ 和二次回路 i_2 中，i_μ、i_2 中以 T 时间常数变化的非周期分量起始值相等，但方向相反，两者仅在励磁支路与二次回路之间形成环流。励磁电流的周期分量幅值很小，所以，一次侧电流中的周期分量几乎都流入到二次回路中。这就说明，CT 工作在稳态情况下，能够线性传变，当工作在暂态过程中，CT 的二次电流会发生畸变。

由铁心磁密与励磁电流的关系式（5-12）可得铁心的暂态磁密为

$$B = \frac{\sqrt{2}I_1 R_2}{\omega K_n N_2 A}\left[\frac{\omega T T_1}{T-T_1}\left(\mathrm{e}^{-\frac{t}{T}}-\mathrm{e}^{-\frac{t}{T_1}}\right)\cos\alpha + \sin\alpha \cdot \mathrm{e}^{-\frac{t}{T}} - \sin(\omega t + \alpha)\right] \quad (5\text{-}14)$$

观察式（5-14）可知，第一项非周期分量的系数远大于第三项周期分量的系数，因此，铁心暂态磁密中的非周期分量对磁密的变化趋势起决定性作用，而第一项为传变一次电流中非周期分量对应的磁密，说明当作用在 CT 上的电流为非周期衰减分量时，铁心易发生饱和。而且，由于 $T_\mu \gg T_1$，进而 $T \gg T_1$，说明 e^{-t/T_1} 项变化较快，$\mathrm{e}^{-t/T}$ 项变化很慢。因此，以 T_1 时间常数变化的非周期分量在暂态过程刚开始的一段时间内变化非常快，并迅速减小至接近 0，这段时间过后，铁心磁密中的非周期分量主要以时间常数 T 变化的非周期分量为主。所以，可近似认为铁心磁密的非周期分量首先是以 T_1 时间常数上升的，而后以 T 时间常数衰减。

综上所述，可得铁心磁密的变化规律。

（1）磁密中的非周期分量远远大于周期分量，说明 CT 在传变非周期分量时，铁心易发生饱和。

（2）暂态过程中，铁心磁密并不是立即增大的，而是逐渐增大的，即铁心出现饱和是需要时间的。

（3）暂态过程中的磁密可以看成以 T_1 时间常数上升，而后以 T 时间常数衰减的。

当短路电流全偏移，即 $\alpha=0$，对应的磁通密度 B 为

$$\begin{aligned}
B &= \frac{\sqrt{2}I_1 R_2}{\omega K_n N_2 A}\left[\frac{\omega T T_1}{T-T_1}\left(\mathrm{e}^{-\frac{t}{T}}-\mathrm{e}^{-\frac{t}{T_1}}\right) - \sin(\omega t)\right] \\
&= B_\mathrm{m}\left[\frac{\omega T T_1}{T-T_1}\left(\mathrm{e}^{-\frac{t}{T}}-\mathrm{e}^{-\frac{t}{T_1}}\right) - \sin(\omega t)\right] \quad (5\text{-}15)
\end{aligned}$$

式中，B_m 为交流磁密幅值。

磁通密度的交流分量 B_ac 和直流分量 B_dc 分别为

$$B_\mathrm{ac} = -B_\mathrm{m}\sin(\omega t)$$

$$B_\mathrm{dc} = B_\mathrm{m}\frac{\omega T T_1}{T-T_1}\left(\mathrm{e}^{-\frac{t}{T}}-\mathrm{e}^{-\frac{t}{T_1}}\right)$$

由式（5-15）可知，全偏移短路电流经 t 秒后铁心中的磁密 B 与交流磁密幅值 B_m 之比，即暂态系数为

$$K_{tf} = \frac{\omega T T_1}{T - T_1}\left(e^{-\frac{t}{T}} - e^{-\frac{t}{T_1}}\right) - \sin(\omega t) \tag{5-16}$$

CT 的尺寸与暂态系数相关，为确定 CT 尺寸，设 $\sin(\omega t) = -1$ 代入式（5-16），求得 CT 在单工作循环（C-t-O）的额定暂态面积系数为

$$K_{td} = \frac{\omega T T_1}{T - T_1}\left(e^{-\frac{t}{T}} - e^{-\frac{t}{T_1}}\right) + 1 \tag{5-17}$$

因此，可作出铁心暂态磁密的变化曲线，如图 5-7 所示。

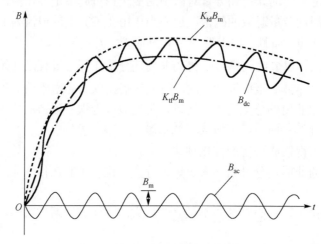

图 5-7　暂态过程中铁心磁密变化情况

由 $\dfrac{dK_{td}}{dt} = 0$ 可求得 K_{td} 达到最大值的时间 t_{max}：

$$t_{max} = \frac{T T_1}{T_1 - T}\ln\frac{T_1}{T} \tag{5-18}$$

相应地

$$K_{tdmax} = \omega T_1\left(\frac{T_1}{T}\right)^{T_1/(T - T_1)} + 1 \tag{5-19}$$

对于双工作循环（C-t'-O-t_{fr}-C-t''-O，其中 t' 为第一次通电时间，t'' 为第二次通电时间，t_{fr} 为自动重合闸时无电流时间），第一个 C-O 循环的暂态系数 K'_{tf} 可参照式（5-16），随后该系数 K'_{tf} 按指数衰减（时间常数为 T）；第二个 C-O 循环中，K'_{tf} 继续衰减，重合于故障线路产生的暂态面积系数 K''_{td} 可参照式（5-19），所需的总暂态面积系数 K_{td} 为

$$K_{td} = K'_{tf}e^{-\frac{t_{fr}+t''}{T}} + K''_{td} \tag{5-20}$$

第一个 C-O 循环时间为 t'，第二个 C-O 循环时间为 t''，求出的总额定暂态面积系数为

$$K_{td} = \left[\frac{\omega T T_1}{T_1 - T}\left(e^{-\frac{t'}{T_1}} - e^{-\frac{t'}{T}}\right) - \sin\omega t'\right] \times e^{-\frac{t_{fr}+t'}{T}} + \frac{\omega T T_1}{T_1 - T}\left(e^{-\frac{t''}{T_1}} - e^{-\frac{t''}{T}}\right) + 1 \tag{5-21}$$

C-O-C-O 工作循环的磁密变化如图 5-8 所示。

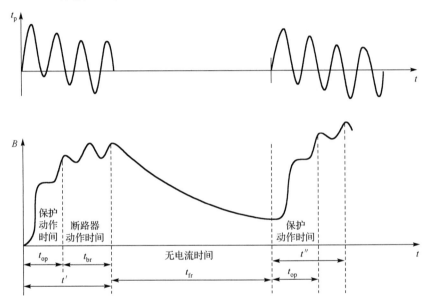

图 5-8　C-O-C-O 工作循环的磁密变化图

2. 暂态特性影响因素的分析

由上述理论推导可知，暂态过程中的饱和程度主要与下述几个因素有关。

（1）一次侧电流的波形，包括稳态周期分量幅值、一次系统时间常数、初相角。

（2）二次负载的功率因数（或二次回路的阻抗角）。

（3）剩磁。

（4）CT 特性参数，包括变比、绕组的匝数、铁心的截面积。

对于给定的 CT，影响暂态特性的因素为（1）、（2）、（3），接下来重点分析这三个因素对 CT 暂态特性的影响情况。

1）一次电流

在铁心饱和前，$i_\mu \approx 0$，$i_2 \approx \dfrac{i_1}{K_n}$，由式（5-2）可知

$$B = \frac{R_2}{K_n N_2 A} \int_0^t i_1 \mathrm{d}t + \frac{L_2}{K_n N_2 A}[i_1(t) - i_1(0)] + B(0) \qquad (5\text{-}22)$$

由式（5-9）可知，稳态周期分量幅值、一次时间常数、初相角对一次电流波形起决定性作用。由式（5-22）可知，当一次电流零偏移时，一次电流不含非周期分量，铁心中磁密将以正弦分量叠加常数的形式变化，且正弦分量幅值与一次电流周期分量幅值成正比，若一次电流周期分量幅值足够大，将使铁心饱和。一次电流周期分量幅值越大，铁心越容易饱和，饱和起始时间就越短，饱和时段二次电流的畸变越严重。

若 $\cos\alpha \neq 0$ 时，一次电流将含有衰减的非周期分量，由式（5-22）可知，i_1 的积分的绝对值将随非周期分量的存在而不断上升，可见，一次电流中的非周期分量将使铁心被单方向励磁，使铁心磁密不断累积增大，易使铁心达到饱和，而且偏移系数的正负，决定了铁心的饱和方向。

具体到与一次时间常数、偏移系数的关系时，考虑 $\delta \approx 0$，$\sin\delta \approx 0$，且 $T_\mu \sin\delta = \omega T_\mu / \sqrt{1 + (\omega T)^2} \approx 1$，则暂态面积系数为

$$K_{\mathrm{td}} = \frac{\omega T_1 T_\mu \cos\alpha}{T - T_1}\left(\mathrm{e}^{-\frac{t}{T}} - \mathrm{e}^{-\frac{t}{T_1}}\right) + 1 \qquad (5\text{-}23)$$

由式（5-23）可知，铁心磁密的非周期分量与偏移系数 $\cos\alpha$、一次时间常数 T_1、一次电流稳态周期分量幅值 I_1 成比例，其他条件不变时，当 $\cos\alpha$、T_1、I_1 增大时，铁心磁密中的非周期分量增大，使铁心更易达到饱和磁密值，饱和起始时间缩短，二次电流波形的缺损程度更严重。

2）二次回路阻抗

考虑 $\delta \approx 0$，$\sin\delta \approx 0$，$\tan\delta = 1/(\omega T)$，$T_1 \gg T_2$，$\omega T_1 \cos\alpha \gg \sin\alpha$，$\omega T \sin\delta = \cos\delta$，并注意到 $\tan\psi = \omega T_2$，$\omega T_2 \cos\psi = \sin\psi$，$T_\mu \sin\delta = \omega T_\mu / \sqrt{1 + (\omega T)^2} \approx 1$，则由式（5-14）表示的铁心磁密的非周期分量可简化为

$$B_{\mu\mathrm{fz}} = B'_{\mathrm{m}} \cdot \left[\frac{\omega T_1 T_\mu \cos\alpha}{T - T_1}\cos\psi \mathrm{e}^{-\frac{t}{T}} + \frac{T(T_2 - T_1)\cos\alpha}{T_2(T - T_1)} \cdot \sin\psi \mathrm{e}^{-\frac{t}{T_1}} \right] \qquad (5\text{-}24)$$

式中，$B'_{\mathrm{m}} = \dfrac{\sqrt{2}I_1 L_\mu}{K_n N_2 A} \cdot \dfrac{\sin\delta}{\cos\psi}$

对于闭路铁心而言，$T \gg T_1$，式（5-24）可进一步简化为

$$B_\mu = B'_{\mathrm{m}} \cdot \left(\omega T_1 \cos\alpha \cos\psi \mathrm{e}^{-\frac{t}{T}} + \cos\alpha \sin\psi \mathrm{e}^{-\frac{t}{T_1}} \right) \qquad (5\text{-}25)$$

由于 $\cos\psi$、$\sin\delta$ 的变化幅度不大，所以在分析二次回路阻抗影响时，忽略 I_m 的变化对 i_μ 的影响，认为 I_m 不变化，主要分析式（5-25）括号内数值的变化情况。因 $\omega T_1 \gg 1$，所以括号内第一项的权值远大于第二项，对 i_μ 起主要影响，设二次回路阻抗值一定，当二次回路阻抗功率因数 $\cos\psi$ 越大时，i_μ 越大，进而铁心磁密越易达到饱和磁密，饱和起始时间缩短。而且，更高的功率因数反映阻抗中电感所占比例变小，而电感是能够阻碍电流发生突变的元件，因此，二次回路的功率因数越高，在铁心饱和刚发生与退出时段，二次电流变化越剧烈，降低得非常快，升高得也非常快。

3）剩磁

铁磁材料存在特有的磁滞效应，使磁化轨迹呈现为磁滞回线形状，如图 5-2 所示。当励磁电流等于 0 时，铁心中的磁密并不等于 0，而是 B_r，B_r 即称为剩磁。CT 正常稳态下运行时，因为励磁电流为周期性工频电流，且幅值很小，铁心磁密的工作轨迹为图 5-2 的小磁滞回线，一般在原点附近变化。此时，当励磁电流等于 0 时，剩磁很小。而当 CT 工作在暂态情况下时，励磁电流中非周期分量的存在，使铁心工作在较高的磁滞回环中，此时，当励磁电流等于 0 时，剩磁值很大，接近饱和磁密值。系统断路器断开一次电流的时刻不同时，磁密将通过各自所在的局部磁滞回线达到剩磁点。所以，剩磁的影响因素如下。

（1）一次系统断开断路器的时刻。

（2）一次电流波形。

（3）二次回路阻抗。

不同的系统断路器断开一次电流的时刻，决定磁密所处的磁滞回线不同，磁密将通过各自所在的局部磁滞回线达到剩磁点，剩磁也不同。后两个因素决定了励磁电流的波形，一次电流中非周期分量越大，一次时间常数越大，铁心磁密的累积时间越长，越易达到饱和，使 CT 铁心工作的磁滞回环越靠近饱和点，从而剩磁值较大。

当一次电流不含非周期分量时，考虑断路器一般在短路电流过零点开断，所以跳闸时，$i_2 \approx i_1' = 0$。当 CT 二次负载为纯电感时，二次电流落后感应电动势 e_2 90°，所以在跳闸时，感应电动势 e_2 值处于峰值处，而铁心磁密超前感应电动势 e_2 90°，所以跳闸时的铁心磁密为 0，即剩磁为 0；当 CT 二次负载为纯电阻时，感应电动势 e_2 与二次电流同相，跳闸时感应电动势 e_2 为 0，铁心磁密位于最大值处，所以剩磁较大。因此二次负载功率因数高时的铁心剩磁远大于二次负载功率因数更低时残余的剩磁。此结论同样适用于一次电流含有非周期分量的情形。当一次电流含有非周期分量时，励磁电流明显增大，对应的铁心磁密也会明显增大，剩磁也更大。

由图 5-2 可知，系统在不同时间开断一次电流，磁密会沿不同磁滞曲线达到剩磁点[15]，剩磁极性可正可负，当剩磁方向与传变一次电流时所需的铁心磁密方向相同时，极易导致铁心饱和，缩短饱和起始时间。当剩磁方向与传变一次电流时所需的铁心磁密方向相反时，不易导致铁心饱和。

剩磁的大小可以用剩磁系数 K_r 表示，K_r 为剩磁磁密 B_r 与饱和磁密 B_s 之比，即 $K_r=B_r/B_s$，考虑剩磁的 CT 暂态面积系数 K'_{td} 为

$$K'_{td} = \frac{K_{td}}{1-K_r}$$

式中，K_{td} 为不考虑剩磁的暂态面积系数。

图 5-9(a)～图 5-9(c)为剩磁对 CT 暂态特性的影响示意图，剩磁分别为 0、+35%、−35%；图 5-9(d)对应图 5-9(a)～图 5-9(c)铁心磁密变化过程。

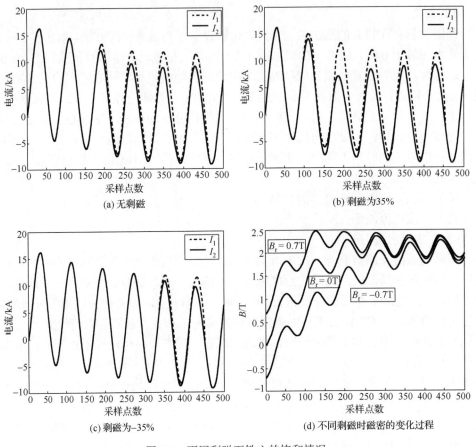

图 5-9　不同剩磁下铁心的饱和情况

对比图 5-9(a)～图 5-9(d)可知，当剩磁极性与传变一次电流非周期衰减分量对应的铁心磁密极性相同时，剩磁的存在将使铁心的饱和程度更严重，减小饱和起始时间，二次电流畸变更严重。当两者极性相反时，剩磁叠加在已有的磁密上将减轻饱和程度。

根据 IEEE Std C37.110 导则列举 230kV 系统 141 组 CT 的调查结果如表 5-2 所示，剩磁百分数分布较分散，不易确定一个典型值。

表 5-2　剩磁系数表

剩磁系数 K_r/%	CT 百分数/%	剩磁系数 K_r/%	CT 百分数/%
0～20	39	41～60	16
21～40	18	61～80	27

剩磁一旦产生，在正常工况下不易消除。因正常运行电流的小磁滞回线不易消除剩磁，所以，剩磁在铁心中一直保留到有机会去磁时才能消除。

控制 CT 剩磁的方法通常有：①改变铁心材料；②铁心加气隙。

保护用 CT 铁心一般用冷轧硅钢片，这种材料的剩磁系数可达 80%。热轧硅钢片的剩磁低于冷轧硅钢片，仅为一半左右，但热轧硅钢片饱和磁密较低，对于故障时需要承受很高倍数的保护用 CT 是不合适的。

现在实际广泛采用的降低剩磁的方法是在 CT 铁心开气隙。有气隙铁心可以显著降低剩磁，但也增加了励磁电流。气隙的长度如达到磁路长度的万分之一左右，即可将剩磁系数降低到 10% 以下。但为保证小气隙互感器的线性范围和暂态误差不超过规定值，设计气隙可能达到磁路长度的千分之一左右。大气隙约为该数值的 5 倍，通常大气隙铁心的剩磁可忽略，其特性基本为线性。

3. 暂态饱和过程中 CT 二次电流的谐波估算

对暂态饱和过程中 CT 二次电流的谐波进行估算，表 5-3 所示为暂态过程中短路故障后第 2、3 个工频周期内二次电流中谐波分量的含量 $I_{m(2)}/I_{m(1)}$。因此，可将二次电流中谐波分量的特点总结如下。

（1）与稳态饱和情况不同，稳态饱和时二次电流中的谐波主要是三次谐波，二次谐波几乎没有；暂态饱和时，二次电流中的谐波主要是二次谐波，三次谐波含量较少。

（2）暂态饱和时，二次电流中二次谐波的含量虽随饱和程度发生变化，随二次电流中的非周期分量电流衰减而发生变化，但二次谐波与基波的比值一般不低于 30%（饱和程度大，比值也大，饱和程度小，比值也小）。

表 5-3　暂态过程中 CT 二次电流的基波分量及二次、三次谐波比（T_1=50ms，$3T_\mu$=3ms）

	t_{sat}/ms	0	1	2	3	4
短路故障后第 2 个工频周期	$I_{m(1)}$	$0.2215\,I_m$	$0.2968\,I_m$	$0.3836\,I_m$	$0.5455\,I_m$	$0.6794\,I_m$
	$(I_{m(2)}/I_{m(1)})$/%	95.1	91.2	83.2	62.7	49
	$(I_{m(3)}/I_{m(1)})$/%	37	29.2	19.6	18.6	7
短路故障后第 3 个工频周期	$I_{m(1)}$	$0.3034\,I_m$	$0.3534\,I_m$	$0.4463\,I_m$	$0.5658\,I_m$	$0.6912\,I_m$
	$(I_{m(2)}/I_{m(1)})$/%	72.3	75.8	68.5	56.2	43.4
	$(I_{m(3)}/I_{m(1)})$/%	21	14.6	14.8	18.5	20

5.1.4　暂态过程中特殊的饱和情况

传统的 CT 饱和可分为两大类：一类是大容量短路稳态对称电流引起的饱和，称为稳态饱和；另一类是短路电流中含有非周期分量或存在剩磁而引起的饱和，称为暂态饱和[6]。暂态饱和中有两种特殊的饱和情况：①局部暂态饱和；②超饱和。当铁心磁通工作在饱和值Φ_{sat}附近，且在小范围内变化时，如图 5-10 中的小回环 ab，称为局部暂态饱和；当铁心磁通完全在饱和点之上时，如图 5-10 中的 cd，称为超饱和。前述章节已对常规的暂态饱和情况进行了详细阐述，本节重点分析 CT 局部暂态饱和与超饱和的特性，如未特别说明，后续章节中提到的 CT 暂态饱和均指 CT 常规暂态饱和，即 CT 铁心工作磁通在线性区与非线性区之间交替变化的饱和情况，不包括 CT 局部暂态饱和与 CT 超饱和情况。

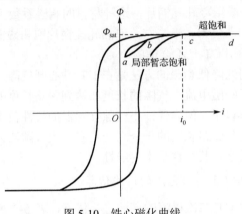

图 5-10　铁心磁化曲线

1. CT 局部暂态饱和

当给定 $i_1 = 2 + 50 \times \sqrt{2} \times \sin(2\pi f t)\,\mathrm{A}$ 时，CT 发生局部暂态饱和，其磁通工作在饱和点附近的小回环，如图 5-11(a)所示，此时的 i_1、i_2、B 以及 H 的波形如图 5-11(b)所示（将 i_2 折合到一次侧）。

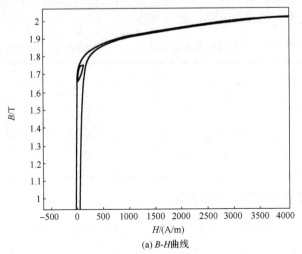

(a) B-H曲线

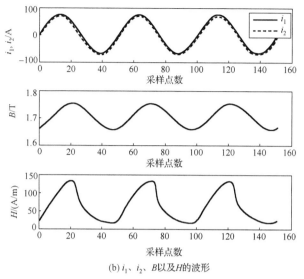

(b) i_1、i_2、B以及H的波形

图 5-11　CT 局部暂态饱和

从图 5-11(b)可以看出，此时 i_1 与 i_2 相差不多，即 CT 中励磁电流的幅值较小。此时励磁电流的波形较接近正弦波，但有一定的畸变，对其进行二次谐波含量的检测，如图 5-12(d)所示，此时励磁电流的二次谐波含量为 16.77%，虽然较低但仍高于 15%。如图 5-12(c)所示二次侧电流的谐波含量为 0.4936%，与普通的 CT 暂态饱和相比较低。CT 发生局部暂态饱和时，其一次电流中含有直流分量与交流分量，交流分量的幅值越小，局部磁滞回环越小，CT 中励磁电流的二次谐波含量越低，可能低于 15%；交流分量的幅值越大，局部磁滞回环越大，CT 中励磁电流的二次谐波含量越大。

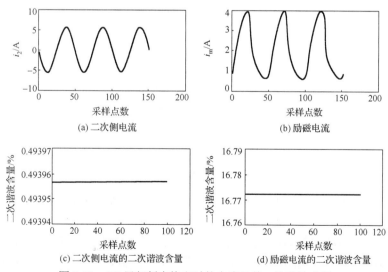

图 5-12　CT 局部暂态饱和时的电流及其二次谐波含量

2. CT 超饱和

当给定 $i_1 = 500 + 60 \times \sqrt{2} \times \sin(2\pi f t)$ A 时，CT 发生超饱和，其磁通完全工作在饱和点之上，如图 5-13(a)所示，此时的 i_1、i_2、B 以及 H 的波形如图 5-13(b)所示（将 i_2 折合到一次侧）。

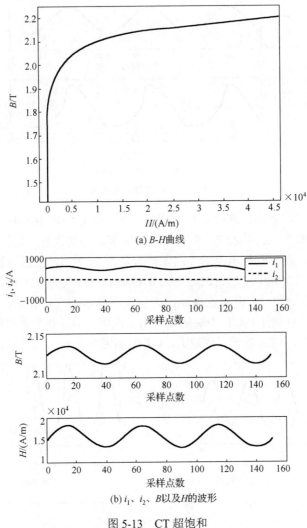

(a) B-H曲线

(b) i_1、i_2、B以及H的波形

图 5-13　CT 超饱和

从图 5-13(b)可以看出，此时 i_1 与 i_2 相差较大，即 CT 中励磁电流的幅值较大。此时的励磁电流的波形基本为正弦波，对其进行二次谐波含量的检测，如图 5-14(d)所示，励磁电流的二次谐波含量的最大值为 1.25%，与 CT 发生局部暂态饱和时相比较低。如图 5-14(a)、图 5-14(c)所示二次侧电流数值很小，其谐波含量的最大值为 6.59%，与普通的 CT 暂态饱和相比较低。

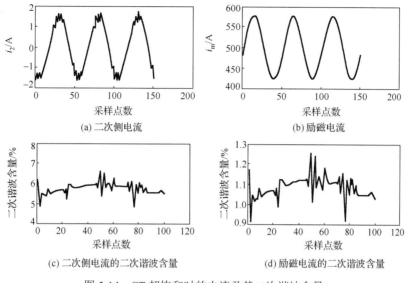

(a) 二次侧电流

(b) 励磁电流

(c) 二次侧电流的二次谐波含量

(d) 励磁电流的二次谐波含量

图 5-14　CT 超饱和时的电流及其二次谐波含量

5.2　CT 传变特性对差动保护的影响

5.2.1　变压器区外故障切除后 CT 传变特性及对差动保护的影响

1. CT 局部暂态饱和的影响

变压器在发生区外故障的过程中，短路电流中的非周期分量可能造成一侧 CT 积累较大的剩磁[15,16]，使 CT 工作在接近饱和点的位置。故障切除后变压器中的电流恢复成负荷电流，由于负荷电流的幅值较小，虽然其中的反向分量对 CT 有一定的去磁作用，但不足以使 CT 完全回到线性区，CT 将会工作在饱和点附近的局部磁滞回环，此时 CT 发生局部暂态饱和[17]。

为了深入分析 CT 在外部故障存续和切除过程中的暂态传变特性，需要采用考虑磁滞效应的 CT 模型，且 CT 铁心动态磁化过程的描述尤为关键。CT 等效电路如图 5-15 所示[18]。

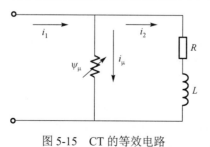

图 5-15　CT 的等效电路

i_1、i_2 和 i_μ 分别是 CT 归算到同一侧的一次电流、二次电流和励磁支路电流，$\varPsi_\mu$ 是对应于 i_μ 的感应磁链。根据基尔霍夫定律，很容易得到

$$\left(\frac{\mathrm{d}\psi_\mu}{\mathrm{d}t}+L\right)\frac{\mathrm{d}i_\mu}{\mathrm{d}t}+Ri_\mu=Ri_1+L\frac{\mathrm{d}i_1}{\mathrm{d}t} \qquad (5\text{-}26)$$

不妨用 $\varPsi_\mu=f(i_\mu)$ 来表征 CT 铁心的动态磁化过程，难点在于磁滞回线的模拟，这里采用 $\varPsi_\mu$-i_μ 多值曲线的模拟方法[19]，主区间利用修正过的反正切函数来拟合左右极限磁滞回线，其表达式为

$$\begin{cases}\psi_\mu=\alpha\arctan h(i_\mu+C)+\beta i_\mu \\ \psi_\mu=\alpha\arctan h(i_\mu-C)+\beta i_\mu\end{cases} \qquad (5\text{-}27)$$

式中，α、h、β 和 C 为常数，可根据 CT 具体参数确定。对极限磁滞回线进行压缩可近似模拟动态磁滞回线上升和下降的轨迹，如图 5-16 所示。

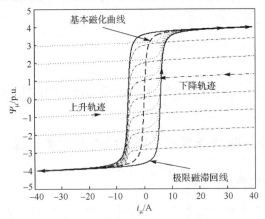

图 5-16　CT 铁心动态磁化曲线

结合式（5-26）和上述方法 $\varPsi_\mu=f(i_\mu)$ 的表征，给定一次电流 i_1，通过求解微分方程，可得到励磁电流 i_μ、二次电流 i_2 和磁链 $\varPsi_\mu$。

利用 MATLAB/Simulink 对变压器外部故障发生和切除进行仿真，得到的变压器一二次侧电流作为两侧 CT 模型的输入，对外部故障切除后 CT 传变情况进行仿真，便可得到差动保护两侧 CT 二次电流及励磁电流（图 5-17）、饱和 CT 铁心动态磁化过程（图 5-18），并形成差流（图 5-19）。

在故障发生前，一次电流在正常范围内变化，两侧 CT 铁心均工作在线性区域，对应各自的励磁电感较大。因此，两侧 CT 的励磁电流都接近 0。

在外部故障存续期间，一次电流幅值远大于其稳态值并且包含有较高的非周期分量，基于较大剩磁等因素，外部故障发生后一段时间，变压器一侧 CT 磁密将达到饱和状态。但是，由于周期分量的存在，磁密将会被拉回到非饱和区域。基于非周期分量的累积效应，磁密饱和的程度会逐渐加深。然而，磁密会被幅值较高的周期分量周

期性地拉回非饱和区。这样，励磁电流呈现不规整的波形，见图 5-17 中 $i_{1\mu}$。CT 进入饱和态后，Ψ_μ 和 i_μ 按照前述磁滞回线路径变化，如图 5-18 所示。故障被清除后，CT 一次电流幅值突然恢复到稳态。然而此时铁心的磁链已经被之前的大故障电流抬高到饱和点附近，而小幅值的负荷电流建立起来的磁链周期分量幅值变化较小，磁链可能始终位于极限磁滞回环之内。这样，对应励磁支路，磁链-电流所走的路径在整个电流稳态分量变化周期内，其对应的励磁支路电感值均不大，容许较多成分的一次电流通过励磁支路。CT 的这种状态可能持续一段时间，从而产生较大的测量误差。

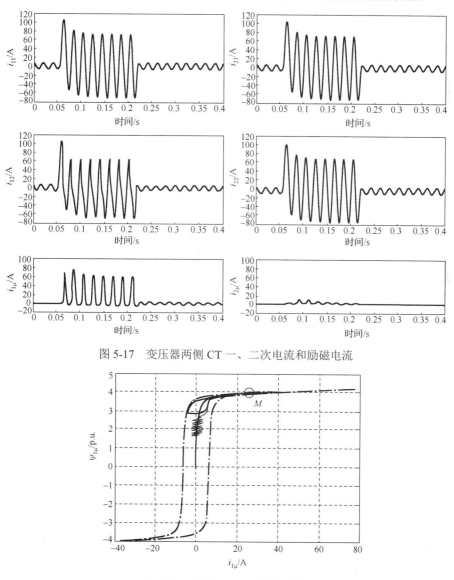

图 5-17　变压器两侧 CT 一、二次电流和励磁电流

图 5-18　饱和 CT 动态磁化过程

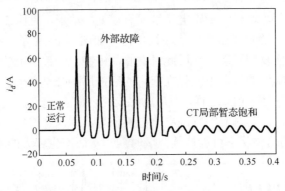

图 5-19　两侧 CT 差流

　　而变压器另一侧 CT，在外部故障存续期间可能始终不饱和，对应的励磁支路电感相对较大。因此，该侧 CT 能线性传变，其二次电流与一次电流相等，见图 5-17 中 i_{22}。

　　根据两侧 CT 二次电流形成差流，如图 5-19 所示，并对其基波幅值和二次谐波对基波百分比进行分析，如图 5-20 所示。在外部故障期间，一侧 CT 铁心饱和造成其非线性传变，从而造成差流存在明显的畸变，并使得其对应的二次谐波含量很高；故障被切除后，该 CT 的局部暂态饱和现象导致其传变呈现明显的相位误差和一定的幅值误差，使得虚假差流的波形仍然比较规整，二次谐波含量不足。幅值和二次谐波成分含量都满足差动保护的动作条件，使得差动保护误动作，且其动作点位于差流幅值低的水平线段。

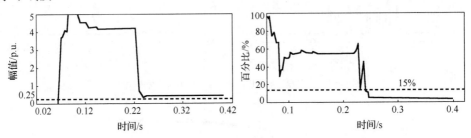

图 5-20　差流基波幅值和二次谐波百分比

　　图 5-21 所示即为一次因外部故障切除而导致的变压器差动保护误动实例的保护动作平面图[17]，前述理论分析及仿真结果正是对该类 CT 局部暂态饱和引起差动保护误动案例的验证。

　　2. CT 超饱和的影响

　　上述章节表明 CT 局部暂态饱和是外部故障切除后变压器差动保护误动的可能原因之一，也有研究人员对外部故障切除后变压器差动保护误动的原因做出另一种解释，即 CT 超饱和。

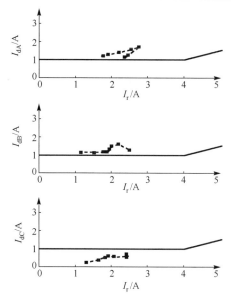

图 5-21　外部故障切除变压器差动保护动作平面分析

变压器区外故障切除后，由于区外故障电流中非周期分量的积累可能造成 CT 中非周期分量磁通不断积累以至越过饱和点，此时 CT 的工作磁通完全在饱和点之上。直到非周期分量完全衰减完毕后 CT 才回到线性区，此过程一般需要几个周期的时间，即 CT 发生超饱和[20]。CT 发生超饱和时，其励磁电流数值很大，且二次谐波含量较低。此时如果变压器另一侧 CT 能正确传变一次电流，将产生数值较大的差流，差流可认为就是超饱和 CT 中的励磁电流。图 5-22 所示为 CT 发生超饱和时，其励磁电流波形图，对应的励磁电流波形偏于时间轴一侧，为正弦波，没有间断角，其二次谐波含量低，容易引起差动保护误动。

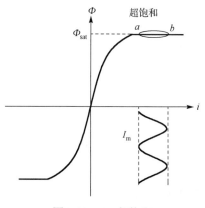

图 5-22　CT 超饱和

利用 MATLAB/simulink 对变压器区外故障切除后 CT 发生超饱和的情况进行仿真，得到如图 5-23 所示的波形。可以看出，外部故障在 0.145s 切除，之后大约两个周期的时间内，CT 磁通完全在饱和点之上，发生超饱和。在这段时间内，CT 的励磁电流中谐波含量较低，且此时 CT 不存在线性传变区，由励磁电流引起的差流中没有间断角，因此二次谐波制动判据、间断角原理等闭锁判据均不能正确闭锁差动保护，长达两个周期且幅值较大的差流可能造成变压器差动保护误动。图 5-23(b)所示为 CT 发生超饱和时的差流波形，可以看出此时差流值较大，容易引起差动保护误动。但是随着 CT 饱和程度的减轻，CT 逐渐退出饱和区，几个周期后完全进入线性区，保护重新回到制动区。

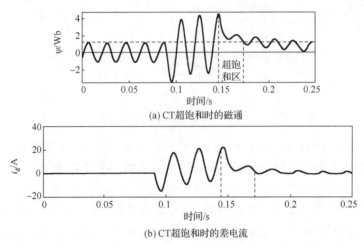

(a) CT超饱和时的磁通

(b) CT超饱和时的差电流

图 5-23　CT 超饱和时的磁通及差流波形

3. Y/Δ 接线变压器相位补偿的影响

研究表明 Y/Δ 接线变压器还有一种情况也容易引起差动保护误动。Y/Δ 接线变压器差动保护中，Y 侧电流要进行相位校正以消除相角差的影响。例如，对于 Y_0/Δ-11 接线的变压器，校正方法如下[18,21]：

$$\begin{cases} I'_A = (I_A - I_B)/\sqrt{3} \\ I'_B = (I_B - I_C)/\sqrt{3} \\ I'_C = (I_C - I_A)/\sqrt{3} \end{cases} \tag{5-28}$$

式中，I_A、I_B、I_C 为变压器 Y 侧 CT 的二次电流；I'_A、I'_B、I'_C 为校正后的各相电流。

假设变压器 Δ 侧 CT 能正确传变一次电流，重点分析 Y 侧 CT 饱和的情况。以 A 相为例进行说明，校正后的电流 I'_A 为 A、B 相电流之差，如果其中一相 CT 发生暂态饱和，另一相 CT 能正确传变，则饱和 CT 中的励磁电流将引起差流，但由于 CT 发生暂态饱和时存在线性传变区，差电流中将存在间断角，可以用间断角原理闭锁变压器差动保护，保护不会误动作。如果两相 CT 同时发生饱和，如图 5-24(a)、图 5-24(b) 所示，A、B 两相的 CT 都发生了正向饱和，产生正向励磁电流。变压器 Y 侧经过相位补偿后，再与 Δ 侧 A 相电流取差后得到 A 相差流如图 5-24(c)所示，可以看出经过相位补偿后的差流中，在故障切除后一段时间内，差电流数值较大，且由于 Y 侧 A、B 相 CT 均发生正向饱和，两相相减后，差流中间断角将会消失，二次谐波含量也减小，类似于变压器空载合闸时的对称性涌流。因此，在故障切除后的一段时间里，容易引起差动保护误动，但是随着 CT 饱和程度的减轻，差流逐渐减小，间断角逐渐增大，经过几个周期后回到制动区。

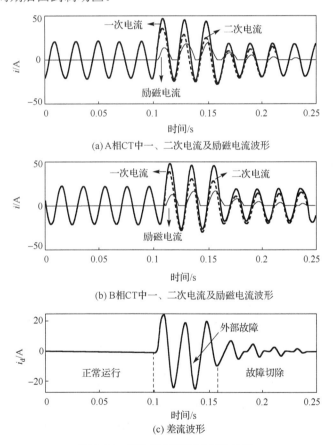

(a) A相CT中一、二次电流及励磁电流波形

(b) B相CT中一、二次电流及励磁电流波形

(c) 差流波形

图 5-24　Y/Δ 接线变压器相位补偿

　　根据上述分析可知，变压器区外故障切除后，CT 的暂态饱和引起差动保护误动可能存在三个方面原因：①一侧 CT 局部暂态饱和可能导致其传变呈现明显的相位误差和一定的幅值误差，另一侧 CT 始终工作在线性区，合成差流的幅值可观而波形较规整，二次谐波含量不足，引起差动保护误动；②一侧 CT 完全工作在饱和区（超饱

和），另一侧 CT 工作在线性区的情况下，会出现较大的差流，可持续几个周期，且该差流中谐波含量小，没有间断角，容易引起差动保护误动；③Y/Δ接线变压器由于 Y 侧电流需要进行相位补偿，如果 Y 侧两相 CT 发生同向饱和，在对 Y 侧 CT 二次电流做差的过程中，可能产生类似于对称性涌流的差流，其数值较大，二次谐波含量低，容易引起差动保护误动。

5.2.2　变压器转换性故障时 CT 饱和特性及对差动保护的影响

在发生变压器区外故障时，差动保护应能够可靠被闭锁，而此时若故障发生转换，即区外故障转换为区内故障（转换性故障），应该迅速解除闭锁开放差动保护。但在现场实际运行中，差动保护存在无法及时解除闭锁的现象。

与发电机、线路差动保护不同，变压器各侧电压等级不一致，使得变压器各侧 CT 在容量、变比、铁心结构和传变特性等方面均存在较大差异。变压器在发生区外故障时，如果 CT 发生饱和，将在差动回路中引起数值较大的不平衡电流，可能导致差动保护误动，工程上一般采用具有比率制动特性的差动保护加以克服。然而在 CT 发生严重饱和时，差动保护仍可能误动，需要辅以其他鉴别 CT 饱和的措施。经过大量细致的分析，学者提出了一些识别区外故障时 CT 饱和的方法，主要有时差法、谐波制动法、小波奇异性检测法、二阶或三阶导数法等。

其中时差法通过检测故障发生时刻和差流出现时刻是否同步来判别区内外故障，在数字保护中得到了广泛应用。但当区外发生严重故障且 CT 在 1/4 周波内饱和时故障发生与差流出现的时差将很小，此时若定位出现微小偏差，就不能保证时差法做出准确识别。针对时差法存在的上述不足，在 5.3.3 节中，将会介绍一种利用数学形态学方法提取电流波形特征、防止区外故障时 CT 饱和造成差动保护误动的新方案，此处不再赘述。

另外，差动保护通常对于转换性故障的情况，无法及时开放保护，在何时解除闭锁保护的问题上，一般有两种处理方法：①持续闭锁到差动元件复归后解除，此时如果区外故障转换为区内故障，保护将长时间拒动；②闭锁后持续检测差流波形是否仍为饱和状态，如果饱和，则认为没有发生转换性故障，否则认为故障转换为区内，解除闭锁。显然，这两种处理方法都不能满足变压器差动保护速动性及可靠性的要求，因此寻找解除变压器差动保护闭锁的新判据有重要意义。

变压器在经历转换性故障时，如何做到在区外故障期间闭锁差动保护，而在故障转换到区内后准确、快速地开放保护是准确识别变压器转换性故障的重点。在 5.3 节中，将会对准确识别变压器转换性故障的新方案进行详细介绍，此处不再赘述。

5.2.3　内桥接线方式下 CT 饱和特性及对变压器差动保护的影响

1. 电气主接线及变压器差动保护配置

变压器内桥接线是一种常见的接线方式，其桥开关安装在两台变压器开关的内侧，即靠近变压器侧，如图 5-25 所示。当进线 2 失电时，通过合桥开关 QF3 给失电的变压器 T2 供电。图中 CT1、CT2、CT3 为电流互感器。变压器 T1、T2 均为 Y_n/Δ-11 接线方式，型号相同，额定容量为 40MVA，额定电压为 110kV/10.5kV。

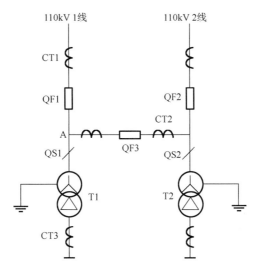

图 5-25　电气主接线

在该变电站中，变压器 T1 和 T2 均配置西门子 7UT512 型变压器差动保护。在内桥接线方式下，对于主变 T1，由于其 Y 侧没有安装 CT，因此差动保护装置中高压侧电流由进线 CT1 与桥开关 CT2 的二次侧电流的差值求得，低压侧电流可以直接由 CT3 的二次电流得到。变压器 T1 差动保护中 A 相的高、低压侧电流可以由式（5-29）得到，同理可以得到 B、C 两相高、低压侧的电流。其中 $\dot{I}_{A1}$、$\dot{I}_{A2}$、$\dot{I}_{A3}$ 分别为 CT1、CT2 以及 CT3 中 A 相的二次电流。对于 Y_n/Δ-11 接线方式的变压器，取差流时的相位校正公式如式（5-30）所示，式中，$\dot{I}_A$、$\dot{I}_B$、$\dot{I}_C$ 为差动保护中等效的高压侧电流，$\dot{I}_a$、$\dot{I}_b$、$\dot{I}_c$ 为低压侧电流，$\dot{I}_{dA}$、$\dot{I}_{dB}$、$\dot{I}_{dC}$ 为各相差动电流。

$$\begin{cases} \dot{I}_A = \dot{I}_{A1} - \dot{I}_{A2} \\ \dot{I}_a = \dot{I}_{A3} \end{cases} \quad (5\text{-}29)$$

$$\begin{cases} \dot{I}_{dA} = (\dot{I}_A - \dot{I}_B) - \sqrt{3}\dot{I}_a \\ \dot{I}_{dB} = (\dot{I}_B - \dot{I}_C) - \sqrt{3}\dot{I}_b \\ \dot{I}_{dC} = (\dot{I}_C - \dot{I}_A) - \sqrt{3}\dot{I}_c \end{cases} \quad (5\text{-}30)$$

2. 内桥接线变压器差动保护误动实例

在本次误动实例中，当通过合桥开关 QF3 给失电的变压器 T2 供电时，如图 5-25 中，将可能引起正常运行变压器 T1 的差动保护动作。变压器 T1 差动保护的故障录波如图 5-26 所示。从图中可以看出：T1 高压侧的电流发生变化，出现了直流偏移，二次谐波含量较低，而低压侧电流基本与正常运行时相同。此时的差动电流波形如图 5-26(c)所示，差流波形产生直流偏移，且二次谐波含量低，从而导致差动保护误动，但此时主变 T1 并没有发生故障。为了研究引起内桥接线方式下变压器差动保护误动的原因，本节分别从励磁涌流、和应涌流以及 CT 饱和等几方面进行分析。

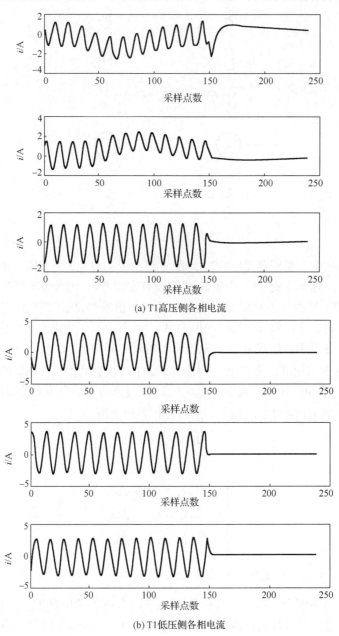

(a) T1高压侧各相电流

(b) T1低压侧各相电流

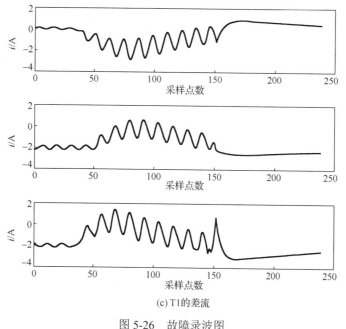

(c) T1 的差流

图 5-26　故障录波图

3. 内桥接线变压器差动保护误动的影响因素分析

1）励磁涌流的影响

由于上述误动是由变压器 T2 空载合闸引起的，所以需要分析 T2 中励磁涌流的影响。通过桥开关 QF3 对 T2 空载合闸后，其电源侧产生的励磁涌流将流过 CT1 与 CT2。此时，CT1 的一次侧电流为变压器 T1 中工频负荷电流与变压器 T2 中励磁涌流的叠加，CT2 的一次侧电流只为 T2 中的励磁涌流。根据式（5-29）求 T1 的高压侧等效电流时，在不考虑 CT 饱和，即 CT1、CT2 均能正确传变一次侧电流的情况下，T2 中的励磁涌流可被完全抵消。此时 T1 的高压侧等效电流与 T1 中实际流过的负荷电流相同，与图 5-26(a)所示的波形不符。由于变压器 T1 的低压侧电流不受 T2 空载合闸的影响，此时得到的差流波形与故障录波图 5-26(c)不符，只是幅值很小的不平衡电流，与正常运行情况相同，通常情况下不会引起差动保护误动。

2）和应涌流的影响

当变压器产生和应涌流[22,23]时，其现象与本节分析的内桥接线误动实例比较相似。此时，由于变压器 T2 空载合闸，将在变压器 T1 的电源侧产生和应涌流。和应涌流的波形如图 5-27 所示，可以看出和应涌流的波形与励磁涌流相似，具有直流分量较大、间断角、二次谐波含量较大等特征。

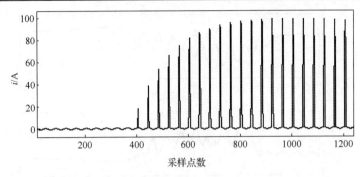

图 5-27 和应涌流

变压器 T1 的电源侧电流受到和应涌流的影响而发生变化，而其低压侧电流基本不变，仍为正常负荷电流。此时，流过 CT1 一次侧的电流为变压器 T1 中的工频负荷电流、和应涌流与变压器 T2 中励磁涌流的叠加，而 CT2 中的一次侧电流只是 T2 空载合闸产生的励磁涌流。当 CT1 与 CT2 均不发生饱和时，计算所得的 T1 高压侧等效电流 I_A 可以用式（5-31）表示，其中 $I_{Load.A}$ 为 T1 高压侧 A 相负荷电流，$I_{Syn.A}$ 为 T1 高压侧 A 相和应涌流，同理可得到 I_B 的表达式，其中 $I_{Load.B}$ 为 T1 高压侧 B 相负荷电流，$I_{Syn.B}$ 为 T1 高压侧 B 相和应涌流（此处电流均指瞬时值，下同）。经过相位校正公式后求得的差流值可将负荷电流抵消，A 相差动电流 I_{dA} 即为变压器 A、B 相和应涌流之差，如式（5-32）所示。

$$\begin{cases} I_A = I_{Load.A} + I_{Syn.A} \\ I_B = I_{Load.B} + I_{Syn.B} \end{cases} \tag{5-31}$$

$$I_{dA} = I_{Syn.A} - I_{Syn.B} \tag{5-32}$$

如果变压器 T1 的 A、B 相中只有一相产生和应涌流，此时得到的差流波形为图 5-27 所示的波形，根据和应涌流的性质，该差流中二次谐波含量较大，可以被二次谐波制动判据闭锁，不会引起差动保护误动。如果变压器 T1 的 A、B 两相均产生和应涌流，此处分两种情况讨论：①两相涌流方向不同；②两相涌流方向相同。假设 A、B 相和应涌流为不同方向，两相作差后得到的差流波形及其二次谐波含量如图 5-28(a)所示，可以看出差流波形偏于时间轴一侧，且二次谐波含量较大，不会引起差动保护误动。A、B 相和应涌流为相同方向的情况如图 5-28(b)所示，其二次谐波含量同样较大，不会引起差动保护误动。因此可以得出结论：在不考虑 CT 饱和的情况下，即使变压器 T1 中产生和应涌流也不足以引起差动保护误动；并且此时得到的差流波形与误动实例中的波形相差较大，说明此次误动不是由和应涌流引起的。

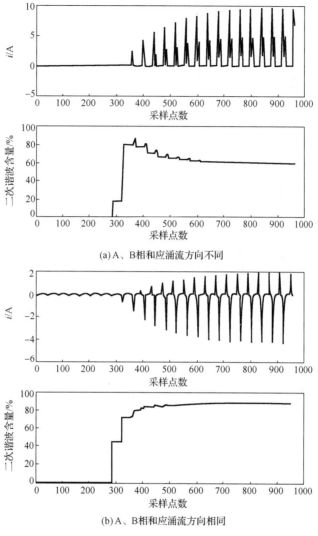

(a) A、B相和应涌流方向不同

(b) A、B相和应涌流方向相同

图 5-28　和应涌流情况下的差流及其二次谐波含量

3）CT 饱和的影响

根据前述分析结果：励磁涌流与和应涌流不会引起内桥接线方式下变压器差动保护的误动。并且从本次误动的故障录波图中看出，此次误动变压器 T1 中没有产生和应涌流，为了简化分析，在后面的阐述中均不计 T1 中的和应涌流。但变压器 T2 中不可避免将产生励磁涌流，此时流过 CT1 的一次侧电流为工频负荷电流与励磁涌流的叠加，流过 CT2 的一次侧电流为励磁涌流，励磁涌流中含有很大的非周期分量，容易引起 CT1 与 CT2 的饱和。本节重点分析 CT 饱和对内桥接线方式下变压器差动保护的影响。

（1）CT暂态饱和。假设CT1发生暂态饱和，而CT2没有饱和（CT1不发生饱和，而CT2饱和的情况与之相似，不再赘述），此时CT1与CT2的二次电流可以用式（5-33）表示，其中$I_{\text{Load.A}}$为A相负荷电流，$I_{\text{Inr.A}}$为A相励磁涌流，$I_{\text{Mag.CT1}}$为CT1铁心饱和引起的励磁电流。由于CT2不发生饱和，其中的励磁电流基本为0。变压器T1的高压侧等效电流可用式（5-34）表示，可见$I_{\text{Mag.CT1}}$不能抵消。发生暂态饱和时的CT，其励磁电流波形如图5-29所示，其特点为二次谐波含量高且含有间断角，由此引起的差流中同样含有较高的二次谐波，不会引起差动保护误动。

$$\begin{cases} I_{\text{A1}} = I_{\text{Load.A}} + I_{\text{Inr.A}} - I_{\text{Mag.CT1}} \\ I_{\text{A2}} = I_{\text{Inr.A}} \end{cases} \tag{5-33}$$

$$I_{\text{A}} = I_{\text{Load.A}} - I_{\text{Mag.CT1}} \tag{5-34}$$

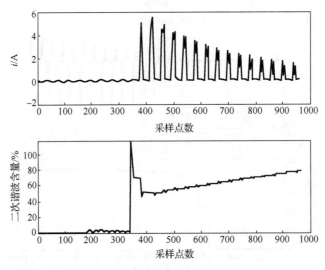

图5-29　CT暂态饱和情况下的差动电流及其二次谐波含量

CT1与CT2均发生饱和的现象也有可能存在，由于铁心中剩磁不同等原因，其传变特性不一致，其二次侧电流可以用式（5-35）表示，其中$I_{\text{Mag.CT1}}$、$I_{\text{Mag.CT2}}$分别为CT1与CT2铁心中的励磁电流。由于饱和铁心中的励磁电流不能完全抵消，此时得到的高压侧等效电流如式（5-36）所示。

$$\begin{cases} I_{\text{A1}} = I_{\text{Load.A}} + I_{\text{Inr.A}} - I_{\text{Mag.CT1}} \\ I_{\text{A2}} = I_{\text{Inr.A}} - I_{\text{Mag.CT2}} \end{cases} \tag{5-35}$$

$$I_{\text{A}} = I_{\text{Load.A}} - I_{\text{Mag.CT1}} + I_{\text{Mag.CT2}} \tag{5-36}$$

由于CT1与CT2的饱和是由同一个励磁涌流引起的，磁通中的非周期分量相同，所以$I_{\text{Mag.CT1}}$与$I_{\text{Mag.CT2}}$中间断角将在时间轴上发生重合，将其作差后得到$I_{\text{Mag.CT2}} - I_{\text{Mag.CT1}}$

的波形中仍然含有间断，由此得到的 I_A 二次谐波含量较高，与图 5-26(a)所示故障录波图的波形不同。由此引起的差流中二次谐波含量同样较高。因此，在 CT 发生暂态饱和时，不会引起差动保护误动，即本次误动不是由 CT 暂态饱和引起的。

（2）CT 局部暂态饱和。当 CT 的一次电流为非周期分量与工频负荷分量的叠加时，使得 CT 的磁通维持在一个较高的水平，且变化范围较小，导致局部暂态饱和的发生。在本节的误动实例中，CT1 容易发生局部暂态饱和，而 CT2 不容易发生局部暂态饱和。

与变压器区外故障切除后 CT 发生局部暂态饱和不同，此处 CT1 发生局部暂态饱和时，其传变的一次侧电流不是单纯的工频负荷电流，而是负荷电流与励磁涌流的叠加，因此其铁心中将流过数值较大的励磁电流，如图 5-30 所示，该波形近似为正弦波，其二次谐波含量较低。如果 CT1 发生局部暂态饱和，而 CT2 没有饱和时，得到的高压侧电流仍然可用式（5-34）表示，式中 $I_{\text{Mag.CT1}}$ 为 CT1 局部暂态饱和而引起的励磁电流。此时得到的 I_A 与图 5-26(a)所示故障录波图一致。由此得到的差流，其二次谐波含量同样较低，二次谐波制动判据有可能失效，导致误动事故的发生。通过与故障录波图的对比，可知本节中的误动实例就是由 CT1 的局部暂态饱和引起的。

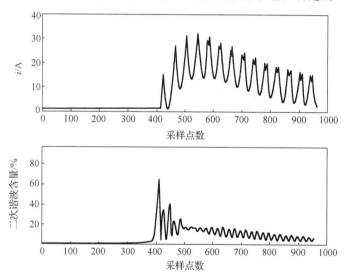

图 5-30　CT 局部暂态饱和时的励磁电流及其二次谐波含量

5.3　防止 CT 饱和引起变压器差动保护误动的方案

5.3.1　差动保护中 P 级 CT 的"同型"匹配方案

差动保护作为电气设备的主保护而被广泛应用，其动作性能受到差动回路不平衡电流的影响。对变压器差动保护而言，因涉及不同电压等级下的两个甚至多个 CT，其差动回路的不平衡电流取决于各侧 CT 的相对误差而不是单个 CT 的误差[24]。同时，单个 CT 选型时的校验方法只能减轻 CT 的饱和程度及延长入饱和时间，但不能保证在故障过程中不发生暂态饱和[25-27]。因此，即使单个 CT 的误差满足继电保护要求，若变压器各侧 CT 特性不匹配，区外故障时也可能出现变压器一侧 CT 不饱和，另一侧 CT 深度饱和的情形，差动保护不平衡电流将急剧增大，进而导致差动保护误动。文献[28]在分析变压器保护用 CT "同型"问题时，指出 CT "同型"的含义是：各 CT 的安匝数、几何尺寸相同，铁心、二次绕组的材料完全一样，但各自的变比可不同。若变压器两侧 CT 配置"同型"，将可保证变压器区外故障时两侧 CT 的静态工作点相对一致，入饱和时间相同，进而极大程度地减小不平衡电流，防止差动保护误动。因此，CT 的"同型"问题是影响不平衡电流的重要因素之一，且 CT 的"同型"匹配应包括安匝数匹配、几何尺寸匹配、二次绕组材料匹配、二次负载匹配、变比匹配等多方面的内容，以达到变压器各侧 CT 在暂态过程中同时进入饱和的目的。

1. CT "同型"匹配原理

当 CT 的误差满足继电保护要求时，必须对变压器两侧 CT 进行特性匹配，使区外故障时在最大短路电流作用下两侧 CT 同时进入饱和，避免出现区外故障时变压器一侧 CT 不饱和，另一侧 CT 深度饱和的情形，这也是 CT "同型"匹配的目标。为简化计算，理论分析时做如下假设：①CT 二次负载一般电阻占优，故设 CT 二次负载为纯阻性；②不计 CT 铁损，即不考虑磁滞特性，并以常用的两折线式磁化特性代替磁滞回线。

设变压器两侧 CT 的两段式磁化特性（$\psi - i$）如图 5-31 所示，变压器正常运行时，高压侧 CT1、低压侧 CT2 的工作点分别为 C_1、C_2，两侧 CT 的饱和点分别为 D_1、D_2，为避免出现变压器 CT 一侧未饱和、另一侧 CT 严重饱和的情形，必须保证在区外故障最大短路电流作用下两侧 CT 同时进入饱和，即图 5-31 中两侧 CT 的工作点连线斜率必须与线段 D_1D_2 斜率相等，即 $C_1C_2 // D_1D_2$。因此，两侧 CT 的磁路关系应满足：

$$\frac{\psi_1}{\psi_{s1}} = \frac{\psi_2}{\psi_{s2}} \tag{5-37}$$

式中，ψ_1、ψ_2 为 CT1、CT2 的工作点磁链；ψ_{s1}、ψ_{s2} 为 CT1、CT2 的饱和点磁链。CT1、CT2 若出现饱和，设饱和后工作点分别为 M_1、M_2，则饱和后 CT 的磁路关系仍满足式（5-37）。考虑 $\psi = N_2 SB$，式（5-37）化成：

$$\frac{B_1}{B_{s1}} = \frac{B_2}{B_{s2}} \tag{5-38}$$

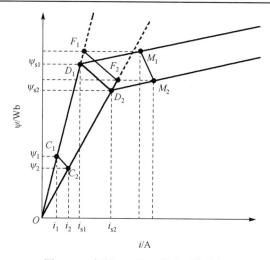

图 5-31　各侧 CT 的两段式磁化特性

结合图 5-1 所示的 CT 等值电路，有

$$
\begin{cases}
E_1 = \dfrac{I_{T1}}{n_{CT1}}(R_{ct1} + R_{b1}) \\[2mm]
E_2 = \dfrac{I_{T2}}{n_{CT2}}(R_{ct2} + R_{b2}) \\[2mm]
I_{T2} = n_T I_{T1}
\end{cases}
\tag{5-39}
$$

式中，E_1、E_2 分别为 CT1、CT2 的二次感应电动势；I_{T1}、I_{T2} 分别为变压器高压侧、低压侧实际电流；n_{CT1}、n_{CT2}、n_T 分别为两侧 CT 的变比及变压器变比；R_{ct1}、R_{ct2} 为 CT1、CT2 的二次绕组电阻；R_{b1}、R_{b2} 分别为 CT1、CT2 的二次实际负载。

由法拉第电磁感应定律可知：

$$
\begin{aligned}
E_1 &= -\frac{\mathrm{d}\psi_1}{\mathrm{d}t} = -N_{21}S_1\frac{\mathrm{d}B_1}{\mathrm{d}t} \\[2mm]
E_2 &= -\frac{\mathrm{d}\psi_2}{\mathrm{d}t} = -N_{22}S_2\frac{\mathrm{d}B_2}{\mathrm{d}t}
\end{aligned}
\tag{5-40}
$$

式中，N_{21}、N_{22} 为 CT1、CT2 的二次绕组匝数；S_1、S_2 为 CT1、CT2 的铁心横截面积。

联立式（5-38）～式（5-40）得

$$
\frac{B_{s2}}{B_{s1}} \cdot \frac{S_2}{S_1} \cdot \frac{N_{22}}{N_{21}} \cdot \frac{n_{CT2}}{n_T n_{CT1}} \cdot \frac{R_{ct1} + R_{b1}}{R_{ct2} + R_{b2}} = 1
\tag{5-41}
$$

因此，影响主变两侧 CT "同型" 的因素有以下几种。

（1）CT 的铁心横截面积。

（2）CT 的二次侧绕组匝数。

（3）CT 的变比。

（4）变压器的变比。

（5）CT 的二次负载。

（6）铁心的饱和磁密。

当变压器两侧 CT 特性参数满足匹配等式（5-41）时，两侧 CT 在线性段的差动不平衡电流完全由两侧 CT 的稳态或暂态相对传变误差决定，且能同时进入饱和，饱和后的差动不平衡电流相对于未匹配时可能出现的一侧 CT 不饱和、另一侧 CT 严重饱和情形下的差动不平衡电流小得多。

2．方案验证

利用 PSCAD/EMTDC 建立 220kV 单相系统，接线图如图 5-32 所示。变压器变比为 220/35kV，高、低压侧分别配置 800/5A 的 CT1 和 4000/5A 的 CT2，其相关参数见表 5-4，CT 采用基于 J-A 理论的仿真模型，采样频率为 4kHz。

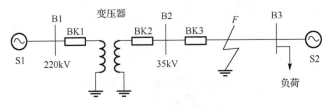

图 5-32　系统接线图

1）误动案例

根据某实际误动案例，变压器 35kV 侧在 0.2s 发生金属性接地故障，100ms 后线路过电流保护动作跳低压侧断路器 BK3，切除故障，400ms 后进行重合闸，重合后 29ms 变压器差动保护发出跳闸信号，跳开变压器高、低压侧断路器。

表 5-4　变压器两侧 CT 的参数

参数	CT1（220kV）	CT2（35kV）
准确级及准确限值系数	5P20	5P20
变比	800/5	4000/5
一次绕组匝数	2	1
二次绕组匝数	320	800
铁心有效截面积/cm²	24.57	13.47
铁心平均磁路长度/cm	78.54	76.18
二次极限感应电势/V	268.8	378.5
在额定准确限值一次电流下铁心的磁通密度 B_s/T	1.54	1.58
二次绕组直流电阻 $R_{ct(75℃)}$/Ω	0.68	1.50
二次负载/Ω	0.22	0.5

变压器差动保护采用两折线的比率制动特性，辅助判据为二次谐波制动判据，取二次谐波制动比为 20%，最小动作电流为 $I_{op}=0.2I_e$，I_e 为变压器基准侧的 CT 二次额定电流，动作方程为

$$I_{op} = \begin{cases} 0.2I_e, & I_{res} < I_e \\ 0.2I_e + 0.5(I_{res} - I_e), & I_{res} > I_e \end{cases} \qquad （5\text{-}42）$$

式中，差动电流 $I_{op} = \left| \sum \dot{i}_i \right|$，制动电流 $I_{res} = \sum \left| \dot{i}_i \right| / 2$，$\dot{i}_i$ 为变压器第 i 侧 CT 的二次侧电流。

图 5-33 给出了变压器两侧 CT 的电流波形和差动电流波形（已折算为标幺值，下同）及差动电流-制动电流的动作轨迹及动作情况，由图 5-33(a)和图 5-33(b)可知，故障切除前，两侧 CT 出现不同程度的饱和，差动电流增大，最大差动电流的基波电流为 6.5428，此时对应的制动电流为 9.4306，进入比率制动特性的动作区，但由图 5-33(b)和图 5-33(d)可知，此时差动电流的二次谐波比大于 20%，闭锁了差动保护，差动保护未出现误动，断路器重合后，两侧 CT 仍出现了不同程度的饱和，差动电流增大，最大基波电流为 5.1021，对应的制动电流为 8.0743，差动保护工作点进入动作区，但此时由于差动电流的二次谐波比小于 20%，差动保护开放，差动保护动作跳出口断路器，保护误动。

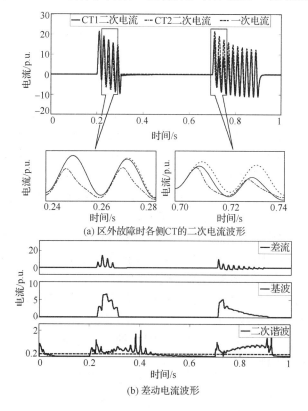

(a) 区外故障时各侧CT的二次电流波形

(b) 差动电流波形

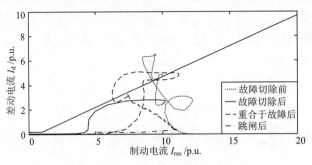

(c) 差动电流-制动电流动作轨迹

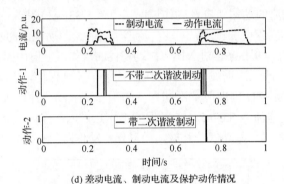

(d) 差动电流、制动电流及保护动作情况

图 5-33　误动案例的电流波形及动作情况

2）CT 匹配"同型"及仿真验证

　　为验证上述"同型"匹配方案的有效性，对上述误动案例中的 CT 特性进行"同型"匹配，分析不同调整方式如改变 CT 二次负载、绕组匝数、横截面积等因素对应的匹配效果，并综合考虑一次系统时间常数、故障初相角、故障电流周期分量幅值等因素，对变压器各侧 CT 在不同故障电流下的特性一致性进行了仿真分析。

　　上述误动案例中，变压器两侧 CT 的实测励磁曲线及初始工作点位置如图 5-34 所示，对比图 5-31、图 5-34 可知，两侧 CT 的初始工作点连线与各自饱和点连线不平行。将表 5-4 中变压器两侧 CT 的设计参数代入等式（5-41），等式左边等于0.4906，明显小于 1，因此，两侧 CT 特性不匹配。以调整二次负载为例，当 CT1 的二次负载调整为 5Ω，其他参数不变时，由匹配等式（5-41）可得，CT2 匹配后的二次负载应变为 4.69Ω，此时两侧 CT 的正常工作点位置如图 5-34 所示，初始工作点连线与各自饱和点连线平行，工作点相对一致。图 5-35、图 5-36 为变压器两侧 CT 通过调整二次负载实现"同型"匹配后的二次电流波形、差流波形及差动电流-制动电流的运行轨迹。

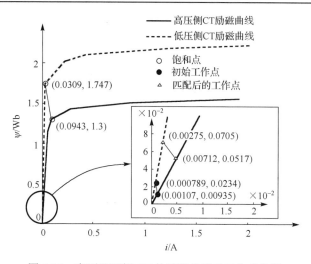

图 5-34　变压器两侧 CT 的励磁曲线及工作点位置

由图 5-35(a)可知，当调整二次负载实现"同型"匹配后，两侧 CT 的二次电流波形几乎一致，对应的差流也较小，差流最大基波电流仅为 0.4102、0.4213，相对误动案例中不匹配情况下的差流明显减小，对应的制动电流分别为 9.2163、8.3830，差动保护工作点严格处于制动区域，差动保护不误动，进而说明，该"同型"匹配方案可明显改善变压器两侧 CT 饱和程度完全不一致的情况，差动电流会明显减小，差动保护不误动。

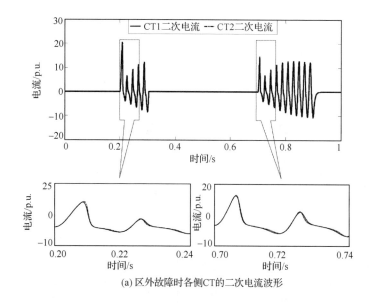

(a)区外故障时各侧CT的二次电流波形

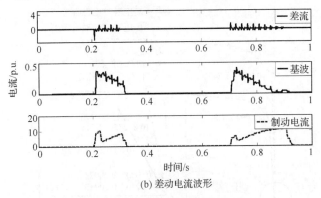

(b) 差动电流波形

图 5-35　"同型"匹配后的电流波形

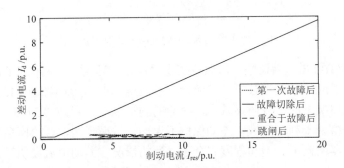

图 5-36　差动电流-制动电流动作轨迹

同理，分析不同调整方式如改变 CT 二次绕组匝数、横截面积、变比等单一因素或同时改变两个因素实现特性"同型"后对应的匹配效果，典型参数下的最大不平衡电流基波电流 $I_{d1.m}$、对应的制动电流 I_{res} 及动作情况列表如表 5-5 所示。由表 5-5 可知，根据匹配公式实现 CT"同型"匹配后的差动电流，相对误动案例中的差动电流明显减小，差动保护工作点严格位于制动区域，未出现误动情况，说明上述"同型"匹配方案是有效的，且减小差动电流的效果明显，可作为变压器两侧 CT"同型"匹配的依据。

表 5-5　不同调整方式实现"同型"后的差流

调整方式		编号	$I_{d1.m}$/p.u.	I_{res}/p.u.	动作情况
仅调整一个因素	横截面积	F1	0.5053	8.4145	否
		F2	0.3418	4.4907	否
	二次绕组匝数	F1	0.3215	5.8594	否
		F2	0.3497	3.7776	否
	CT 变比	F1	0.3256	5.2538	否
		F2	0.3087	4.8734	否
	CT 饱和磁密	F1	0.3598	4.2307	否
		F2	0.4201	5.3629	否

续表

调整方式		编号	$I_{d1.m}$/p.u.	I_{res}/p.u.	动作情况
同时调整两个因素	二次负载、横截面积	F1	0.2667	4.0658	否
		F2	0.2818	3.3051	否
	横截面积、二次绕组匝数	F1	0.3312	3.8474	否
		F2	0.3579	4.3467	否
	变比、二次绕组匝数	F1	0.2976	4.8891	否
		F2	0.3037	4.4369	否

注：编号 F1、F2 分别表示故障切除前、重合于故障后的过程。

　　此外，还综合考虑故障电流周期分量、一次系统时间常数、故障初相角等因素，分析不同故障电流下该"同型"匹配方案对减小不平衡电流的效果。以增大故障电流周期分量幅值为例，匹配前最大差动电流分别为 14.7221、7.5634，对应的制动电流分别为 13.9048、12.8813，故障切除前、重合闸后均出现误动，匹配后两侧 CT 的电流波形、对应的差流波形、差动电流-制动电流运动轨迹如图 5-37 所示。由图 5-37 可知，经"同型"匹配后的差流基波电流分别在 0.26s、0.76s 达到最大，分别为 0.3268、0.3342，对应的制动电流分别为 10.25、10.26，差动保护运行点严格处于制动区域，保护不出现误动，说明上述"同型"匹配方案能显著地减小变压器区外故障时的不平衡电流。

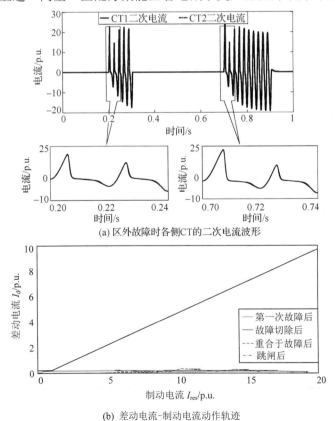

(a) 区外故障时各侧CT的二次电流波形

(b) 差动电流-制动电流动作轨迹

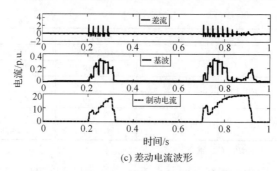

(c) 差动电流波形

图 5-37　故障电流增大的仿真波形

　　同理，改变一次系统时间常数、故障初相角，利用表 5-6 所列参数进行仿真验证，四种故障电流作用下，"同型"匹配前后的差动电流、制动电流及动作情况如表 5-7 所示。由表 5-7 可知，不同故障电流作用下，变压器两侧 CT 经"同型"匹配后，差流明显减小，差动保护工作点严格位于制动区域，差动保护未出现误动情况，说明上述"同型"匹配方案是有效的，可作为变压器两侧 CT "同型"匹配的依据。

　　综上所述，上述"同型"匹配方案是有效的，可明显改善变压器两侧 CT 饱和程度明显不一致的情况，且减小不平衡电流的效果显著。

表 5-6　仿真所用参数

仿真编号	一次系统时间常数/ms	初相角/(°)	稳态周期分量幅值/p.u.
A	60	0	20
B	60	45	20
C	60	45	15
D	120	45	20

表 5-7　不同故障电流下匹配前后的差流

仿真编号	故障编号	匹配前/p.u.			匹配后/p.u.		
		$I_{d1.m}$	I_{res}	动作情况	$I_{d1.m}$	I_{res}	动作情况
A	F1	20.49	21.32	是	0.46	11.09	否
	F2	6.73	11.59	是	0.43	15.28	否
B	F1	18.26	22.62	是	0.37	11.23	否
	F2	6.88	12.90	是	0.38	15.30	否
C	F1	13.98	15.28	是	0.45	9.95	否
	F2	4.13	9.48	否	0.20	11.43	否
D	F1	19.05	19.07	是	0.48	11.23	否
	F2	5.32	8.99	是	0.24	13.70	否

注：故障编号 F1、F2 分别表示故障切除前、重合于故障后的过程。

3. 变压器差动保护用 CT 的选型建议

对 P 类电磁型 CT 而言，选型时是按稳态短路条件进行选择的，并为减轻可能发生的暂态饱和影响留有适当裕度，要求 CT 的额定准确限值系数满足：

$$K_{alf} \geq \frac{K_s K_{pcf}(R_{ct} + R_b)}{R_{ct} + R_{bn}}$$

式中，K_s 为给定暂态系数，依据应用情况和运行经验确定（如 220kV 系统的给定暂态系数不宜低于 2）；K_{pcf} 为保护校验系数；R_{bn} 和 R_b 分别为 CT 二次额定负荷和实际负荷。

在应用时，主要校验稳态短路情况下的准确限值系数是否满足要求，一般按下列条件验算其性能和参数是否满足要求。

（1）一般验算：要求 CT 的额定准确限值一次电流 I_{pal} 应大于保护校验故障电流 I_{pcf}，必要时，还应考虑互感器暂态饱和的影响；要求 CT 的额定二次负荷 R_{bn} 大于实际二次负荷 R_b。

（2）较精确验算：按额定二次极限电动势验算时，额定二次极限电动势应大于保护动作性能要求的二次电动势。

（3）较精确验算：按实际准确限值系数与 R_b 的关系曲线验算时，按实际的负载 R_b 查出对应的 K'_{alf} 应大于保护校验系数 $K_s K_{pcf}$。

上述常规 P 类电磁型 CT 选型时的校验方法，虽减缓 CT 进入饱和的时间和减轻饱和程度，但不能保证在短路暂态过程中不进入饱和状态，仅利用当前广泛使用的比率制动特性仍无法避免一侧 CT 未饱和、另一侧 CT 严重饱和时引起差动保护的误动，因此建议对变压器各侧 CT 的"同型"匹配做进一步的特性一致性校验，使各侧 CT 满足前面所述的匹配等式（5-41）。若参数不满足匹配等式，则通过调整实际 CT 的可调参数使之成立。同时，在参数调整时，应尽量采取减轻饱和程度的措施，如减小两侧 CT 的二次负载，增大铁心截面积，增大二次绕组匝数等，应在保证 CT 抗饱和能力的前提下实现"同型"，另一方面也可提高两侧 CT 的准确度。

5.3.2　基于多分区延时法的防止变压器区外故障切除后差动保护误动的新措施

1. 差动保护误动轨迹分析

目前变压器差动保护中常用的是三段式比率制动曲线和变斜率比率制动曲线[29,30]。以四方公司的 CSC-300 数字式发电机变压器组保护装置中的三段式比率制动保护为例，说明 CT 饱和与变压器 Y/Δ 接线中的相位补偿对差动保护的影响。图 5-38 所示为三段式比率制动的差动保护特性，其中 I_{dz} 与 I_{zd} 的定义分别如下：

$$\begin{cases} I_{dz} = \sum_{i=1}^{N} \dot{i}_i \\ I_{zd} = \dfrac{1}{2} \left| \dot{i}_{max} - \sum \dot{i}_i \right| \end{cases} \tag{5-43}$$

式中，$\dot{i}_{max}$ 为差动保护各侧电流中的最大值；$\sum \dot{i}_i$ 为其他侧的电流之和，各侧电流的正方向都以流入变压器为正。

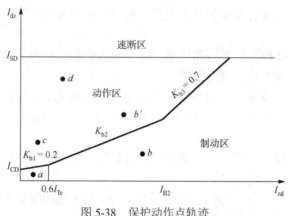

图 5-38　保护动作点轨迹

分析变压器正常运行、发生区外故障、区外故障切除后及发生区内故障时差动保护的动作情况有以下结论。

（1）正常运行时，变压器中流过负荷电流，为穿越性电流，$\dot{i}_1 = -\dot{i}_2$，根据式（5-43）可得

$$\begin{cases} I_{dz} = 0 \\ I_{zd} = |\dot{i}_1| = |\dot{i}_2| \end{cases} \tag{5-44}$$

实际上，变压器差动保护的动作电流为数值很小的不平衡电流，由于此时制动电流值也较小，保护动作点一般落在第一段制动曲线之下，如图 5-38 中的 a 点，保护不会动作。

（2）发生区外故障后，变压器中流过数值较大的短路电流，为穿越性电流，$\dot{i}_1 = -\dot{i}_2$，理想情况下，差动保护中的动作电流与制动电流应该与式（5-44）相同。实际上，由于 CT 饱和等因素将引起较大的差流，但此时制动电流比较大，动作点一般位于制动区，如图 5-38 中 b 点，保护不会动作。考虑 CT 严重饱和的情况，差流值很大，以至于越过制动曲线，到达动作区，如图 5-38 中的 b' 点，将引起差动保护误动。在现场实际运行中，这种情况需要考虑。

（3）区外故障切除后，变压器中的电流恢复成负荷电流，仍然为穿越性电流，$\dot{i}_1 = -\dot{i}_2$，同样可得到式（5-44）。但根据本章的分析，由于 CT 超饱和或 Y/Δ接线中的

相位补偿的影响将使得差流值比较大，而流过变压器的电流恢复成负荷电流，制动电流减小，动作点将移动到动作区，引起差动保护误动，如图 5-38 中 c 点。

（4）变压器发生区内故障时，差动保护两侧的电流方向均为流入变压器，且为数值较大的短路电流，即 $\dot{I}_1$ 与 $\dot{I}_2$ 方向相同，但大小不等，根据式（5-43）可得

$$\begin{cases} I_{dz} = \dot{I}_1 + \dot{I}_2 \\ I_{zd} = \dfrac{1}{2}\left|\dot{I}_1 - \dot{I}_2\right| \end{cases} \tag{5-45}$$

此时，变压器差动保护的动作电流数值较大，而制动电流数值较小，动作点位于动作区，如图 5-38 中的 d 点。

根据上述分析，变压器在经历区外故障及区外故障切除的过程中，保护动作点由 b 点移动到 c 点，即由制动区进入动作区，不能与区内故障相区分，将引起差动保护误动。区外故障切除后引起差动保护误动的两种情况归根到底都是由于 CT 饱和引起的，它们有一个共同特点，就是与变压器区内故障相比，此时误动点的动作电流值一般都比较小，略高于最小动作电流，位于动作区域中的下部，即靠近制动曲线的部分。而且随着非周期分量的衰减，CT 饱和程度减轻，差流值逐渐减小，保护动作点将重新回到制动区。而变压器发生区内故障时，差流值较大，远大于保护动作值，一般位于动作区上面的部分。而且随着故障的发展，差流逐渐增大，动作点仍留在动作区。

2. 基于多分区延时法的原理设计

变压器区外故障切除后由 CT 饱和、Y/Δ 接线变压器相位补偿引起差动保护的动作点进入比率制动曲线的动作区时，如果此时差流中二次谐波含量低于门槛值，保护将发生误动。如果能有一个合适的延时，使差动保护躲过差流比较大的容易误动的时间段，等待其重新回到制动区后再开放差动保护，将能够避免差动保护误动。而变压器发生区内故障时，差动保护应该立即动作，不增加延时。因此，可以利用分区延时防止差动保护误动，针对比率制动特性中的不同区域，分别采用不同的延时启动差动保护。

根据式（5-45）可知，变压器发生区内故障时，通常情况下，

$$I_{dz} \geq 2I_{zd} \tag{5-46}$$

在单端电源供电的情况下，变压器的负荷侧发生三相接地短路时，$\dot{I}_2 = 0$，式（5-46）中等号成立。如图 5-39 中直线 Ⅰ 为 $I_{dz} = 2I_{zd}$，该直线将动作区分为两个部分，左边为变压器容易发生区内故障的区域，考虑变压器发生区内故障时，差流值一般较大，通常情况下动作点位于该区域中的上部，设为区域 A，将其下限设为 $I_{dz} = 1.5I_{T_e}$，如图 5-39 中直线 Ⅱ 所示，直线 Ⅱ 下面的部分设为区域 B。在区域 A 内，保护应该立即动作，不增加延时。

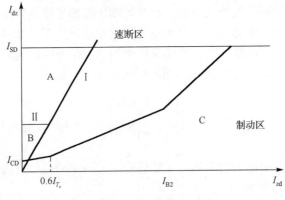

图 5-39　比率制动特性分区

　　根据前面的分析，变压器在区外故障切除后，流过变压器的电流恢复成负荷电流，此时由 CT 饱和引起的差流一般较小，通常情况下小于该负荷电流，由于制动电流值也较小，此时保护的动作点一般位于区域 B。如果保护的动作点由制动区进入到差流值较小的区域 B 时，可能是由区外故障切除引起的，此时应该采用较大的延时。首先定义两个系数：

$$\begin{cases} k_1 = I_{dz} / I_{T_e} \\ k_2 = I_{dz} / I_{zd} \end{cases} \tag{5-47}$$

　　系数 k_1 可以反映保护动作点动作电流的大小，k_2 可以反映动作点与原点所连直线的斜率。在区域 B 中，采用反时限的延时特性，差动保护的延时为

$$t = 48 / k_1 - 32 \tag{5-48}$$

　　利用该延时，动作电流值越小，延时越大，区域 B 中靠近制动曲线的部分延时可达 80ms；动作电流值越大，延时越小，区域 B 中越靠近直线 II 的部分延时越接近 0ms，保护能迅速动作。一般情况下区外故障切除后经过 3～4 个周期后 CT 会退出饱和，此时动作点回到制动区，或者可以被二次谐波等闭锁判据闭锁，保护不会动作。

　　当变压器发生区外故障且 CT 严重饱和时，差动保护的动作点可能到达动作区，如图 5-38 中的 b' 点，此时动作点靠近制动曲线，位于直线 I 右边的区域，将该区域定义为 C。在该区域中，动作点越接近直线 I，发生区内故障的可能性越大，延时应该越小；而动作点越接近制动曲线，发生区外故障且 CT 饱和的可能性越大，延时应该越大。利用该原则，在区域 C 中，采用反时限与反斜率的综合延时特性，差动保护的延时为

$$t = 20 / (k_1 k_2) \tag{5-49}$$

　　利用该延时，在可能发生区内故障的情况下，即动作点在靠近直线 I 且差流较大时保护能在几毫秒内动作；在可能发生区外故障的情况下，即动作点靠近制动曲线且

差流较小时，尤其是在制动曲线的拐点附近保护的延时能达到 80ms 以上，可以有效地防止变压器区外故障引起的差动保护误动。

当差动保护的动作点由制动区进入到动作区后，分别根据不同区域的延时特性启动差动保护。由于变压器区外故障及故障切除后，随着非周期分量的衰减，CT 将逐渐退出饱和，所以经过延时后，动作点将回到制动区，保护不会动作。当变压器发生区内故障时，随着故障的发展，动作点仍然在动作区。因此经过延时后，如果动作点仍然在动作区，则可能发生区内故障，保护立即动作。当保护的动作点位于区域 B 及 C 时，即使此时变压器发生区内故障，也能保证在一个周期内开放差动保护。而在变压器差动保护最容易误动的区域，可以通过延时躲过差动保护的误动。

综合上述分析，在差动保护中利用基于多分区延时法的比率制动特性，其中的不加延时区域 A 可以确保变压器在发生区内故障时的速动性，其中的变延时区域 B 利用反时限的特性，主要防止变压器区外故障切除后差动保护的误动，变延时区域 C 利用反时限与反斜率的综合特性，主要防止变压器在区外故障且 CT 严重饱和情况下差动保护的误动。

3．判据流程图

根据本节所述的内容，设计判据流程如图 5-40 所示，解释说明如下。

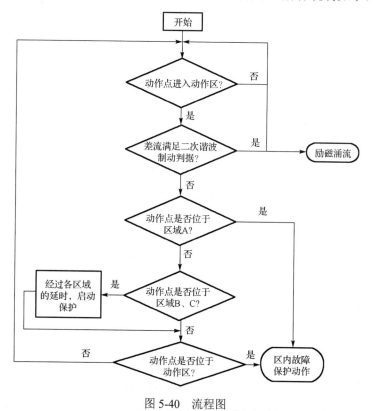

图 5-40　流程图

（1）变压器差动保护启动后，如果动作点进入动作区，此时差流值较大，则可能是变压器发生了励磁涌流、区外故障、区外故障切除，或者是区内故障。本节在识别励磁涌流方面仍然采用传统的二次谐波制动判据。如果差流中二次谐波含量较大，则判断为励磁涌流情况，差动保护不动作。

（2）如果差流中的二次谐波含量没有达到门槛值，则继续使用本节提出的多分区延时法进行识别。若动作点进入区域 A，判断为发生区内故障，此时保护应立即动作。若动作点进入区域 B 或 C，则分别采用该区域的延时。

（3）如果延时后，差动保护回到制动区，则保护不动作；如果动作点仍然在动作区，则说明发生区内故障，保护动作。

4. 方案验证

利用 MATLAB/Simulink 对图 5-41 所示变压器区内故障、区外故障及区外故障切除的情况进行大量仿真试验，变压器为 Y/Δ 接线。变压器差动保护采用多分区延时法，分别对变压器高压侧区内、外的三相短路、两相接地短路、单相接地短路故障，以及低压侧区内、外的三相短路、两相短路、单相接地短路故障，及故障切除后 CT 超饱和、相位补偿引起差动保护误动的情况进行仿真，结果如表 5-8 所示。

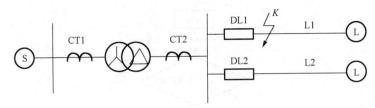

图 5-41　变压器外部故障接线图

表 5-8 中，"500:ABCN"表示变压器高压侧 ABC 三相短路；"500:ABN"表示变压器高压侧 AB 两相接地短路；"500:AN"表示变压器高压侧 A 相接地短路；"220:ABCN"表示变压器低压侧 ABC 三相短路；"220:AB"表示变压器低压侧 AB 两相短路；"220:AN"表示变压器低压侧 A 相接地短路。

表 5-8　仿真结果

项目	区外故障	区外故障切除后 CT 超饱和	区外故障切除后相位补偿	区内故障
500：ABCN	不动作	不动作	不动作	动作
500：ABN	不动作	不动作	不动作	动作
500：AN	不动作	不动作	不动作	动作
220：ABCN	不动作	不动作	不动作	动作
220：AB	不动作	不动作	不动作	动作
220：AN	不动作	不动作	不动作	动作

根据表 5-8 的结果，可以看出多分区延时法可以使差动保护正确动作。当变压器区外故障及故障切除后，保护不动作；当变压器发生区内故障时，保护能正确且迅速的切除故障。

5.3.3　基于数学形态梯度的时差法及变压器转换性故障识别判据

1. 基于数学形态学的时差法

变压器外部故障发生后，CT 不会立即饱和，而会存在一个线性传变区。对于外部故障，差动电流在线性传变区内的值很小，近似为零，CT 饱和后，差动电流开始明显增大；而对于内部故障，差动电流伴随故障的发生明显增大。传统时差法就是依据故障发生时刻与差流的出现时刻是否同步来识别 CT 饱和情况下的内外部故障。但对于故障后 1/4 周波内 CT 就发生饱和的情况，此时故障发生和差动电流出现的时差很微小，这给时差法的应用带来一定的困难。要想提高此类情况下时差法判别的准确度，常规思路就是要提高对故障发生和差流出现时刻定位的精度。借助现代信号处理技术（如小波变换技术）虽然可以使定位精度得到一定程度的提高，但也会带来一些负面影响，例如，计算量大幅度增加，实际噪声或干扰的影响可能会被放大等，况且应用此类方法并不能使时差法性能得到明显的改善，因而必须另辟蹊径，换一种思路，通过其他方法来提高时差法的性能。

图 5-42(a)给出了区外故障时，CT 在很短时间内即发生饱和情况下的差流波形，如纵轴右侧的实线所示。图中将故障发生时刻标定为时间轴的零点，可见在差流增大前有一小段的波形间断，其对应 CT 饱和前的线性传变区，此时若用常规的时差法进行检测，难度较大。取故障发生到差流达到第一个最大值的波形，记为"1"段波形，将其关于纵轴进行翻转得到标记"2"段的波形，将"2"段波形关于横轴进行翻转得到标记"3"段的波形。对由 1 段和 3 段组成的波形进行数学形态梯度处理（具体请见本书 3.1 节），得到的波形如图 5-42(b)所示。图 5-43(a)给出了区内故障时差流波形，同样将故障发生时刻标定为时间轴的零点，差流增大与故障发生时刻是同步的。取 1 段波形并按照类似的变换方法得到标记 3 段波形，对由 1 段和 3 段组成的波形进行数学形态梯度处理，得到的结果如图 5-43(b)所示。将其与图 5-42(b)相比较，可发现两者波形存在较大的差异。如果将图 5-42(b)和图 5-43(b)的波形按照横轴坐标进行三等分，然后求取每段波形下所包含的面积，可得，对于图 5-42(b)，三等分后三段波形面积的大小规律是"大-小-大"；而对于图 5-43(b)，三等分后三段波形面积的大小规律是"小-大-小"。两者变化规律相反，据此可以对变压器区内、外部故障做出明确的判别。

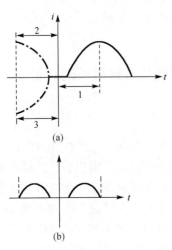

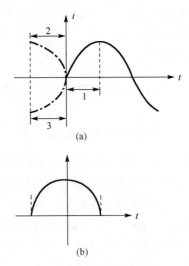

图 5-42　区外故障 CT 饱和时的差流波形　　　　图 5-43　　区内故障差流波形
及其形态梯度处理结果　　　　　　　　　及其形态梯度处理结果

2. 基于数学形态学的转换性故障识别方法

如果变压器区外故障后又发生转换性故障（区外故障转化为区内故障），究竟应该何时开放差动保护值得我们深入研究。依据 CT 饱和的特点，饱和 CT 在其一次电流的过零点附近总会存在一小段线性传变区，在此区间内，CT 能正确传变一次电流，此时差流为零，在波形上表现为间断，当 CT 再次进入饱和区，差流值增大，间断角消失。而当变压器发生区内故障时，不论 CT 是否饱和，差流均不会表现出明显的间断。

图 5-44(a)为变压器区外故障且 CT 饱和时的差流波形，差流波形中存在明显的间断，其对应于饱和 CT 的线性传变区。取差流波形中相邻两极值点间的一段波形如图 5-44(b)所示。对所取图形利用数学形态学梯度进行处理，将求得的形态梯度波形按照横坐标进行三等分，求取每段波形所包含的面积，当三段面积满足"小-大-小"的规律时认为没有间断，三段面积满足"大-小-大"的规律时认为有间断。对图 5-44(b)中波形进行数学形态梯度处理，得到波形如图 5-44(c)所示。将其按照横坐标进行三等分，然后求出每段波形的面积，显然，三段波形面积的大小规律是"大-小-大"，根据上述"三面积比较法"可判断存在间断，与差流波形相符。图 5-45(a)为变压器区内故障时的差流波形。由图可见，差流波形中没有间断，取差流中相邻两个极值点间的一段波形如图 5-45(b)所示，经形态梯度处理后得到图 5-45(c)波形，将其按照横坐标进行三等分，然后求出每段波形所包含的面积，显见三段波形面积的大小规律是"小-大-小"，根据"三面积比较法"判断不存在间断，与差流波形相符，与变压器区外故障且 CT 饱和时的变化规律相反。

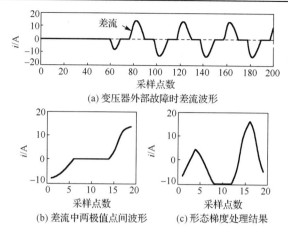

图 5-44　区外故障且 CT 饱和时的差流波形及其形态梯度处理结果

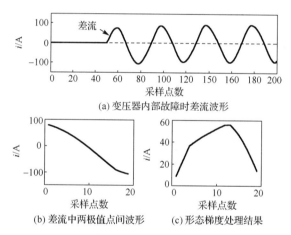

图 5-45　区内故障且 CT 饱和时的差流波形及其形态梯度处理结果

3. 新判据的构造

针对时差法存在的不足，本节提出利用数学形态学方法提取差流的波形特征，仅需要对故障发生时刻进行检测，不需要对差流出现时刻准确定位，通过对故障后一小段差流波形进行适当的变换，构造出新的电流波形，然后利用数学形态梯度进行处理，提取出电流波形特征，从而实现在 CT 饱和情况下对差动保护区内外故障的准确识别。对于变压器区外故障期间又转换成区内故障的情况，如何判断差流是由内部故障引起的，还是由外部故障时 CT 饱和引起的，本节根据差流波形中是否存在间断来识别转换性故障（区外转为区内）。该方法不需要对 CT 的入饱和、退饱和点进行准确定位，仅需要判别差流波形中是否存在间断。

综上所述，所提的新判据如下。

（1）利用基于数学形态学的时差法判别变压器区内外故障。检测到变压器发生故障后，提取故障后一小段差流波形，将其进行适当变换后，构造出新的电流波形，然后利用数学形态梯度进行处理，将求得的形态梯度波形按照横坐标进行三等分，求取每段波形所包含的面积，根据"三面积比较法"，当三段面积满足"小-大-小"的规律时认为没有间断，三段面积满足"大-小-大"的规律时认为有间断。根据时差法基本原理，故障发生时刻与差流出现时刻有间断时判为外部故障，闭锁差动保护；没有间断时判为内部故障，开放差动保护。

（2）检测到变压器发生区外故障后，迅速闭锁差动保护，之后持续检测差流中是否存在间断以判断是否发生转换性故障。取差流中相邻两极值点间的一段波形，利用数学形态学梯度进行处理，将求得的形态梯度波形按照横坐标进行三等分，求取每段波形所包含的面积，同样根据"三面积比较法"，当三段面积满足"小-大-小"的规律时认为没有间断，三段面积满足"大-小-大"的规律时认为有间断。根据基于数学形态学的转换性故障识别方法，如果存在间断，则认为故障没有转换到区内，持续闭锁差动保护；如果检测不到间断，则判为发生转换性故障，故障由区外转换到区内，此时立即开放差动保护。

4. 方案验证

为验证上述方法的可行性，利用 MATLAB/Simulink 对变压器发生区外故障及区外故障又转换成区内故障的情况进行了仿真，每周波采样 40 点。系统模型如图 5-46 所示，变压器为 Y_n/D11 接线。

图 5-46　系统模型

1)持续区外故障且CT饱和

变压器星侧在采样第 50 点处发生区外 A 相接地故障，CT 没有立即饱和，差流为 0，在采样第 60 点处，角侧 CT 发生饱和，开始出现差流，饱和 CT 的一、二次电流波形如图 5-47(a)所示。经归算后的变压器星侧、角侧的电流波形及相应的差流波形如图 5-47(b)所示。差流在第 60 点 CT 饱和时出现，与故障发生存在明显时差。按照本节所提基于数学形态学的时差法构造电流波形如图 5-47(c)所示，对其进行形态梯度处理后的结果如图 5-47(d)所示。按照三面积比较法，将图 5-47(d)三等分后，得到的三段波形面积大小为 25.38-0.45-25.38，显然符合大-小-大的规律，可以明确地识别为区外故障情况下 CT 饱和，闭锁差动保护。

闭锁差动保护后，持续检测差流波形是否存在间断，按照转换性故障识别方法，提取差流中相邻两极值点之间的一段波形如图 5-47(e)所示，对其进行形态学梯度处理后的波形如图 5-47(f)所示。将图 5-47(f)按照横坐标进行三等分，然后求取每段波形所包含的面积，得到三段波形面积为 30.55-5.25-54.47，显然符合"大-小-大"的规律。从图 5-47(b)可以看出，差动电流中相邻两极值点间的波形一直存在间断，可判为区外故障没有发展为区内故障，持续闭锁差动保护。

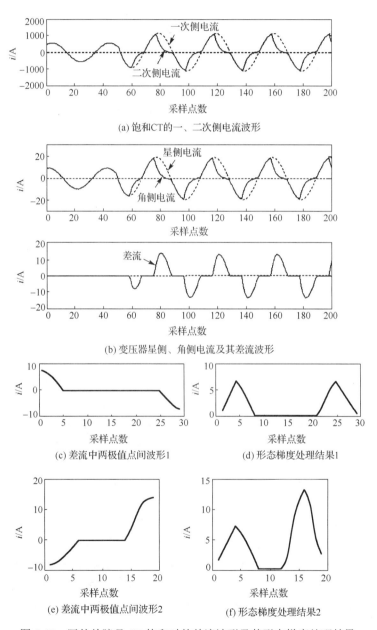

(a) 饱和CT的一、二次侧电流波形

(b) 变压器星侧、角侧电流及其差流波形

(c) 差流中两极值点间波形1

(d) 形态梯度处理结果1

(e) 差流中两极值点间波形2

(f) 形态梯度处理结果2

图 5-47　区外故障且 CT 饱和时的差流波形及其形态梯度处理结果

　　在此例中，CT 饱和时刻为采样点 60 处（图 5-47(a)），也即差流出现的时刻。此时从故障发生到差流出现间隔 10 个采样点。考虑较不利的情况，假设故障发生时刻定位不准确，认为采样点 55 处才发生故障，此时故障发生与差流出现时刻仅相差 5 个采样点，在本节一周 40 点采样率下，对应的时差为 2.5ms。此时考察本节所提出的方法，构造的电流波形及其形态梯度处理结果分别如图 5-48(a)和图 5-48(b)所示，按照"三面积比较法"，计算得到的三段波形面积大小为 24.15-2.75-24.15，符合"大-小-大"的规律，依然可以明确地识别为区外故障下的 CT 饱和。进一步将条件恶化，假设仅相差 3 个采样点，也即时差为 1.5ms，同样按照"三面积比较法"，计算得到的三段面积大小为 20.47-9.22-20.47，仍然可以明确地识别为区外故障情况下的 CT 饱和，而常规方法对此类情况已无法可靠识别，由此可见本节所提方法的优越性。

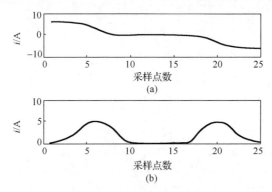

图 5-48　在小时差情况下构造的电流波形及其形态梯度处理结果

　　2）区外故障转为区内故障

　　（1）角侧 CT 饱和。图 5-49(a)给出了变压器星侧发生区外 A 相接地故障，然后转换为星侧区内 A 相接地故障的电流波形。从图 5-49(a)可以看出，在采样第 50 点发生区外故障后，CT 没有饱和，差流为 0。在采样第 60 点处，角侧 CT 开始饱和，差流增大，此时利用时差法可以正确判为区外故障，闭锁差动保护。之后持续检测差流中是否存在间断，由图 5-49(a)可以看出在 104 点之前，差流中任两个相邻极值点之间均存在间断，利用前述"三面积比较法"可正确判为区外故障，闭锁差动保护。

　　在采样第 104 点，区外故障转为区内故障，其后的差流波形间断特征消失，取差流中相邻两极值间的波形如图 5-49(b)所示，对其进行形态学梯度处理后的波形如图 5-49(c)所示。按照三面积比较法，图 5-49(c)三段波形面积大小为 81.06-120.43-63.05，符合"小-大-小"的规律。由图 5-49(b)可见，区外故障转为区内故障后，差流中任意两相邻极值点间的波形没有间断特征，可判为转换为区内故障，开放差动保护。

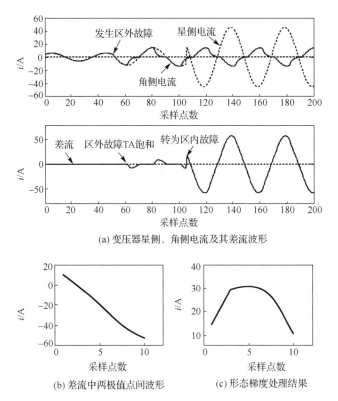

图 5-49　区外故障转区内故障且 CT 饱和时的差流波形及其形态梯度处理结果

（2）星侧 CT 饱和。变压器差动电流通常有两种计算方法。本节仿真中变压器为
$Y_n/D11$ 接线，采取"星转角"的方式，以 A 相差流计算为例，即先将变压器星侧的 A
相和 B 相电流相减，再与变压器角侧的 A 相线电流求取差动电流。若星侧参与差流计
算的两相 CT 均饱和，将不利于故障的正确识别。图 5-50 给出了变压器星侧发生区外
A 相接地故障，然后转换为星侧区内 AB 相接地故障的仿真情况。图 5-50(a)给出星侧
A 相、B 相及 AB 相减后的电流波形，由图中可以看出，50 点处发生区外故障，A 相
CT 饱和，124 点处转为区内故障，A 相和 B 相 CT 均饱和，AB 相电流相减后呈现不
规则波形。图 5-50(b)给出了归算后的星侧、角侧电流及差流波形，由图中可以看出，
区外故障期间，差流波形含有明显的间断，按照前述方法可以正确闭锁差动保护，不
再赘述。当区外故障转换为区内故障后，取差流中相邻两极值点（128 点～148 点）之
间的波形如图 5-50(c)所示，对其进行形态学梯度处理后的结果如图 5-50(d)所示。按照
三面积比较法，将图 5-50(d)三等分后，得到三段波形面积大小为 9.03-69.94-51.34，符
合小-大-小的规律，与区外故障的规律相反。为进一步验证，在区外故障转换为区内
故障后，取图 5-50(b)差流波形中 148 点～168 点（两相邻极值点）之间的一段波形如
图 5-50(e)所示，对其进行形态学梯度处理后的结果如图 5-50(f)所示。按照三面积比较

法，将图5-50(f)三等分后，得到三段波形面积大小为34.46-82.62-52.23，符合小-大-小的规律，判为发生转换性故障，开放差动保护。

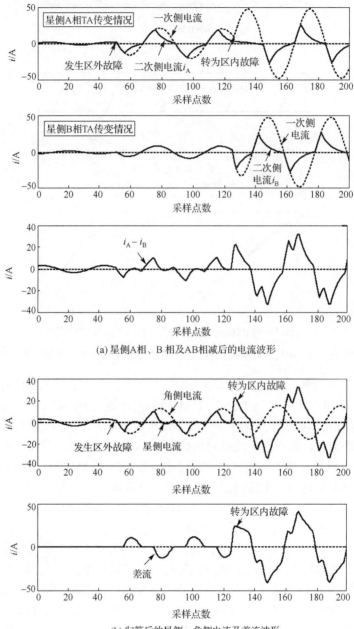

(a) 星侧A相、B 相及AB相减后的电流波形

(b) 归算后的星侧、角侧电流及差流波形

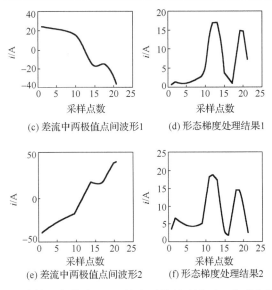

(c) 差流中两极值点间波形1   (d) 形态梯度处理结果1

(e) 差流中两极值点间波形2   (f) 形态梯度处理结果2

图 5-50   区外故障转区内故障且 CT 饱和时的差流波形及其形态梯度处理结果

3）区内故障且 CT 饱和

接下来考察区内故障时的情况，变压器星侧区内发生 A 相接地故障时（采样点 60 处检测出故障）。假设角侧 A 相 CT 在故障后很快发生饱和，而星侧 CT 不饱和，此时变压器两侧的 A 相电流波形及相应的差流波形分别如图 5-51(a)～图 5-51(c)所示，图 5-51(b)中的虚线表示 CT 饱和后的波形情况。按本节所提方法构造的电流波形及其形态梯度处理结果分别如图 5-52(a)和图 5-52(b)所示，此时对图 5-52(b)按照"三面积比较法"计算得到的三段波形面积大小为 18.33-25.09-17.72，符合"小-大-小"规律，可以判为区内故障。对于其他区内故障类型，且伴随 CT 饱和的情况，仿真结果与之相近，限于篇幅，不再赘述。

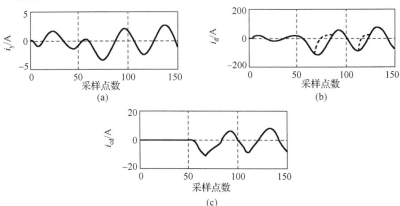

图 5-51   变压器区内故障 CT 饱和时星侧和角侧 A 相电流波形及相应的差流波形

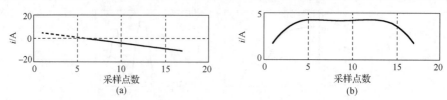

图 5-52　变压器区内故障 CT 饱和时构造的电流波形及其形态梯度处理结果

4）RTDS 仿真结果

为验证本节所提方法的正确性，利用 RTDS（real time dynamic simulator）进行了仿真研究，系统模型如图 5-46 所示。仿真结果如图 5-53(a)～图 5-53(c)所示。图 5-53(a)所示为变压器星侧区外 A 相接地时，星侧线电流与差流的波形，可以看出差流出现时刻与故障发生出现时刻存在明显时差，并且由于没有发生转换性故障，差流中一直存在间断，根据本节方法可正确判断为变压器持续区外故障，闭锁差动保护。图 5-53(b)所示为变压器区外故障过程中发生转换性故障的情况，可以看出差流出现时刻与故障发生时刻存在时差，可正确闭锁差动保护，在外部故障期间，差流中一直存在间断，发生转换性故障后，差流中间断角消失，根据本节所提方法可判断为发生转换性故障，迅速开放保护。图 5-53(c)所示为变压器星侧发生区内 A 相接地故障，可以看出故障发生时刻与差流出现时刻不存在时差，根据时差法判为内部故障，开放差动保护。利用数学形态学方法的具体计算结果，不再赘述。

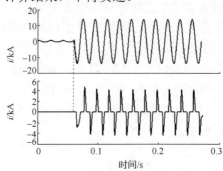

(a) 变压器外部故障时星侧线电流与差流波形

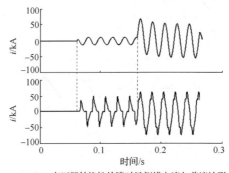

(b) 变压器转换性故障时星侧线电流与差流波形

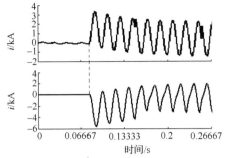

(c) 变压器内部故障时星侧线电流与差流波形

图 5-53　RTDS 仿真结果

5）其他特殊情况

考虑一种极端情况，区外故障时变压器两侧 CT 均发生饱和并一直持续。此时区外故障对应的差流间断特征可能消失，易误判为区内故障，图 5-54 给出了该情况下的仿真示例。由图中可见，第 50 点发生区外故障，由于变压器两侧 CT 均饱和，差动电流不再含有间断，采用前述方法易误判，所以在检测出变压器两侧 CT 均饱和情况下，宜将差动保护闭锁，待检测出一侧 CT 退出饱和或在差动保护闭锁期间，差动电流呈现明显增大时，再开放差动保护。实际中，变压器两侧 CT 在配置和选型时均会考虑饱和情况，两侧 CT 同时发生饱和的情况一般不会出现，本节对此不做详细讨论。

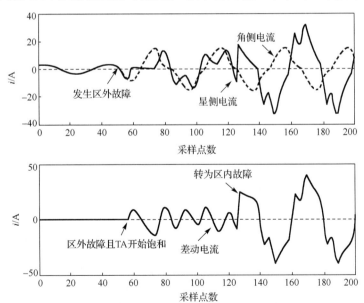

图 5-54　两侧 CT 饱和情况下，发生转换性故障时变压器星侧、角侧及差流波形

还有一种情况值得注意，当系统为单端供电方式，若电源侧 CT 饱和，而负荷侧

区外故障转换为区内故障，此时差流近似为饱和 CT 的二次电流，如果单纯从电流的饱和波形特征出发，容易误闭锁差动保护。图 5-55 给出了该情况下的仿真示例，由图 5-55 可以看出：区外故障期间，差流波形中含有明显间断，而在转换为区内故障之后，间断特征削弱。因此一方面可以从差流波形特征的前后差异出发来识别转换性故障，另一方面注意到，单端供电系统，负荷侧发生区外故障时，变压器两侧 CT 如果不饱和，则差流为零；若出现差流，则必定电源侧或负荷侧 CT 发生饱和（不考虑两侧同时饱和的情况）。若负荷侧 CT 饱和而电源侧 CT 不饱和，则在负荷侧的区外故障转换为区内故障后，由于流过负荷侧 CT 的电流明显减小，CT 必定退出饱和，差流为零，可靠闭锁差动保护；若电源侧 CT 饱和而负荷侧 CT 不饱和，则在负荷侧区外故障转换为区内故障时，流过负荷侧 CT 的电流明显减小，但此刻差流仍较大。因此对于单端供电系统，当判断出发生区外故障后，利用负荷侧 CT 二次电流变化特征作为辅助判据，也可以识别出转换性故障。

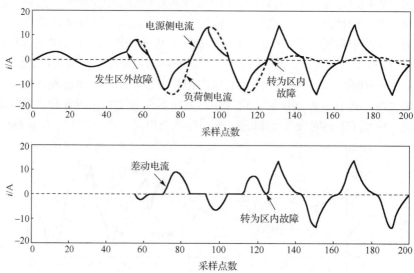

图 5-55　单端供电情况下，发生转换性故障时电流波形

5.3.4　内桥接线方式下变压器差动保护防误动措施

针对 5.2.3 节所述现场误动案例，介绍一种基于时差法的防止内桥接线方式下变压器差动保护误动的新判据。时差法主要应用于 CT 饱和情况下变压器区外故障的识别[31]：变压器发生区内故障时，故障发生与差电流同时出现，不存在时间差；而变压器发生区外故障时，由于 CT 不会立即饱和，故障发生与差电流的产生时刻存在时间上的差异。

在 5.2.3 节所述误动实例中，变压器 T2 空载合闸后，随着励磁涌流中非周期分量的积累，CT1 将逐渐进入局部暂态饱和区，从而引起差动电流。因此，T2 空载合闸时刻与 T1 差动电流出现时刻存在时间差。当变压器发生区内故障时，无论 CT 是否饱和，故障的发生时刻与差电流出现时刻都不存在时差。因此，利用该时差可以实现内桥接线方式下变压器差动保护误动的识别，如何提取这两个时刻是构成该判据的关键。

1. 时差法的构造

在变压器发生区内故障时，故障发生时刻是通过判断其高压侧线电流的突变时刻来确定的，而变压器差电流的出现时刻比较容易获得。因此，希望在内桥接线方式下变压器 T2 的空投时刻也可以通过 T1 高压侧线电流的突变时刻来确定。T2 空投产生励磁涌流时，会引起 CT1 与 CT2 中电流的变化，在取差值的过程中，可将励磁涌流完全抵消，即 T1 的高压侧电流不受励磁涌流的影响。但仿真结果表明，变压器 T2 空载合闸将引起 T1 的高压侧线电流产生突变，下面进一步分析该现象出现的原因。

以图 5-25 所示情况为例，T2 未合闸前，T1 正常运行时，在进线侧阻抗上的压降是三相对称的，公共点 A 处三相电压对称。当变压器 T2 空载合闸产生励磁涌流时，流过进线侧阻抗的电流将叠加励磁涌流，由于三相励磁涌流不对称，将产生三相不对称的电压降，引起公共点 A 处三相电压不对称，所以在变压器 T1 的 Δ 侧产生零序电压，由于绕组漏感很小，将产生较大的环流，感应到 T1 的 Y 侧表现出 A、B、C 三相同时叠加一个电流。由于该电流只流过 CT1，不流过 CT2，所以在求高压侧等效电流时不会被抵消，如图 5-56 所示，环流引起的高压侧等效电流的突变与励磁涌流同时产生。由于变压器 Y 侧 A、B、C 三相电流均包含此环流，所以该环流不会引起差流，直至 CT1 发生局部暂态饱和时，差流才明显增大，因此 T1 的高压侧等效电流突变与差流出现时刻存在明显时间差，此时差可以作为内桥接线方式下防止变压器差动保护误动的判据。并且利用时差进行判断不仅适用于本次误动实例中的 7UT512 型变压器差动保护，而且对其他种类的变压器差动保护同样适用。

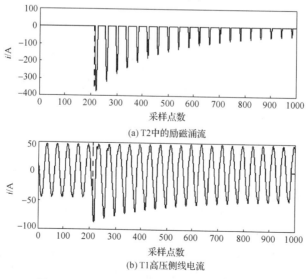

(a) T2中的励磁涌流

(b) T1高压侧线电流

图 5-56　T2 空载合闸时，T1 线电流变化情况

2. 时差法的流程图

针对 5.2.3 节所述的误动实例，基于时差法的防止内桥接线变压器差动保护误动的判据流程如图 5-57 所示，其判断流程如下。

（1）根据式（5-29）、式（5-30）求变压器 T1 高、低压侧的电流及差流。检测高压侧等效电流是否发生突变，若没有发生突变，认为 T1 为正常运行情况；若有突变，将突变时刻记为 t_Y。之后检测变压器 T1 的差流，将差流的出现时刻记为 t_d。

（2）判断 t_Y 与 t_d 是否存在时差。如果存在时间差，判断为 CT 发生饱和而引起的差流，可能为本章中分析的内桥接线方式下 CT 饱和引起，或者变压器发生区外故障时 CT 饱和引起，无论哪种情况，都将差动保护闭锁。如果不存在时差，认为 T1 发生内部故障或其本身发生励磁涌流情况，可以用已有的方法进行判断[32,33]，本章不做详细研究。

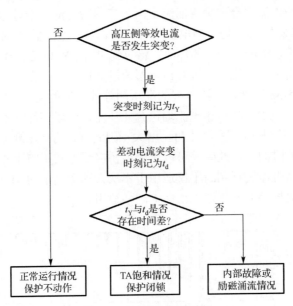

图 5-57　时差法原理框图

3. 方案验证

在前述理论分析的基础上，利用 MATLAB/Simulink 对两台变压器内桥接线的运行情况进行仿真验证。系统模型如图 5-25 所示，变压器 T1 与 T2 型号相同，为 Y_n/Δ-11 接线方式，额定容量为 40MVA、额定电压为 110kV/10.5kV。

当变压器 T2 通过 QF3 空载合闸时，产生较大的励磁涌流，引起 CT1 局部暂态饱和，最终引起差动保护误动。T1 高压侧 A、B 相的电流如图 5-58(a)、(b)所示，与现场故障录波图 5-26(a)基本相似，出现了直流偏移，且二次谐波含量较低。差电流波形如图 5-58(c)所示，与图 5-26(c)一致，完全偏于时间轴一侧，二次谐波含量较低，最终引起差动保护误动。从图 5-58 可以看出，差电流的出现时刻与 T1 高压侧电流的突变时刻存在时间差。根据图 5-57 所示时差法流程图，将其判断为 CT 饱和引起的差流，同时闭锁差动保护。由于该仿真实例的试验参数及结果均与故障实例相吻合，且应用本节所述时差法能够有效地对其进行判断，所以该方法可以识别本类误动事故。

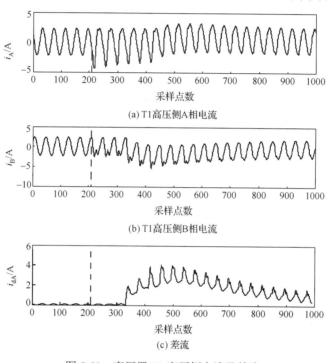

(a) T1高压侧A相电流

(b) T1高压侧B相电流

(c) 差流

图 5-58　变压器 T1 高压侧电流及差流

5.4　本　章　小　结

变压器差动保护的动作性能与 CT 传变特性密切相关，本章在详细阐述 CT 工作原理、暂态饱和特性、谐波特性及其影响因素的基础上，着重分析了不同场景及不同 CT 饱和程度对变压器差动保护的影响，并提出相应的防范措施，总结如下。

（1）针对变压器区外故障时，各侧 CT 饱和程度严重不一致可能引起的差动保护误动情况，从 CT 选型入手，以变压器各侧 CT 在暂态过程中同时进入饱和为基本原则，提出了差动保护 P 级 CT 的"同型"匹配方案。

（2）指出 CT 超饱和以及变压器 Y 侧电流相位补偿是引起变压器区外故障切除后差动保护误动的主要原因，在此基础上，根据变压器差动保护误动轨迹的特点，提出利用多分区延时法以防止区外故障切除时变压器差动保护误动。

（3）针对变压器在发生区外转区内故障时，差动保护不能及时开放的问题，提出通过判断差流波形中是否存在间断的方法识别变压器转换性故障。构造基于数学形态学的奇异点与间断角检测算子，实现差流波形中间断特征的准确识别。

（4）针对内桥接线方式下一台变压器空投时引起相邻正常运行变压器的差动保护误动实例，分析了励磁涌流、和应涌流以及 CT 饱和等因素的影响，指出 CT 局部暂态饱和是引起内桥接线方式下变压器差动保护误动的主要原因。在此基础上，根据空载合闸变压器中励磁涌流的产生时刻与误动变压器中差流的出现时刻存在时间差的特点，提出了内桥接线方式下基于时差法的防止变压器差动保护误动的新判据。

参 考 文 献

[1] DL/T 866-2004. 电流互感器和电压互感器选择及计算导则[S]. 北京: 中国电力出版社, 2004.

[2] Annakkage U D, McLaren P G. A current transformer model based on the Jiles-Atherton theory of ferromagnetic hysteresis[J]. IEEE Transactions on Power Delivery, 2000, 15(4): 1323-1324.

[3] 梁仕斌, 文华, 曹敏, 等. 铁心剩磁对电流互感器性能的影响[J]. 继电器, 2007, 35(22): 27-32.

[4] 黄世泽, 郭其一. 铁心开气隙电流互感器暂态特性仿真[J]. 系统仿真学报, 2011, 23(8): 1719-1723.

[5] Jiles D C, Thoelke J B, Devine M K. Numerical determination of hysteresis parameters for the modeling of magnetic properties using the theory of ferromagnetic hysteresis[J]. IEEE Transactions on Magnetics, 1992, 28(1): 27, 35.

[6] 袁季修, 盛和乐, 吴聚业, 等. 保护用电流互感器应用指南[M]. 北京: 中国电力出版社, 2004.

[7] 李海涛. 电流互感器饱和对差动保护的影响及解决方案[D]. 北京: 华北电力大学, 2003.

[8] 袁季修, 盛和乐. 电流互感器的暂态饱和及应用计算[J]. 继电器, 2002, 30(2): 1-5.

[9] 王维俭, 侯炳蕴. 大型机组继电保护理论基础[M]. 北京: 中国电力出版社, 1988: 174-192.

[10] 钱家骊, 关永刚, 徐国政, 等. 剩磁对保护型电磁式电流互感器误差影响的仿真研究[J]. 高压电器, 2005, 41(1): 26-28.

[11] 朱声石. 差动保护采用 P 级电流互感器的问题[J]. 继电器, 2000, 28(7): 4-7.

[12] 黄志元. 保护用电流互感器仿真及抗饱和算法研究[D]. 杭州: 浙江大学, 2006.

[13] 李长荣, 宋喜军, 李俊芳. 剩磁对保护级电流互感器的影响和 PR 级的主要参数计算[J]. 变压器, 2013, 5: 5-8.

[14] 侯自存. 剩磁对电流互感器暂态响应的影响及测定方法[J]. 变压器, 1992, 5: 31-33.

[15] 崔迎宾, 谭震宇, 李庆民, 等. 电流互感器剩磁影响因素和发生规律的仿真分析[J]. 电力系统自动化, 2010, 34(23): 87-91.

[16] 葛宝明, Aníbal T, de Almeida, 等. 电力系统电流互感器饱和特性的柔性神经网络补偿法[J]. 中国电机工程学报, 2006, 26(16): 150-156.

[17] 袁宇波, 陆于平, 许扬, 等. 切除外部故障时电流互感器局部暂态饱和对变压器差动保护的影响及对策[J]. 中国电机工程学报, 2005, 25(10): 12-17.

[18] 王维俭. 发电机变压器继电保护应用[M]. 北京: 中国电力出版社, 1998: 48-70.

[19] 符杨, 蓝之达, 陈珩. 电流互感器暂态时域仿真[J]. 电力系统自动化, 1995, 19(3): 25-31.

[20] 林湘宁, 刘沛, 刘世明. 变压器有载合闸的超饱和现象及对变压器差动保护的影响[J]. 中国电机工程学报, 2002, 22(3): 6-11.

[21] 袁宇波, 陆于平, 李澄, 等. 三相涌流波形特征分析及差动保护中采用二次谐波相位制动的原理[J]. 中国电机工程学报, 2006, 26(19): 23-28.

[22] 王怀智, 孙显初, 常林. 和应涌流对变压器差动保护影响的实验研究[J]. 继电器, 2001, 29(7): 52-54.

[23] 李德佳. 微机型变压器差动保护误动原因分析与对策[J], 继电器, 2004, 32(5): 56-59.

[24] 朱声石. 差动保护的暂态可靠性[J]. 继电器, 2002, 30(8): 1-6.

[25] 余祥坤, 吕艳萍, 杨丽, 等. 与 ECT 混合用于差动保护的电磁型 CT 的校验方法[J]. 电网技术, 2012, 36(10): 275-280.

[26] 殷伯云, 罗志娟, 杨丽, 等. 主变差动保护采用不同原理 CT 的仿真研究[J]. 电网技术, 2013, 37(1): 281-286.

[27] 李旭, 黄继东, 倪传坤, 等. 不同电流互感器混用对线路差动保护的影响及对策的研究[J]. 电力系统保护与控制, 2014, 42(3): 141-145.

[28] 王维俭, 电气主设备继电保护原理与应用[M]. 北京: 中国电力出版社, 1996.

[29] 北京四方继保自动化股份有限公司. CSC-300 数字式发电机变压器保护装置技术使用说明书[Z]. 2007, 5.

[30] 南京南瑞继保电气有限公司. RCS-978 系列变压器成套保护装置技术说明书[Z]. 2001, 1.

[31] 林湘宁, 刘沛, 高艳. 基于数学形态学的电流互感器饱和识别判据[J]. 中国电机工程学报. 2005, 25(5): 44-48.

[32] Kulidjian A, Kasztenny B, Campbell B. New magnetizing inrush restraining algorithm for power transformer protection[C]. Developments in Power System Protection, 2001, 7th International Conference on IET, 2001: 181-184.

[33] Sidhu T S, Sachdev M S, On line identification of magnetizing inrush and internal faults in three phase transformer[J]. IEEE Transactions on Power Delivery, 1992, 7(4): 1885-1891.

第6章　直流偏磁产生机理及其对变压器差动保护的影响

直流偏磁会对电磁式电流互感器（TA）的传变特性产生影响，威胁差动保护的正确动作。根据偏置磁通的时变特征将直流偏磁区分为高压直流输电（HVDC）型直流偏磁及地磁感应电流（GIC）型直流偏磁，与 HVDC 引起的直流偏磁相比，GIC 引发的直流偏磁对 TA 暂态传变特性的影响机理更为复杂，GIC 本身的随机性和时变性决定了其不能和 HVDC 引起的直流偏磁视作等同，而应加以区分。本章首先探讨了 HVDC 和 GIC 引发的直流偏磁对电磁式电流互感器（TA）传变特性的影响机理，在此基础上进一步分析了两种直流偏磁现象对变压器差动保护动作性能的影响。研究成果对于防范 HVDC 工程及太阳磁暴产生的直流偏磁对电网安全运行的影响具有重要意义。

6.1　直流偏磁产生机理及其等效模型

6.1.1　HVDC 型直流偏磁分析模型

1. HVDC 型直流偏磁产生机理

高压直流输电系统运行于单极-大地回路或双极不平衡方式时，会有持续的大电流通过直流接地极入地。入地直流的大小与直流系统输送的功率有关，当输送额定功率时，入地直流可达数千安。例如，天广直流输电工程中（天广 500kV 直流输电工程西起黔、桂交界的天生桥，东至广州北郊），直流接地极的设计额定电流是 1800A[1]，三峡电站向华东送电直流接地极的设计额定电流为 3000A[2]。由于入地直流数值较大，接地极周围的地表电势将发生变化，导致变电站接地网地电位不等。当直流接地极电流引起变电站接地网地电位变化时，若两个变电站接地网之间存在电位差，有一部分地中直流将以变压器中性点、变压器绕组、输电线路及大地作为回路，这就是 HVDC 型直流偏磁产生的机理，如图 6-1 所示。图中，E_1 和 E_2 为两台变压器中性点所在处地表电位，R_1 和 R_2 为变电站接地电阻，I_{dc} 为直流偏磁电流。

馈入变压器中性点的直流偏磁电流 I_{dc} 取决于变压器中性点电位、变电站接地电阻、变压器绕组直流电阻以及连接相邻变压器的线路直流电阻等因素[3]。直流输电单极运行时，从直流接地极注入大地的电流是直流输电的工作电流，根据直流输电的控制特性及运行需要，该电流通常是稳定的。并且，土壤电阻率、变电站接地电阻、变压器等效直流电阻、交流系统直流电阻均为定值，而交流系统的网络结构在系统运行方式不变时也不会发生变化，因此在直流接地极附近的地表电位分布是稳定的，这就使得附近交流电网中接地变压器中性点间具有恒定的电压差，馈入交流电网的直流偏磁电流保持不变。实际上，交流系统中的直流电流分布情况取决于大地的电位分布，而大地电位分布又受到交流系统的影响，理论上应该用场路耦合的方法，考虑交直流的相互影响，从而计算得到大地电流场和交流系统直流电流的稳态分布。然而，计算和测试结果表明尽管有一定的直流电流会以交流系统作为流通回路，但由于绝大部分电流还是经过大地返回受端直流接地极，交流系统对大地电位的影响有限，所以工程上通常采用场路解耦的方法评估交流电网中的直流电流分布[4]。

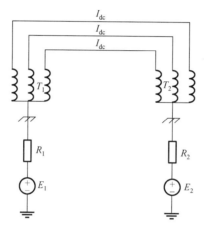

图 6-1　HVDC 型直流偏磁产生的机理

2. HVDC 输电单极运行时的地表电位

直流接地极附近的地表电位分布与当地的土壤结构关系密切，土壤模型对地表电位分布计算准确性影响很大。由于土壤的自然形成过程，电阻率均匀的土壤很少见，通常土壤都具有不均匀性。受重力作用而形成各种岩层的水平分界面，如砂砾岩层、细沙层和黏土层等，就是沉积岩在沉积过程中受重力作用而形成的；此外由于地壳构造运动，地壳中往往会形成垂直层结构。因此，对不均匀土壤进行建模，通常会根据当地的地质构造选择水平分层土壤模型或垂直分层土壤模型，对于土壤结构更复杂的地区，可以采用水平分层和垂直分层相结合的土壤模型。当分层土壤模型确定后，可通过求解土壤模型的格林函数进行接地极附近地表电位分布计算[5,6]。多层土壤结构的格林函数一般可以通过满足一定边界条件的拉普拉斯方程得到

$$\nabla^2 \phi = 0 \tag{6-1}$$

对于点电流源 I 所在土壤层的任意点电位 ϕ 满足泊松方程：

$$\nabla^2 \phi = -\rho I \delta(r) \tag{6-2}$$

式中，ρ 为介质的电阻率；$\delta(r)$ 为狄拉克函数；r 为原点到场点的距离。

在圆柱坐标系中，以土壤分界面的边界条件作为等式约束条件，可以得到由泰勒公式展开的无穷阶级数构成的格林函数形式，其物理意义相当于用无穷多重镜像代替分层土壤的边界条件。

3. HVDC 型直流偏磁仿真分析模型

当计算出地表电位分布后，可结合等值交流网络预测接地极周围变电站变压器中性点电流的分布[7]。据此原理可构建出 HVDC 型直流偏磁的仿真模型，电气接线如图 6-2 所示，图中 E_1、E_2 分别表示两个变压器中性点接入的直流电压源，I_1、I_2 分别表示流过两个变压器中性点的直流电流，I_{ABC} 代表流过线路的三相交流电流。有关参数如下：220kV 输电线路，额定电流为 240A，负载功率因数为 0.9，变压器中性点接入的直流电压源可根据实际系统的地表电位分布计算结果，并结合仿真的需要进行设置。本节将在此模型的基础上进行 HVDC 型直流偏磁的仿真研究。

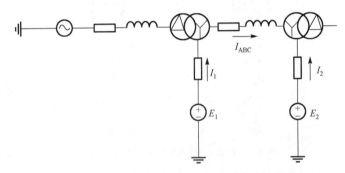

图 6-2　HVDC 型直流偏磁仿真模型电气接线图

6.1.2　GIC 型直流偏磁分析模型

1. GIC 型直流偏磁产生机理

太阳活动引起的地磁场剧烈扰动称为磁暴。磁暴期间，在大地电导率较低地区会感应 1～10V/km 的地面电场，靠近极区（高磁纬地区）电场相对大。由于超/特高压变压器中性点直接接地，感应电场在两接地点间形成地面感应电势（earth surface potential，ESP）[8]。ESP 在输电线路、变压器和大地回路形成 GIC，如图 6-3 所示。GIC 的大小及对电网的影响与磁暴强度、输电线长度及走向、大地电性构造、变压器结构等很多因素有关，问题非常复杂。

磁暴源于太阳磁场的活动，是日冕物质抛射、冕洞和耀斑等太阳事件的地面效应。由于人类对太阳磁场的变化以及一系列复杂的物理过程所知甚少，影响电网 GIC 的因素有很多，准确计算 GIC 非常困难。电网 GIC 形成过程和影响因素可用图 6-4 表示[9]，包括：①太阳活动喷发高速粒子（太阳风）；②太阳风在行星际传播；③太阳风与地球磁层相互作用；④地球磁层与电离层相互作用；⑤电离层电流体系剧烈变化导致地球磁场变化（磁暴）和产生 ESP；⑥ESP 在接地导体中产生 GIC。

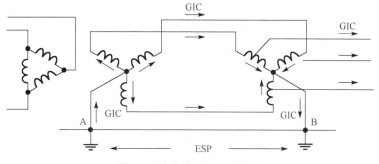

图 6-3　输电线路 GIC 原理图

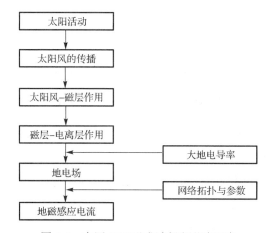

图 6-4　电网 GIC 形成过程和影响因素

　　由于目前无法获得电离层电流体系观测数据，计算 GIC 只能依赖地震局地磁台的地磁数据。经过多年发展，我国已经建设了 100 多个地磁台站（包括地方台），其中一些数字化台站可提供需要的数据。从工程角度，GIC 计算分为两步：第一是地球物理步骤，计算磁层、电离层电流体系感应电场，通过地磁台数据对大地电导率建模得到；第二是工程步骤，得到了感应电场计算结果后，ESP 可看作用于电网的等效电压源，将电网 GIC 转化为电路问题求解。

　　2.　感应电场模型及算法

　　由于地球距太阳 1.5 亿千米（无限远），所以在小范围内，ESP 可看作均匀，本节用 E 表示电场强度，国外经多年研究，建立了几种理论模型，如平面波理论（the plane wave）、复镜像法（the complex image method，CIM）、SECS（spherical elementary currents systems）和 DSTL（distributed-source transmission line）等。其中，平面波和 CIM 用

于架空线，后两种用于电缆、输油管线。经过对各种计算地面感应电场的方法进行比较分析可知，平面波理论在描述极地区域的强烈地磁暴时不够准确，但是可以满足中、低纬度区域分析 GIC 的需要，而复镜像法在分析高纬度地区的 GIC 时更准确。因此，评估我国中、低纬度的电网宜采用平面波法[9]。

该算法忽略地球表面的曲率半径，将大地看成平面建立坐标系，x 轴指向北，y 轴指向东，z 轴向下。因此，电离层电流在大地感应的电场可看作沿 z 轴方向传播的平面波，并在局部把大地看成电阻率均匀、距电离层无限远的空间，对角频率为 ω 的时变电磁场，电场 E 的 x、y 分量与磁场 B 的 x、y 分量之间有如下关系：

$$E(\omega) = -\frac{\omega B(\omega)}{\sqrt{\omega^2 \mu_0 \varepsilon + j\mu_0 \sigma}} \qquad (6-3)$$

设 $g = \mathrm{d}B / \mathrm{d}t$，在低频情况下近似有

$$E(\omega) = \sqrt{\frac{j}{\omega \mu_0 \sigma}} g(\omega) \qquad (6-4)$$

通过傅里叶逆变换可求得时域内电场与磁场的关系式为

$$E(t) = -\frac{1}{\sqrt{\pi \mu_0 \sigma}} \int_{-\infty}^{t} \frac{g(u)}{\sqrt{t-u}} \mathrm{d}u \qquad (6-5)$$

式中，$E(t)$ 为 ESP 的 x 或 y 分量公式；μ_0 为真空磁导率；σ 为大地电导率；$g(t)$ 为地磁场 x 或 y 分量的变化率。

通过对式（6-5）离散化和对线路走向、大地电导率等数据做等值处理，根据地磁台站提供的地磁场要素随时间变化的连续数据，可进行 ESP 实时计算。

3. GIC 型直流偏磁仿真分析模型

目前对 GIC 效应的研究通常是在变压器中性点加上直流电压源模拟 ESP[8]，认为 GIC 在电网中的分布仅与电网络的直流电阻有关，不考虑 GIC 经变压器耦合的情况。然而，GIC 具有随机性和时变性，它在变压器铁心中产生的磁链并不是恒定不变的，用直流电压源来模拟具有一定的局限性。

2004 年 11 月 10 日强磁暴发生时，在岭澳核电站记录到的 GIC 峰值高达 75.5A，其幅度远大于高压直流输电单极运行所引起的偏磁电流，引起了国内外学者的广泛关注[9-11]。图 6-5 给出了此次监测到的 GIC 部分波形，可见 GIC 的幅值波动剧烈，含有大量谐波与随机分量，明显不同于直流输电造成的偏磁电流。

历次磁暴的 GIC 监测数据及按照本节所述方法计算得到的 ESP 数据表明 GIC 的水平和形态具有不规则性，无论是实际监测数据还是仿真计算数据均不适用于定性分析 GIC 大小及方向时变的特征对电气设备及电网保护的影响。为简化分析，根据 GIC 的产生机理及建模计算方法，并结合考虑其幅值变化规律及频率特征，本章及后续有

关内容均采用按正弦规律变化的低频交流电压源作为 GIC 等效源模型。通过在变压器接地中性点加入 GIC 等效源模拟 GIC 侵入电网的过程。

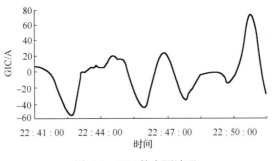

图 6-5   GIC 的实测波形

6.2   直流偏磁对保护用电流互感器传变特性的影响

6.2.1   HVDC 型直流偏磁对 TA 起始饱和时间的影响

为使分析简化，不计电流互感器一、二次绕组的漏抗和铁心损耗，当二次负载为纯电阻时，如图 6-6(a)所示，其中 L_m 为励磁电感，R_2 为二次侧绕组电阻与负载电阻之和。L_m 的非线性特性可用分段线性化近似表示，如图 6-6(b)所示，ϕ 表示铁心磁通，i_m 表示励磁电流，每个线性段对应的励磁电感为 $L_k(k=1,2,3,\cdots)$。

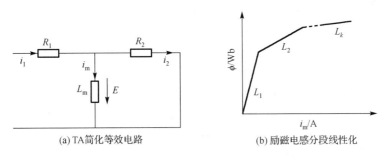

(a) TA 简化等效电路   (b) 励磁电感分段线性化

图 6-6   TA 简化等效电路模型及其励磁特性

系统发生接地故障时，流过保护用 TA 一次侧的故障电流可表示为

$$i_p = I_{dc} + I_f[\sin(\omega t + \alpha - \varphi) + \sin(\alpha - \varphi)e^{-\frac{t}{\tau_1}}] \qquad (6\text{-}6)$$

式中，I_{dc} 为 HVDC 引发的直流偏磁电流；I_f 为无偏磁时故障电流稳态峰值；ω 为系统角频率；α 为故障相位；φ 为电压和电流的相位差；τ_1 为系统的一次时间常数。

当 $\alpha - \varphi = \dfrac{\pi}{2}$ 时，短路电流的非周期分量最大。此时

$$i_p = I_{dc} + I_f[-\cos\omega t + e^{-\frac{t}{\tau_1}}] \qquad (6-7)$$

设 TA 的额定电流比为 $K_n = N_2 / N_1$，其中 N_1、N_2 分别为 TA 一次、二次绕组匝数，则折算到二次侧的一次电流为 $i_1 = (i_p - I_{dc}) / K_n$。由图 6-6(a)可知，TA 的二次时间常数为 $\tau_2 = L_m / R_2$。设 TA 的励磁磁通为 ϕ，当不考虑铁心饱和时，励磁电感 L_m 为常数，TA 的暂态过程可用一阶线性微分方程加以描述

$$\frac{d\phi}{dt} + \frac{1}{\tau_2}\phi = R_2 i_1 \qquad (6-8)$$

作为直流偏磁电流，I_{dc} 是直流强制分量，其作用效果只对铁心磁通的工作点产生偏置影响，偏置量为 $\phi_{dc} = L_m I_{dc}$，则由式（6-8）可解得 TA 的励磁磁通为（$\omega^2 \tau_2 \gg 1$）

$$\phi = \phi_m\left[\frac{\omega\tau_1\tau_2}{\tau_1 - \tau_2}(e^{-t/\tau_1} - e^{-t/\tau_2}) - \sin\omega t\right] \qquad (6-9)$$

式中，ϕ_m 为故障电流产生的交流磁通的稳态峰值；$\phi_m = L_m I_f / (\omega\tau_2 K_n)$。

综合上述分析，直流偏磁电流产生的偏置磁通 ϕ_{dc} 将成为励磁磁通的组成部分，从而使 TA 更容易发生暂态饱和[12]。

在 PSCAD/EMTDC 中按图 6-2 所示构建系统仿真模型。系统在 0.3s 时发生单相接地故障，仿真对比了 TA 的一次侧电流（折算到二次侧）和二次侧电流的波形，由此可以清楚地看出 TA 的起始饱和时间。调节两台变压器中性点的直流电位差可以改变输电线路中的直流偏磁电流。无偏磁时的仿真结果如图 6-7(a)所示，正向偏磁电流 $I_{dc} =20A$ 时的仿真结果如图 6-7(b)所示。

对比图 6-7(a)和图 6-7(b)，可以轻易地发现正向偏磁电流 $I_{dc} =20A$ 时 TA 的起始饱和时间较无偏磁时缩短了约 1ms。文献[12]指出，正向偏磁和剩磁共同作用时，TA 的起始饱和时间将大为缩短（可达若干毫秒）。目前差动保护中电流互感器的饱和闭锁方案多采用时差法，它的理论依据是即便差动保护区外发生很严重的故障，电流互感器也不会立即饱和，至少在故障发生后 3～5ms 内，电流互感器能正确传送一次侧电流，在这段时间内，差流是不会出现的[13]；而发生内部故障时，即使出现电流互感器饱和，在故障初期的 TA 线性传变时段，相电流变化和差流理论上同时出现，不存在上述时间差，因此该时间差可用来识别区外故障造成的 TA 饱和，从而作为差动保护快速动作的判据[14]。若由于直流偏磁和剩磁的共同作用导致 TA 饱和加速，故障发生与 TA 饱和之间的时间差很短时，传统时差法的准确性和可靠性面临考验。

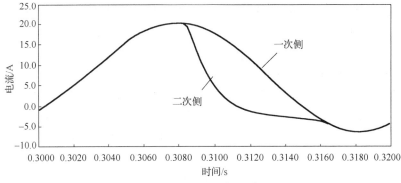

(a)无偏磁时TA的一次和二次电流

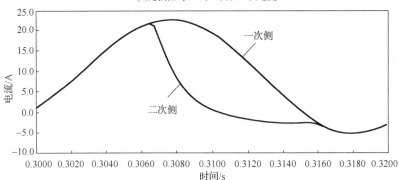

(b)正向偏磁电流达20A时TA的一次和二次电流

图 6-7　直流偏磁对 TA 起始饱和时间的影响

6.2.2　GIC 型直流偏磁对 TA 传变特性的影响机理

根据图 6-6，在 TA 未饱和时有

$$\frac{L_{\mathrm{m}}}{R_2}\frac{\mathrm{d}i_{\mathrm{m}}}{\mathrm{d}t} + i_{\mathrm{m}} = i_1 \tag{6-10}$$

假设流经 TA 的一次电流（折算到二次侧）为 $i_1 = I_1\cos(\omega t)$，将其代入式（6-10），可解得 TA 的励磁电流 i_{m} 如式（6-11）所示：

$$i_{\mathrm{m}} = I_1\cos[\arctan(\omega\tau_2)]\times\cos[\omega t - \arctan(\omega\tau_2)] - I_1\cos^2[\arctan(\omega\tau_2)]\mathrm{e}^{-t/\tau_2} \tag{6-11}$$

式中，I_1 为 TA 一次侧电流峰值；τ_2 为 TA 二次回路时间常数，$\tau_2 = L_{\mathrm{m}}/R_2$。

令 $\arctan(\omega\tau_2) = \alpha$，则式（6-11）可简化为

$$i_{\mathrm{m}} = I_1\cos\alpha\times\cos(\omega t - \alpha) - I_1\cos^2\alpha\times\mathrm{e}^{-t/\tau_2} \tag{6-12}$$

由式（6-12）可知，励磁电流由两部分组成，式（6-12）等号右边第一项为周期分量，第二项为衰减的非周期分量。对 TA 一次侧分别流过工频电流、GIC 模拟量以及工频电流叠加 GIC 模拟量的三种情况讨论如下。

（1）TA 一次侧流过工频电流（50Hz），TA 工作在线性区，$\omega = 100\pi$，L_{m} 恒定且数值很大，$\tau_2 \gg 1$，则 α 接近 $90°$，$\cos\alpha$ 很小，接近 0，因此式（6-12）中非周期分量的数值很小，且很快衰减，可以忽略，而周期分量的幅值也很小，互感器能在误差允许的范围内准确传变一次侧电流。

（2）TA 一次侧流过 GIC 分量时，由于 GIC 的频率范围在 0.001～0.1Hz，数值可达上百安培，为反映其幅值和方向的时变性及频率特征，近似用长周期的余弦函数来模拟 GIC，则式（6-12）中的 ω 变得很小，即使 TA 没有立刻饱和，$\tau_2 \gg 1$ 保持不变，$\cos\alpha$（即 $\cos[\arctan(\omega\tau_2)]$）也会因 ω 的减小而增大，由于非周期分量的迅速衰减，励磁电流中的周期分量为其主要成分，此时励磁电流可以简化为

$$i_{\mathrm{m}} = I_1 \cos\alpha \times \cos(\omega t - \alpha) \tag{6-13}$$

可见，当 TA 一次侧流过 GIC 时，TA 的励磁电流幅值增大，有可能使 TA 的工作点由线性区逐渐进入饱和区，在此过程中，励磁电感不再保持恒定，而会逐渐减小，这使得励磁电流的幅值进一步增大，促使 TA 发生饱和。饱和的程度是由 GIC 的幅值、频率、TA 的励磁特性共同决定的。

（3）TA 一次侧流过工频电流并叠加频率很低的 GIC 分量，此时 TA 一次侧电流可用式（6-14）表示：

$$i_{\mathrm{m}} = I_{\mathrm{n}} \cos(\omega_{\mathrm{n}}t) + I_{\mathrm{g}} \cos(\omega_{\mathrm{g}}t) \tag{6-14}$$

式中，I_{n} 为工频电流的幅值；ω_{n} 为工频电流的频率；I_{g} 为 GIC 模拟量的幅值；ω_{g} 为 GIC 模拟量的频率。

由第（2）点的分析可知，传变 GIC 时可能引起 TA 发生不同程度的饱和，TA 的饱和程度可由其工作点所处的线性区段斜率，即励磁电感 $L_k (k = 1,2,3,\cdots)$ 的大小来进行表述，如图 6-6(b)所示。

由于 TA 的饱和程度是由 GIC 决定的，而 GIC 的变化周期是工频周期的数百甚至数千倍，则在前几个工频周期内可以认为励磁电感是恒定不变的，$L_{\mathrm{m}} = L_1$，那么式（6-10）仍然成立，将式（6-14）代入，可以解得

$$\begin{aligned}
i_{\mathrm{m}} = &I_{\mathrm{n}} \cos[\arctan(\omega_{\mathrm{n}}\tau_2)] \times \cos[\omega_{\mathrm{n}}t - \arctan(\omega_{\mathrm{n}}\tau_2)] \\
&+ I_{\mathrm{g}} \cos[\arctan(\omega_{\mathrm{g}}\tau_2)] \times \cos[\omega_{\mathrm{g}}t - \arctan(\omega_{\mathrm{g}}\tau_2)]
\end{aligned} \tag{6-15}$$

式（6-15）中已略去衰减的非周期分量项。显然励磁电流中含有两种频率分量，此时 TA 的励磁磁通也由两种频率分量组成。由于 GIC 的变化相对于工频电流而言非常缓慢，在工频周期内可以认为 GIC 的励磁磁通基本不变，那么它可视作 TA 铁心的偏置磁通，从而引起 TA 饱和，如图 6-8 所示，其中 ϕ_{g} 表示 GIC 偏置磁通，ϕ_{n} 表示工频磁通。

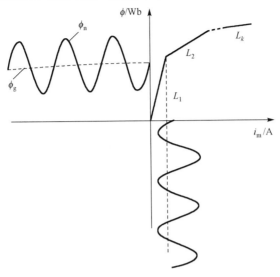

图 6-8　GIC 叠加工频分量情况下的 TA 传变

由于 $\omega_n \gg \omega_g$，根据式（6-15）可有，$\cos[\arctan(\omega_n \tau_2)] < \cos[\arctan(\omega_g \tau_2)]$，因此 TA 对工频分量的传变误差小于其对 GIC 的传变误差。此外，由于 GIC 变化的时间尺度远大于工频电流变化的时间尺度，即在工频周期内可将 GIC 视作准直流，根据 GIC 变化的不同阶段，TA 对工频电流的传变可能出现以下三种情况。①当 GIC 较小时，其产生的偏置磁通较小，TA 工作于线性段 L_1 内，$\cos[\arctan(\omega_n \tau_2)]$ 很小，TA 可以正确传变工频电流；②随着 GIC 的逐渐增大，使 TA 铁心工作磁通逐渐趋近于饱和点，即 L_2 段，此时励磁电感有所减小，$\cos[\arctan(\omega_n \tau_2)]$ 有所增大，对工频电流的传变表现出一定的幅值和相位偏差，但无明显的波形畸变；③若 GIC 继续增大，使 TA 工作点进入 L_k（$k>2$）段，此时 $\cos[\arctan(\omega_n \tau_2)]$ 较大，对工频电流的传变呈现波形畸变，TA 表现出明显的饱和特征。

6.2.3　GIC 型与 HVDC 型直流偏磁对 TA 传变特性影响的比较

就 HVDC 所引发的直流偏磁而言，其直流偏磁电流受制于极址土壤周围恒定的直流电场，若系统的运行方式不变，则偏磁电流的数值和方向固定，其所产生的恒定直流磁通将成为 TA 励磁磁通的组成部分。一般而言，由 HVDC 引起的直流偏磁电流值较小，不易引起 TA 暂态饱和。在直流接地极附近的交流电网受到直流偏磁的影响较大，其中某些小容量的 TA 可能发生局部暂态饱和现象，然而其所需的条件较为严格。对于给定的 TA，由于偏置磁通需维持在饱和点附近，仅有特定范围内的直流偏磁电流可能引起局部暂态饱和，且这个范围极小；而对于给定的直流偏磁电流，仅能引起特定型号的 TA 发生局部暂态饱和，如图 6-9 所示，图中 B_{dc} 表示直流偏置磁密。

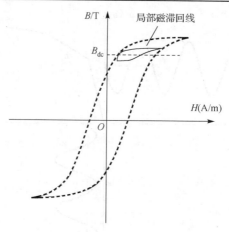

图 6-9　纯直流引起的 TA 局部暂态饱和

　　然而，由 GIC 引起的直流偏磁与 HVDC 引发的直流偏磁有所区别。GIC 的大小和方向时变使其对励磁磁通产生的偏置量是变化的，由于 GIC 的频率范围（0.001～0.1Hz）相对工频而言，正、负半周变化极慢，可以认为是一个直流励磁和退磁的过程，在这个过程中 TA 的饱和程度会发生变化。由于磁暴发生时地磁场的扰动是全球性的，所以 GIC 的影响范围很大，再考虑其大小和方向时变，不同型号、不同容量的 TA 都可能受到 GIC 所引发的直流偏磁影响，而对于同一个 TA，其在不同时段受到的影响也不相同。综上，GIC 所引发的直流偏磁对 TA 的影响机理更为复杂，更易对 TA 的暂态传变特性产生影响，进而影响到相关继电保护的性能。

6.3　直流偏磁对变压器差动保护的影响

6.3.1　HVDC 型直流偏磁引发的 TA 饱和及其对差动保护的影响

　　交流电网故障时，故障电流中既含有交流分量，又含有一定的衰减直流分量，该部分直流分量也将造成 TA 铁心磁通累积，若与 HVDC 型直流偏磁同方向，可能使 TA 工作点接近甚至达到饱和段。近年来已有学者关注到 TA 局部暂态饱和的问题，TA 局部暂态饱和指的是由于某种原因使 TA 铁心磁通工作在饱和点附近的一个局部磁滞回线内[15-17]。其中，文献[16]指出由和应涌流引发的 TA 局部暂态饱和是导致差动保护误动的重要因素之一，认为发生和应涌流时，由于波形中含有大量的非周期分量且衰减缓慢，随着时间的累积将导致 TA 局部暂态饱和，此时变压器差动电流的二次谐波含量减少，二次谐波制动判据有可能失效。文献[15]认为如果外部故障过程中的工频短路电流和暂态非周期分量造成的 TA 累积剩磁较大，而故障切除恢复成负荷电流后 TA 会工作在饱和点附近的局部磁滞回环，二次电流波形特征无明显的畸变，常规的二次谐波也无法制动，此时很小的差动不平衡电流就有可能引起差动保护误动。

　　根据 6.2.1 节的分析，直流偏磁电流产生的恒定磁通将成为励磁磁通的组成部分，直流偏磁与铁心剩磁也有一定的相似性，在传变工频负荷电流的时候可能导致 TA 局部暂态饱和的发生。由此不难推论，直流偏磁电流也是 TA 局部暂态饱和的诱因之一。在直流偏磁条件下，穿越性涌流、和应涌流和外部故障切除时 TA 的局部暂态饱和更容易发生，使得变压器差动电流的二次谐波含量减少，二次谐波制动判据失效，从而使变压器差动保护误动。

　　为了验证这一观点，本节在文献[16]的并联型和应涌流模型的基础上，计及直流偏磁影响构建了仿真模型，用以定量分析 TA 局部暂态饱和对变压器差动保护的影响。仿真模型的电气接线如图 6-10 所示。

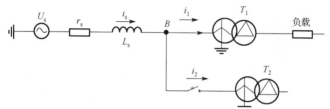

图 6-10　和应涌流模型电气接线图

1. HVDC 型直流偏磁下的和应涌流仿真分析

　　首先，在无偏磁时对和应涌流进行仿真分析，其结果将用作对比和参考。并联空载变压器 T_2 于 0.1s 合闸。将所测 T_1 的 Y 侧和 Δ 侧的电流直接经 TA 变换后求取变压器 T_1 的差动电流。仿真结果如图 6-11 所示。

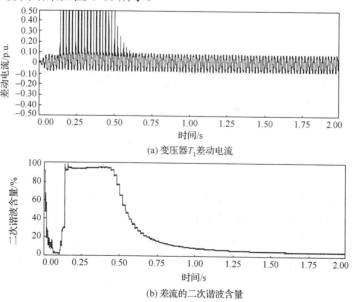

(a) 变压器 T_1 差动电流

(b) 差流的二次谐波含量

图 6-11　无偏磁时的和应涌流

由图 6-11(a)和图 6-11(b)可知，变压器 T_1 的差动电流在和应涌流完全衰减后（约 0.7s）恢复为正常值（约 0.07p.u.），差流的二次谐波含量也随着和应涌流的衰减而减少，在 0.7s 时减少至 20%，此后继续减小直至接近于 0，但此时差流已恢复正常，故变压器差动保护不会误动。显然此时 TA 还工作在线性区，并未出现局部暂态饱和的现象。

接下来将仿真分析直流偏磁条件下的和应涌流情况。对 HVDC 型直流偏磁效应的模拟采用的是在所测得的电流基础上叠加一定量的直流电流分量作为 TA 的一次侧电流，将其经 TA 变换后的二次侧电流用于求取变压器 T_1 的差动电流。仿真结果如图 6-12 所示。

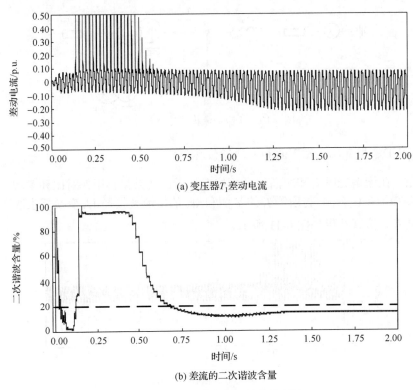

(a) 变压器 T_1 差动电流

(b) 差流的二次谐波含量

图 6-12　直流偏磁条件下的和应涌流

从图 6-12(a)可以看出，变压器 T_1 的差动电流在约 0.7s 后开始逐渐增大，约 1.3s 时达到 0.22p.u.并保持不变。由图 6-12(b)可知，差流的二次谐波含量在约 1.3s 时达到 14.2%并维持不变。相应的 TA 励磁特性如图 6-13 所示。由图 6-13 可以看出，TA 的工作点逐渐向饱和点移动，1.3s 后工作在饱和点附近的局部磁滞回线内。

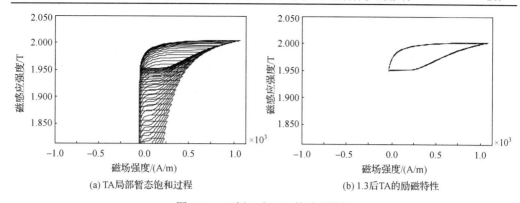

(a) TA局部暂态饱和过程　　　　　　　(b) 1.3后TA的励磁特性

图 6-13　Y 侧 A 相 TA 的励磁特性

2. TA 局部暂态饱和对变压器差动保护的影响

对比图 6-11 和图 6-12 可知，在 HVDC 型直流偏磁条件下由于直流分量与和应涌流中的非周期分量的共同作用，更容易造成 TA 铁心磁通的累积，使得 TA 发生局部暂态饱和，在和应涌流基本衰减后又出现了差流增大的情况。

对比图 6-12 和图 6-13，注意到 1.3s 后 TA 工作在饱和点附近的局部磁滞回线内，该回线的位置固定，不再移动，TA 进入局部暂态饱和的状态。与此同时，差流的幅值为 0.22p.u.，二次谐波含量为 0.142，并维持不变。出现这种现象的原因是 TA 发生局部暂态饱和时，二次侧电流波形无明显畸变，但出现一定的相位偏差，如图 6-14 所示，而变压器不接地的另一侧负荷电流可得到真实传变，这就导致了差流幅值较正常运行时增大较多，而二次谐波的含量却并不太大。

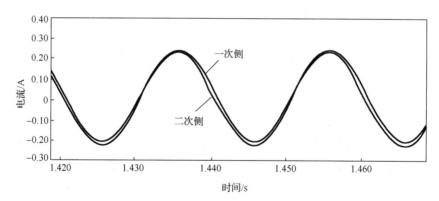

图 6-14　TA 一次和二次侧电流

差动保护为保证对内部故障的灵敏性及对外部故障的可靠性，通常采用比率制动特性，如图 6-15 所示。图中：I_{op} 为动作电流；I_{res} 为制动电流；$I_{op.min}$ 为最小动作电流，一般整定为 0.2～0.3p.u.；K_{b1} 和 K_{b2} 为相应线段的斜率。由前面的仿真结果可知，

TA 发生局部暂态饱和时差流的幅值为 0.22p.u.，二次谐波比为 0.142，低于二次谐波制动比（保护装置中通常整定为 0.15～0.2，本节取 0.2），即二次谐波制动判据并未闭锁差动保护。由于此时 TA 的一次侧电流接近负荷电流，故制动电流也在额定负荷电流附近，而动作电流又刚好越过门槛值（0.2p.u.），所以误动发生在图 6-15 所示的圆形区域内。虽然该研究表明 TA 局部暂态饱和造成的误动区域并不大，但由于导致 TA 局部暂态饱和的因素是多种多样的，故它的潜在危害性不容忽视。

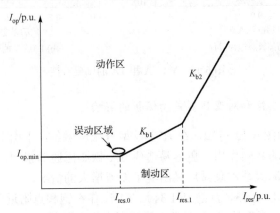

图 6-15　比率制动特性及误动区域

6.3.2　GIC 型直流偏磁引发的 TA 饱和及其对差动保护的影响

1. GIC 型直流偏磁对 TA 传变特性的影响

GIC 型直流偏磁与 HVDC 型直流偏磁对 TA 传变特性的影响分析类似，但考虑 GIC 的时变性，其对 TA 传变特性的影响更为复杂。为进一步明确 GIC 对 TA 传变特性的影响，针对实际工程中可能存在的工频电流叠加 GIC 的场景，开展了物理模拟与数字仿真的对比验证。

1）物理模拟实验（TA 传变工频电流叠加 GIC）

当地磁暴对实际的电力系统产生影响时，互感器的一次侧电流中将同时存在工频电流以及 GIC，与 6.2.2 节中分析的第三种情况相符。根据分析结果，发现即使传变的 GIC 存在明显畸变时 TA 仍可能在误差允许的范围内传变工频电流。为了验证这一结论，基于已有的实验条件完成了一组实验。实验设备主要有以下几种。

（1）匝比 N_1/N_2 为 18/220 的电磁式电流互感器一台。

（2）TektronixTDS2022 型双通道数字示波器两台。

（3）交流电流源，频率范围为 1～60Hz。

（4）0～50Ω 滑动变阻器一台。

实验接线如图 6-16 所示。

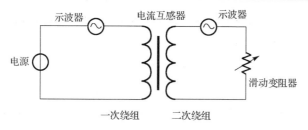

图 6-16　实验电流互感器接线图

首先，设置幅值为 2A，频率为 1Hz，按正弦规律变化的简化 GIC 模型作为输入信号。实验记录的二次侧电流波形如图 6-17 所示。接下来，在输入信号中叠加幅值为 2A，频率为 50Hz 的正常工作电流，相应的二次侧电流及其局部放大图如 6-18 所示。

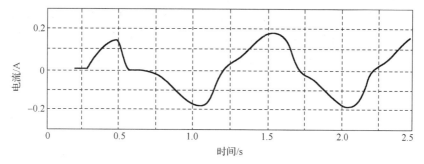

图 6-17　TA 仅传变 GIC 时二次侧电流实验波形

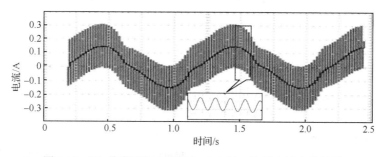

图 6-18　TA 传变工频电流叠加 GIC 时二次侧电流实验波形

由图 6-18 可以看出，工频电流叠加 GIC 电流后，电流互感器二次电流的包络线显现出畸变特性，形状类似于 GIC 单独作用时二次侧电流波形，但局部放大后发现工频电流波形并没有明显的畸变。这表明在 GIC 的影响下 TA 已经发生了一定程度的饱和，但由于 TA 对工频分量的传变误差小于其对 GIC 的传变误差，所以工频电流的传变并未受到明显的影响，这与理论分析的结果相符。由于条件和设备的限制，实验研究直流偏磁对电流互感器的影响具有一定的局限性，如拟合的 GIC 频率只能在 ≥1Hz 的范围内设置，不能存储一二次侧电流实验值，无法进行相位比较，因此不能准确判断 TA 是否发生了局部暂态饱和，并且不能模拟更低频率的 GIC 引起的更深程度的饱和，需要做进一步的仿真验证。

2）数字仿真实验（TA 传变工频电流叠加 GIC）

为了确保接下来的一系列仿真试验的可行性与可信度，在此首先完成了一组与前面"物理模拟实验（TA 传变工频电流叠加 GIC）"中的实验相对照的仿真测试。

在 PSCAD/EMTDC 中，利用 AM/FM/PM（调幅/调频/调相）调制元件作为一次侧输入的信号，通过调节元件的幅值、频率和相角，实现对工频电流量和低频 GIC 量的模拟，经基于 J-A 理论的 TA 模型的转换，观察传变后的二次侧电流，其中 TA 模型的匝比、磁路长度、横截面积均与实验用 TA 保持一致。

当采用幅值为 2A，频率为 1Hz 的 GIC 作为输入信号时，TA 的二次侧电流波形如图 6-19 所示。然后仿照实验，在输入信号中叠加幅值为 2A 的工频电流。相应的二次侧电流及其局部放大图如图 6-20 所示。显然，在输入信号及 TA 参数设置相同的情况下，仿真与实验的波形基本一致，这就证明了该 TA 模型可以用于 GIC 对 TA 传变特性的影响研究。

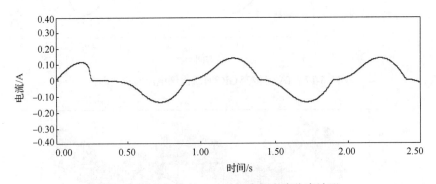

图 6-19　TA 仅传变 GIC 时二次侧电流仿真波形

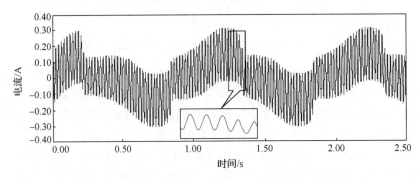

图 6-20　TA 传变工频电流叠加 GIC 时二次侧电流仿真波形

2．GIC 型直流偏磁引发的 TA 饱和情况分析

1）GIC 型直流偏磁引起 TA 局部暂态饱和

在 PSCAD/EMTDC 中构建计及 GIC 等效源的变压器差动保护仿真模型，其中，变压器采用 $Y_0/\Delta11$ 接线方式，一次侧额定电流为 240A，TA 采用 PSCAD 提供的 J-A 模型。TA 配置及变压器各侧电流分布情况如图 6-21 所示。

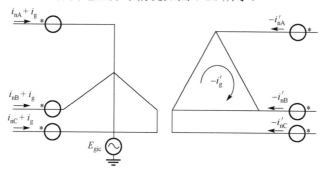

图 6-21　TA 配置及电流分布情况

图 6-21 中 E_{gic} 表示 GIC 等效源，i_{nA}、i_{nB}、i_{nC} 分别表示变压器 Y 侧各相工频负荷电流，i_g 表示变压器 Y 侧 GIC，i'_{nA}、i'_{nB}、i'_{nC} 分别表示变压器Δ侧出线处各相工频负荷电流，i'_g 表示变压器Δ侧感应出的 GIC。正常运行时，系统三相对称，从中性点注入的 GIC 均匀分配到各相，与零序电流的性质类似，在Δ侧绕组内形成环流，因此仅有 Y 侧的 TA 受到 GIC 的影响。假设 Y 侧 TA 的二次侧电流分别为 i_{A2}、i_{B2}、i_{C2}，Δ侧 TA 的二次侧电流分别为 i'_{A2}、i'_{B2}、i'_{C2}，那么变压器差动电流，以 A 相为例，可按式（6-16）进行计算：

$$i_{dA} = \frac{i_{A2} - i_{C2}}{\sqrt{3}} + i'_{A2} \tag{6-16}$$

式中，i_{dA} 为 A 相差流，各电流均折算至同一电压等级下的标幺值。

i_{zA} 制动电流通常按式（6-17）计算：

$$i_{zA} = \frac{1}{2}\left(\frac{i_{A2} - i_{C2}}{\sqrt{3}} - i'_{A2} \right) \tag{6-17}$$

因本节主要研究 GIC 引起的 TA 传变特性改变及其对差动保护带来的影响，故假设变压器为理想变压器，暂不考虑变压器受 GIC 的影响情况。事实上，GIC 的存在也会影响变压器铁心中的磁通分布，再计及 GIC 对 TA 的影响，则差动保护受到的影响机理更为复杂，有待进一步的研究。

若 GIC 的幅值并不太大，则可能引起 TA 发生局部暂态饱和。在约 1.8s 之后，TA 的工作点进入第一象限的局部磁滞回环，在饱和点附近缓慢移动，TA 的二次侧电流波形未出现明显的畸变，但出现一定的相位偏差，此时 TA 励磁电流与图 6-6(a)所示参考方向相同，因此差流增大并偏向纵轴的负方向，相应的二次谐波含量略微增大，如图 6-22 所示。

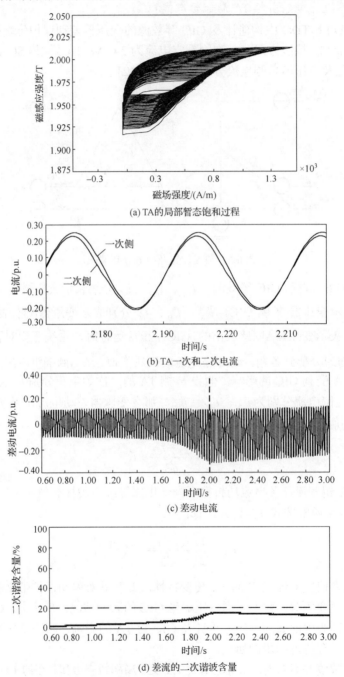

(a) TA的局部暂态饱和过程

(b) TA一次和二次电流

(c) 差动电流

(d) 差流的二次谐波含量

图 6-22　TA 第一象限局部暂态饱和（GIC 为 25A，0.05Hz）

　　与纯直流偏磁引起的 TA 局部暂态饱和不同，GIC 引起的局部暂态饱和状态不能长期维持，随着 GIC 大小和方向的变化，TA 铁心中的偏置磁通改变，TA 的工作点将退出局部磁滞回环重新回到线性区，并可能在第三象限又进入局部磁滞回环。如图 6-23 所示，当局部暂态饱和发生在第三象限时，TA 的励磁电流与图 6-6(a)所示的参考方向相反，此时差流增大并偏向纵轴的正方向。可见，与 HVDC 型直流偏磁相比，GIC 型直流偏磁引起的 TA 局部暂态饱和具有不可维持性，但可能往复出现；且局部磁滞回环的位置具有不确定性，在 GIC 作用的不同阶段或者不同方向的 GIC 作用下，它可能位于 TA 励磁特性的第一象限或第三象限。

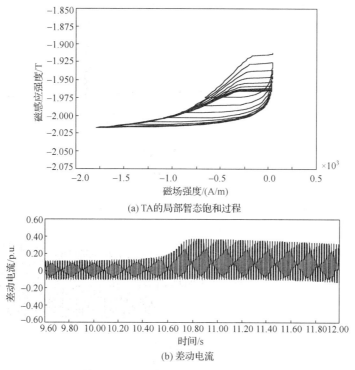

(a) TA 的局部暂态饱和过程

(b) 差动电流

图 6-23　TA 第三象限局部暂态饱和（GIC 为 25A，0.05Hz）

　　值得注意的是，并非仅有特定幅值、频率的 GIC 能够引起 TA 局部暂态饱和，当 GIC 的幅值、频率变化时，对于给定 TA 仍有可能引起其发生局部暂态饱和。

　　首先维持 GIC 模拟量的频率不变（0.05Hz），增大其幅值为 30A，仿真结果如图 6-24 所示。不难发现，当差流激增时二次谐波含量变化不大，仍发生了 TA 局部暂态饱和，但与 GIC 的幅值为 25A 时（图 6-22(c)）相比，其进入饱和的时间提前了约 0.4s。若维持 GIC 模拟量的幅值不变（25A），减小频率为 0.02Hz，同样引起了 TA 局部暂态饱和，仿真结果如图 6-25 所示。

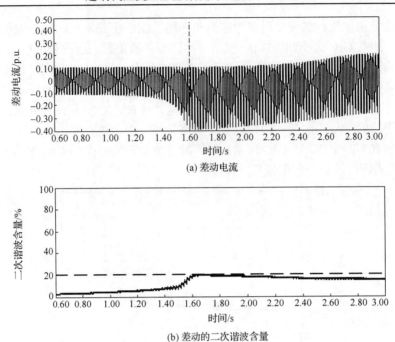

(a) 差动电流

(b) 差动的二次谐波含量

图 6-24　GIC 为 30A，0.05Hz 时的仿真结果

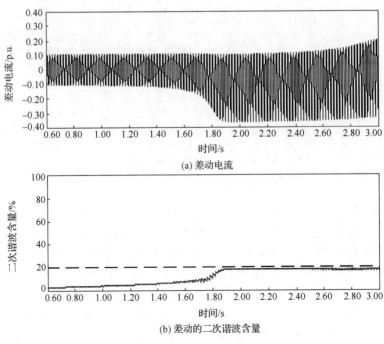

(a) 差动电流

(b) 差动的二次谐波含量

图 6-25　GIC 为 25A，0.02Hz 时的仿真结果

由图 6-24 及图 6-25 可见，不同幅值、频率的 GIC 均可能引起给定 TA 发生局部暂态饱和，那么相同的 GIC 也可能引起不同型号的 TA 发生局部暂态饱和。由此推断，GIC 产生的直流偏磁影响范围更广，更容易引起 TA 的局部暂态饱和。

2）GIC 型直流偏磁引起的 TA 暂态饱和

当 GIC 的幅值较大时，可能引发 TA 暂态饱和。在本节建立的仿真模型中，当 GIC 模拟量设置为 40A，0.05Hz 时，即可观察到 TA 暂态饱和现象，如图 6-26 所示。TA 暂态饱和发生时，TA 的工作点进入饱和区，所传变的额定工频电流出现明显畸变，由于仅有变压器 Y 侧 TA 受到 GIC 的影响，Δ侧 TA 能够正常传变，所以会造成差流增大的情况。对差流进行谐波分析可知，其二次谐波含量较大，超过了二次谐波制动门槛值（20%），对采用了二次谐波闭锁的变压器差动保护而言不会引起误动。但当变压器发生内部故障时，若差动保护由于 GIC 引起的 TA 饱和而闭锁，则其可能延时动作甚至拒动，威胁到电网的安全运行。

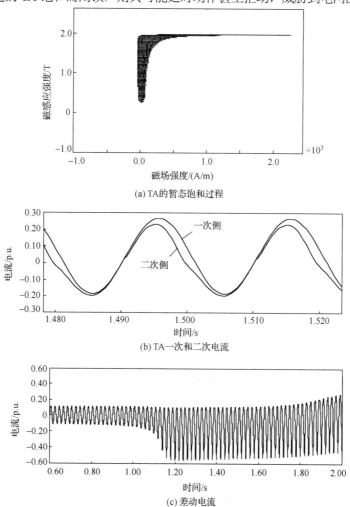

(a) TA 的暂态饱和过程

(b) TA 一次和二次电流

(c) 差动电流

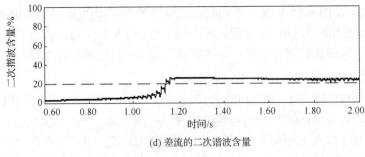

(d) 差流的二次谐波含量

图 6-26　TA 暂态饱和

3）GIC 型直流偏磁引起的 TA 严重饱和

根据上述理论分析及实验、仿真结果可知，GIC 对 TA 暂态传变特性的影响与 GIC 作用时长、GIC 的幅值、频率等因素有关。由于当地磁场变化剧烈时，GIC 的峰值可达数百安培，再考虑其他不利因素，如 TA 铁心剩磁、各类涌流中的非周期分量、HVDC 型直流偏磁的作用等，可能使得 TA 的工作点严重偏移，在传变正常工频电流时完全位于饱和区。

在本节构建的计及 GIC 效应的系统仿真模型中，将 GIC 正弦等效源的幅值设为 1000V，初相角为 $180°$，频率为 0.1Hz，在仿真开始时刻（0s）即接入变压器中性点，在此条件下中性点注入的 GIC 有效值为 500A，以变压器 Y 侧 A 相 TA 为例，分析 GIC 引起 TA 发生严重饱和的过程。TA 的一次侧及二次侧电流如图 6-27 所示。

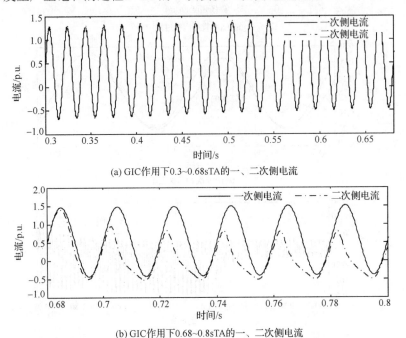

(a) GIC作用下0.3~0.68sTA的一、二次侧电流

(b) GIC作用下0.68~0.8sTA的一、二次侧电流

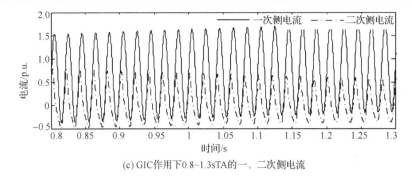

(c) GIC作用下0.8~1.3sTA的一、二次侧电流

图 6-27　Y 侧 A 相 TA 的一、二次侧电流

　　由于 GIC 的频率相对工频而言，正、负半周变化极慢，可以认为是一个直流励磁和退磁的过程，在这个过程 GIC 在 TA 铁心中产生的偏置磁通是变化的，所以 TA 的饱和程度也会随之变化。由图 6-27 可清晰地看出随着 GIC 作用时间的推移，TA 的二次侧电流呈现不同的波形特征。图 6-27(a)显示了在 GIC 作用初期，TA 并没有立即饱和，它能准确地传变一次侧电流；图 6-27(b)中 TA 的二次侧电流波形出现明显畸变，表明 TA 发生了暂态饱和，这是 GIC 产生的偏置磁通增加使得 TA 工作点逐渐上移至饱和点附近，受传变的工频电流的影响，TA 的励磁电感呈周期性变化造成的；而图 6-27(c)则显示出随着 GIC 产生的偏置磁通进一步增加，TA 饱和程度加深，此时 TA 的励磁电感很小，励磁电流很大，二次侧电流的畸变特征逐渐消失，幅值明显减小。由于其幅值与一次侧电流有明显差异，并不属于局部暂态饱和，但波形也与正弦相近。为了更准确地分析在 GIC 作用的不同时段 TA 的暂态传变特性，在图 6-27 显示的三个阶段中各取一个工频周期的 TA 二次侧电流进行频谱分析，结果如图 6-28(a)所示，对应的 TA 工作区间如图 6-28(b)所示。

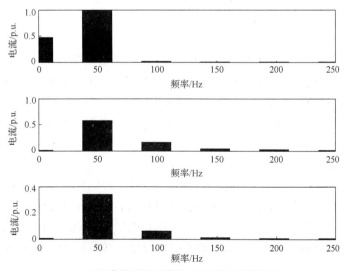

(a) GIC作用下不同时段的TA二次侧电流频谱分析

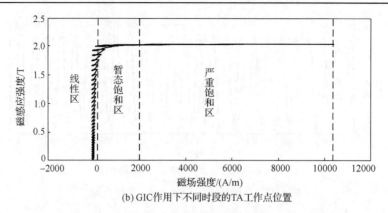

(b) GIC作用下不同时段的TA工作点位置

图 6-28　TA 二次侧电流频谱分析及相应的 TA 工作区间

由图 6-28 可知，随着 TA 进入暂态饱和区，代表 GIC 的低频分量大大减少，工频分量减少，各次谐波含量增大（局部暂态饱和是一种特殊情况，此时工作点完全位于局部磁滞回环内，谐波含量较小）；而当 TA 进入严重饱和区，工频分量及各次谐波分量均有所减小，但谐波分量减少得更为明显，这就使 TA 的二次侧电流呈现为工频正弦波。

3. GIC 型直流偏磁对变压器差动保护的影响及防范措施

1）GIC 引起的 TA 饱和对变压器差动保护的影响

根据本节 "GIC 型直流偏磁引起的 TA 严重饱和" 中的仿真分析结果，可以发现由于 GIC 具有高幅值、低频率、时变性的特征，在 GIC 作用的某个阶段，TA 工作点完全进入严重饱和区，此时 TA 的二次侧电流幅值明显减小但畸变特征不明显。这样的饱和特征与暂态饱和及局部暂态饱和都不相同，现有的方法无法准确识别，有可能对变压器差动保护产生影响。

变压器 Y 侧 A 相、C 相绕组出线处及 Δ 侧 A 相绕组出线处 TA 的二次侧电流 i_{A2}，i_{C2} 及 i'_{A2} 如图 6-29 所示。可见，变压器 Y 侧的 TA 受到 GIC 的影响而发生了严重饱和，各相 TA 的二次侧电流中 GIC 分量相等，进行相位补偿（Y/Δ 变换）后可相互抵消，但 Δ 侧绕组出线处的 TA 未受影响，这与 "GIC 型直流偏磁引起 TA 局部暂态饱和" 中的分析相符。按照式（6-16）、式（6-17）分别对变压器差动电流、制动电流进行计算，并分析差流中的二次谐波含量，结果如图 6-30 所示。

由图 6-30 可知，随着 Y 侧 TA 的饱和程度加深，差动保护计算出的不平衡电流增大，当 TA 发生严重饱和时，差流 i_{dA} 幅值约为 0.8p.u.，明显高于最小动作电流（0.2p.u.），而此时制动电流 i_{zA} 约为 0.6p.u.，低于最小制动电流（1.0p.u.），因此差动保护进入动作区，又由于二次谐波含量低于二次谐波制动门槛（20%），这就造成差动保护误动。

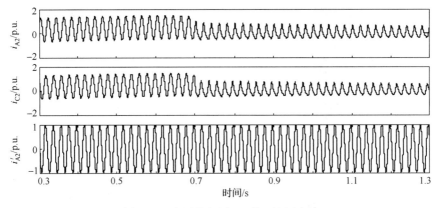

图 6-29　变压器各侧 TA 的二次侧电流

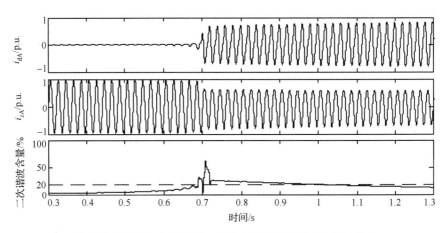

图 6-30　变压器 A 相差流、制动电流及差流的二次谐波含量

2）GIC 引起变压器差动保护误动的防范措施

为了避免 GIC 造成的一侧 TA 严重饱和引起的误动，需要对仿真波形进行进一步的对比分析。对比图 6-30 及图 6-27(b)可知，差流增大的时刻与 TA 发生暂态饱和，出现明显波形畸变的时刻相同（0.68s），此后数个工频周期内 TA 二次侧电流波形均存在明显畸变，基于波形的 TA 饱和识别判据（如导数法、谐波比法等）能可靠识别 TA 饱和，从而闭锁差动保护。此后随着 TA 饱和程度加深，波形畸变特征消失，二次谐波含量下降，从而引起差动保护误动。那么防误动的关键在于判别出 TA 饱和特征消失是否由转换性故障造成。因此，需要对区外故障引起 TA 饱和后转换为区内故障进行仿真分析，结果如图 6-31 所示。

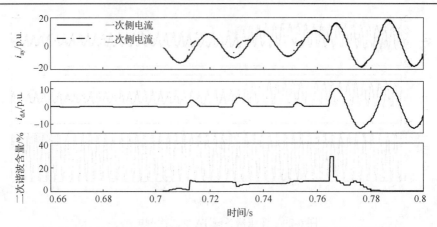

图 6-31　区外故障转区内故障且 TA 饱和的差流及其中的二次谐波含量

　　以图 6-31 为例，0.7～0.76s 发生了区外 A 相接地故障，0.76s 后转为区内 A 相接地故障，i_{ay} 表示变压器 Y 侧 A 相 TA 的电流，i_{dA} 表示 A 相差动电流。由图 6-31 可见，区外故障引起的 TA 饱和会随着故障电流中非周期分量的衰减而逐渐退出饱和，相应的差流波形表现出先增大后减小的趋势，这与图 6-30 中 GIC 引起的 TA 饱和造成差流缓慢增大的趋势明显不同。因此可在保护识别出 TA 饱和后持续检测差流波形趋势，由此判断 TA 饱和是否由区外故障造成。若判断出是由区外故障造成的 TA 饱和，则可采用文献[17]提出的基于数学形态学梯度的方法识别转换性故障。另外，对比图 6-30 和图 6-31 可见，当 TA 饱和特征逐渐消失时，GIC 引起的 TA 严重饱和使差流中的二次谐波含量持续降低，而区内故障则会导致二次谐波含量发生突变，因此可利用差流的二次谐波变化趋势来判别是否发生区内故障。综上，可采用基于差流及其二次谐波变化趋势的综合防误动措施，具体动作流程如图 6-32 所示。该措施能确保差动保护在区外转区内故障时快速动作，在 GIC 引起 TA 严重饱和时可靠闭锁，并在非区外故障引起 TA 饱和后又发生区内故障时正确开放保护。

6.3.3　GIC 在电力变压器三相绕组中的分布特性及其对变压器差动保护的影响

　　6.3.2 节重点讨论了 GIC 可能引发的 TA 饱和现象及其对变压器差动保护的影响。除此之外，实际工程中还存在 GIC 引起变压器自身传变特性发生变化的情况。

　　目前，关于 GIC 对变压器影响的研究主要集中在其造成变压器饱和从而引起励磁涌流的研究，包括用不同容量的变压器进行励磁电流、漏磁和温升测量等方面的实验[17-21]。文献[22]指出影响变压器直流偏磁程度的两个主要因素是变压器铁心结构和变压器绕组连接形式。文献[23]进一步说明 GIC 流经变压器造成直流偏磁，畸变后的励磁电流同时富含高幅值的基波和奇、偶谐波分量。变压器无功损耗随着变压器直流

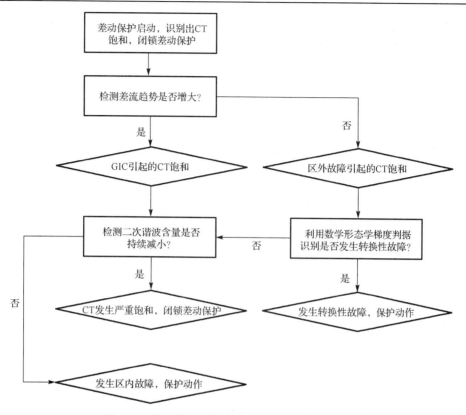

图 6-32　基于差流及其二次谐波趋势的防误动判据

偏磁程度的加深而逐渐增大[24]。以上这些研究将电网视为三相对称，变压器也是三相对称的，即变压器各相流入电网的 GIC 相同。然而在实际运行中往往并非如此，当变压器各相铁心剩磁不一致，或变压器饱和程度不同时，各相中 GIC 的含量并不相同。

此外，已有研究均将 GIC 视为直流，然而前述分析表明，GIC 具有低频特性，一般为 0.0001～0.1Hz，目前测得 GIC 最高幅值为 201A[25]。当 GIC 由变压器中性点流入变压器，如果中性点流入的为纯直流电流，根据电磁感应定律，该电流形成的磁场恒定，无法在副边感应出电流，则中性点电流全部流经原边绕组，副边没有直流电流。然而计及 GIC 的低频变化特征，则将出现不同于纯直流的情况。

1. GIC 在 Y₀/Y 型变压器中流通路径分析

1）Y₀/Y 型变压器等效模型分析

在磁暴发生时，电网中的不同接地点间将产生电位差，此时 GIC 将通过变压器接地中性点流入电网。为讨论方便，本节仅考虑 GIC 对系统中一台变压器的影响，不计 GIC 对电网中其他变压器的影响且忽略变压器之间的相互作用。如图 6-33 所示为 GIC

注入电网的仿真模型，GIC 通过变压器 Y_0 侧中性点流入电网。图中将 500kV 电网等效为 500kV 理想电压源与 0.1Ω 电阻、15.7Ω 电抗的串联形式；变压器容量为 340MVA，变比为 500:230，变压器励磁特性为两段式，如图 6-34 所示；在变压器中性点施加低频电压源模拟生成 GIC。

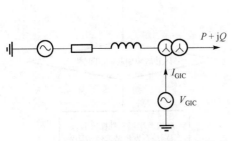

图 6-33　GIC 注入变压器仿真模型电气接线

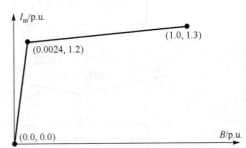

图 6-34　变压器励磁特性曲线

图 6-35(a)给出了 Y_0/Y 型三相变压器电气接线图，根据单相变压器 T 型等效电路模型，其三相等值电路如图 6-35(b)所示，其中 Z_{A1}, Z_{B1}, Z_{C1} 为 Y_0 侧等值阻抗，Z_{A2}, Z_{B2}, Z_{C2} 为折算至 Y_0 侧的 Y 侧等值阻抗，Z_{LA}, Z_{LB}, Z_{LC} 为折算至 Y_0 侧的 Y 侧负载阻抗，Z_{mA}, Z_{mB}, Z_{mC} 为折算至 Y_0 侧的励磁支路等值阻抗，假设，$Z_{LA}=Z_{LB}=Z_{LC}=Z_L$，$Z_{A1}=Z_{B1}=Z_{C1}=Z_1$，$Z_{A2}=Z_{B2}=Z_{C2}=Z_2$，$Z_{mA}=Z_{mB}=Z_{mC}=Z_m$。图 6-35(b)中 i_{A1GIC}, i_{B1GIC}, i_{C1GIC} 为变压器 Y_0 侧绕组中流过的 GIC 大小；i_{mAGIC}, i_{mBGIC}, i_{mCGIC} 为变压器励磁绕组中流过的 GIC 大小；i_{A2GIC}, i_{B2GIC}, i_{C2GIC} 为变压器 Y 侧绕组中流过的 GIC 大小。

根据图 6-35(b)，可得 Y_0/Y 型变压器各侧电流关系为

$$i_{A1GIC} - i_{mAGIC} = i_{A2GIC}$$
$$i_{B1GIC} - i_{mBGIC} = i_{B2GIC} \quad\quad\quad (6\text{-}18)$$
$$i_{C1GIC} - i_{mCGIC} = i_{C2GIC}$$

同时 Y_0 侧三相绕组 GIC 电流，与中性点注入 GIC 有如下关系：

$$i_{A1GIC} + i_{B1GIC} + i_{C1GIC} = i_{GIC} \quad\quad\quad (6\text{-}19)$$

式中，i_{GIC} 为 Y_0 侧由中性点注入的 GIC 电流。

图 6-35(a)中 GIC 在变压器 Y 侧不含流通回路，Y 侧各相 GIC 关系为

$$i_{A2GIC} + i_{B2GIC} + i_{C2GIC} = 0 \qu\quad\quad\quad (6\text{-}20)$$

2）不计负载电流情况下，GIC 经 Y_0/Y 型变压器流通路径分析及仿真验证

为使分析方便，暂不考虑负载电流对变压器的影响，将网侧负载电压置零，同时向变压器中性点注入 0.1Hz 的 GIC，此时变压器可能出现以下情况。

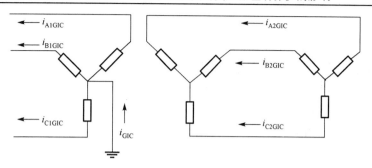

(a) Y_0/Y 型变压器电气接线图

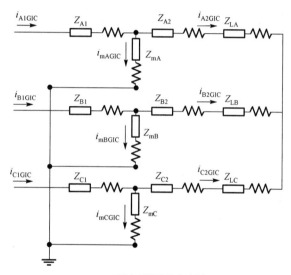

(b) Y_0/Y 型变压器等值电路图

图 6-35　Y_0/Y 型变压器电气接线与等值电路图

（1）当低频电压为 200V，变压器三相绕组均未发生饱和，此时变压器三相对称，流入 Y_0 侧 GIC 电流关系满足式（6-21）：

$$i_{A1GIC} = i_{B1GIC} = i_{C1GIC} \tag{6-21}$$

将式（6-21）代入式（6-19）得

$$i_{A1GIC} = i_{B1GIC} = i_{C1GIC} = \frac{i_{GIC}}{3} \tag{6-22}$$

此时 GIC 在 Y_0 侧三相绕组中均分，大小相位均相同，相当于零序电流；在 Y 侧不含通路，Y 侧绕组 GIC 关系为

$$i_{A2GIC} = i_{B2GIC} = i_{C2GIC} = 0 \tag{6-23}$$

将式（6-23）代入式（6-18）、式（6-22）可得

$$i_{mAGIC} = i_{mBGIC} = i_{mCGIC} = \frac{i_{GIC}}{3} \qquad (6-24)$$

图 6-36 给出了 Y_0/Y 型变压器三相均未饱和时，GIC 在其中的分布波形。图中各相励磁电流中 GIC 波形完全相同。由于变压器未饱和，励磁阻抗非常大，所以流入变压器的 GIC 电流很小；各相励磁电流中 GIC 波形与 Y_0 侧 GIC 波形基本相同，Y 侧无 GIC 流过，满足以上理论分析。

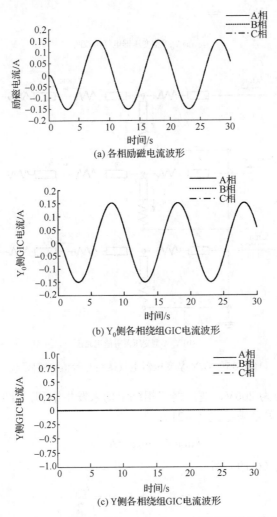

图 6-36　不计负载电流且三相未饱和时，GIC 在 Y_0/Y 型变压器各相绕组中的分布波形

此时变压器相当于空载非饱和运行，GIC 的流通路径如图 6-37 所示。GIC 经中性点流过 Y_0 侧线路后流入相邻接地点。图中 i_{A1GIC}，i_{B1GIC}，i_{C1GIC} 为 Y_0 侧线路 A、B、C 三相 GIC 电流，i_{GIC} 为中性点注入 GIC 电流。

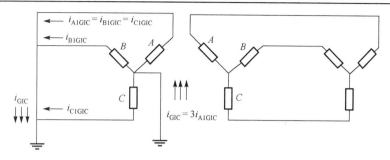

图 6-37 不计负载电流且三相未饱和时，GIC 在 Y_0/Y 型变压器中的流通路径

（2）通过设置一相或两相剩磁，可使变压器各相初始条件不同，使变压器三相绕组出现不对称饱和。此时三相不对称，Y 侧各相感应电压不同，Y 侧将出现 GIC 电流。

以 A 相饱和为例进行分析，将变压器磁化曲线分段线性化，且设为两段，其未饱和与饱和时励磁电感分别为 L_{m0} 与 L_{m1}。由于 $L_{m0} > L_{m1}$，则此时 BC 相的等效阻抗高于 A 相等效阻抗，流入 A 相的 GIC 将大于非饱和 B 相、C 相的 GIC。

由式（6-20）可知，当三相不对称时，由变压器 Y_0 侧传变至 Y 侧的各相 GIC 之和应为零。同时，B、C 同为未饱和相，状态相同，故此时 Y 侧 B、C 两相 GIC 关系为

$$i_{B2GIC} = i_{C2GIC} \qquad (6\text{-}25)$$

代入式（6-20）得

$$i_{A2GIC} = -2i_{B2GIC} = -2i_{C2GIC} \qquad (6\text{-}26)$$

图 6-38 给出了 A 相饱和时，GIC 在变压器中的分布波形。如图 6-38(a)所示，A 相饱和时励磁电流 GIC 最大，非饱和相 B、C 中 GIC 分量重合；Y_0 侧，A 相中 GIC 明显大于 B、C 两相，如图 6-38(b)所示。由于 A 相出现饱和，饱和时 GIC 的传变不再满足变压器变比关系，GIC 的传变将受到抑制，而 B、C 相未发生饱和，GIC 的传变仍满足变压器变比关系，于是 B、C 相中 GIC 能够正常传变至 Y 侧。如图 6-38(c)所示 Y 侧 A 相 GIC 与 B、C 相 GIC 相位相差 180°，A 相 GIC 在数值上为 B、C 相的两倍。

图 6-39 给出了 GIC 在 Y_0/Y 接线变压器 A 相饱和时的流通路径。GIC 由 Y_0 侧经线路流入大地，传变至 Y 侧，并在 Y 侧相间形成环路。图中，i_{A2GIC}、i_{B2GIC}、i_{C2GIC} 为 Y 侧线路 A、B、C 三相 GIC 电流。

（3）为使变压器三相出现明显饱和且控制饱和时系统中 GIC 总量在合理范围内，增大中性点低频电压源幅值至 1720V。此时 Y_0 侧各相 GIC 电流，Y 侧各相 GIC 电流以及励磁电流中 GIC 分别满足式（6-21）、式（6-23）、式（6-24）。变压器在 10s 内（即 GIC 的一个周期内）正负半周各出现一次饱和。

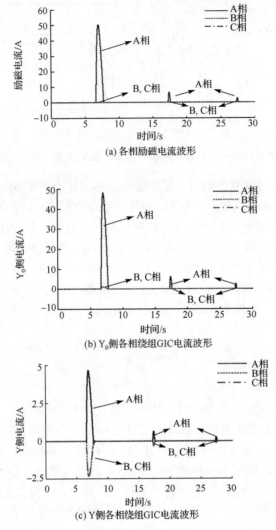

(a) 各相励磁电流波形

(b) Y₀侧各相绕组GIC电流波形

(c) Y侧各相绕组GIC电流波形

图 6-38　不计负载电流且 A 相饱和时，GIC 在 Y_0/Y 型变压器各相绕组中的分布波形

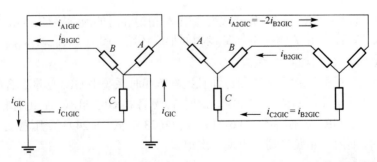

图 6-39　不计负载电流且 A 相饱和时，GIC 在 Y_0/Y 型变压器中的流通路径

图 6-40 为三相对称饱和时 GIC 在变压器中的分布波形。三相对称饱和时，励磁电流中 GIC 分布与 Y_0 侧绕组中 GIC 分布相同，如 6-40(a)、(b)所示，GIC 三相均分，呈现零序特性；Y 侧无 GIC，如 6-40(c)所示。

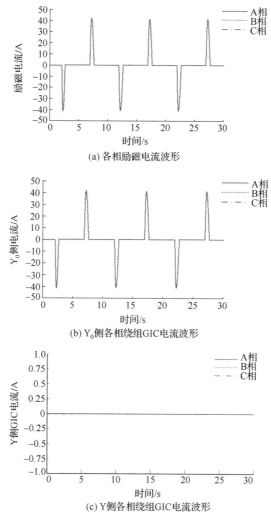

(a) 各相励磁电流波形

(b) Y_0 侧各相绕组GIC电流波形

(c) Y侧各相绕组GIC电流波形

图 6-40　不计负载电流且三相饱和时，GIC 在 Y_0/Y 型变压器各相绕组中的分布波形

此时变压器相当于在单相电压源下空载且饱和运行，故 GIC 在变压器三相饱和时的流通路径，与三相未饱和时相同，如图 6-37 所示，GIC 经中性点流过 Y 侧线路后流入相邻地点。

需要说明的是，由于以上仿真均基于不计工频电流的系统模型，为使变压器出现饱和，模拟 GIC 的等效低频电压源幅值设置较大，高于实际可能出现的幅值。

3）计及负载电流情况下，GIC 经 Y_0/Y 型变压器的传变特性分析及仿真验证

当考虑系统中负载电流，同时变压器中性点有 0.1Hz 低频 GIC 注入时，可能出现以下三种情况。

（1）当低频电压为 200V，变压器三相绕组均未发生饱和。此时，GIC 在变压器中分布与仅注入 GIC 时的分布相同，即 GIC 将均匀分布在 Y_0 侧三相绕组与三相励磁支路中，Y 侧绕组不会出现 GIC。图 6-41 给出了此时相关电流分布波形。励磁未发生畸变，且励磁电流中 GIC 与 Y_0 侧 GIC 含量相同。

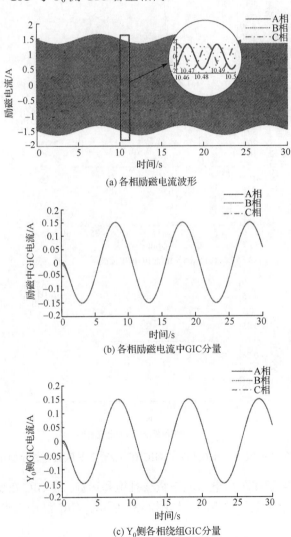

(a) 各相励磁电流波形

(b) 各相励磁电流中GIC分量

(c) Y_0侧各相绕组GIC分量

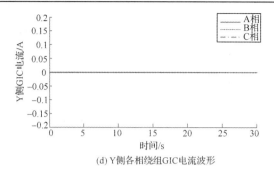

(d) Y侧各相绕组GIC电流波形

图 6-41 计及负载电流且三相未饱和时，GIC 在 Y_0/Y 型变压器各相绕组中的分布波形

GIC 叠加负载电流且变压器未饱和时的流通路径，与图 6-37 所示未叠加负载电流且三相未饱和时 GIC 流通路径相同，GIC 经中性点流过 Y_0 侧线路后流入相邻接地点，不流经 Y 侧。

（2）通过设置一相或两相剩磁，使变压器三相绕组出现不对称饱和。以 A 相饱和为例，当变压器达到饱和后，励磁电流将出现半波饱和，而 0.1Hz 的 GIC 波形与对应周期的波形外包线大致相同。图 6-42 给出了此时相关电流分布情况，A 相励磁发生饱和，Y_0 侧 A 相 GIC 幅值高于 B、C 相，其中 B、C 相在 5~10s 内峰值为 1.4A；GIC 传变至 Y 侧，A 相 GIC 幅值为 B、C 相的两倍，其中 B、C 两相在 5~10s 内峰值为 3A。可见此时饱和时 A 相的传变受到抑制，B、C 两相 GIC 正常传变。GIC 分布与不计负载电流时 A 相饱和 GIC 分布相同。

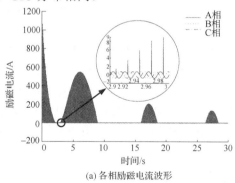

(a) 各相励磁电流波形

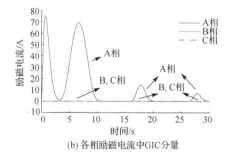

(b) 各相励磁电流中GIC分量

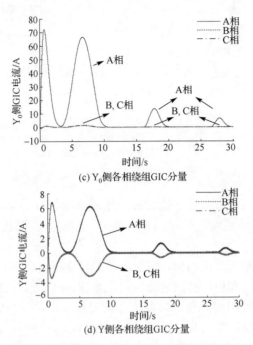

(c) Y_0侧各相绕组GIC分量

(d) Y侧各相绕组GIC分量

图6-42　计及负载电流且A相饱和时，GIC在Y_0/Y型变压器各相绕组中的分布波形

故 GIC 与负载电流混合流入使变压器 A 相饱和时的流通路径与图 6-39 所示未叠加负载时 A 相饱 GIC 流通路径相同，GIC 由 Y_0 侧经线路流入大地，传变至 Y 侧，并在 Y 侧相间形成环路。

（3）为使变压器三相出现明显饱和且控制饱和时系统中 GIC 总量在合理范围内，增大中性点低频电压源幅值至 400V。如图 6-43(b)所示，饱和时系统中 GIC 总量为 48A。饱和程度一致时，GIC 分布与不计负载变压器三相饱和时 GIC 分布相同，如图 6-43 所示。不同的是，由于引入了负载电流，图 6-43(a)中三相出现交替饱和的现象，且各项饱和相差 120°。图 6-43(c)中 GIC 在 Y_0 侧三相绕组与三相励磁支路中均分，Y 侧无GIC，如图 6-43(d)所示。

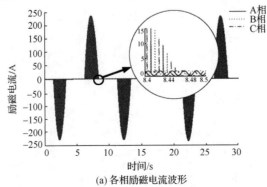

(a) 各相励磁电流波形

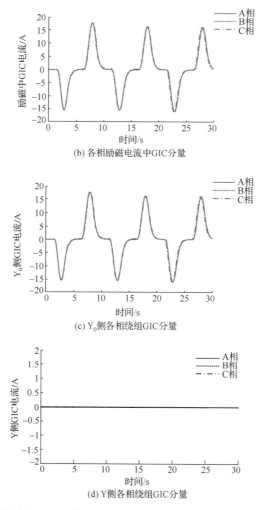

(b) 各相励磁电流中GIC分量

(c) Y₀侧各相绕组GIC分量

(d) Y侧各相绕组GIC分量

图 6-43　计及负载电流且三相饱和时，GIC 在 Y₀/Y 型变压器各相绕组中的分布波形

GIC 叠加负载电流且变压器三相饱和时的流通路径，与图 6-37 所示未叠加负载电流且三相未饱和时 GIC 流通路径相同，GIC 经中性点流过 Y₀ 侧线路后流入相邻接地点，不流经 Y 侧。

2. GIC 在 Y₀/Δ型变压器中流通路径分析

1）Y₀/Δ型变压器等效分析模型

图 6-44(a)给出了 Y₀/Δ接线三相变压器的接线图，根据单相变压器 T 型等效电路模型，其三相等值电路如图 6-44(b)所示，其中 Z_{A1}, Z_{B1}, Z_{C1} 为 Y₀ 侧等值阻抗，Z_{A2}, Z_{B2}, Z_{C2} 为折算至 Y₀ 侧的 Y 侧等值阻抗，Z_{LA}, Z_{LB}, Z_{LC} 为折算至 Y₀ 侧的 Y 侧负载阻抗，Z_{mA}, Z_{mB}, Z_{mC} 为折算至 Y₀ 侧的励磁支路等值阻抗，假设，$Z_{LA}=Z_{LB}=Z_{LC}=Z_L$，$Z_{A1}=Z_{B1}=Z_{C1}=Z_1$，

$Z_{A2}=Z_{B2}=Z_{C2}=Z_2$，$Z_{mA}=Z_{mB}=Z_{mC}=Z_m$。图中 i_{A2GIC}，i_{B2GIC}，i_{C2GIC} 为变压器 Y 侧线路中流过的 GIC 大小。

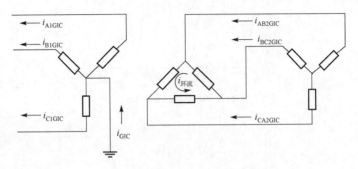

(a) Y_0/Δ接线三相变压器电气接线图

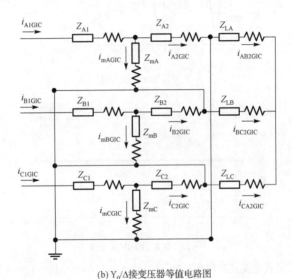

(b) Y_0/Δ接变压器等值电路图

图 6-44　Y_0/Δ变压器电气接线图及等值电路图

　　根据图 6-44(b)，可得 Y_0/Δ 接线变压器各侧电流关系满足式（6-18），Y_0 侧三相绕组 GIC 电流与中性点注入 GIC 关系满足式（6-19）。

　　图 6-44(a)给出了 GIC 在变压器所带负荷不含流通回路，负荷中各相 GIC 关系如式（6-27）所示：

$$\begin{cases} i_{A2GIC} - i_{B2GIC} = i_{AB2GIC} \\ i_{B2GIC} - i_{C2GIC} = i_{BC2GIC} \\ i_{C2GIC} - i_{A2GIC} = i_{CA2GIC} \\ i_{AB2GIC} + i_{BC2GIC} + i_{CA2GIC} = 0 \end{cases} \qquad （6\text{-}27）$$

角侧绕组为环形,因此在二次绕组中会出现环流。

2)GIC 在 Y_0/Δ 型变压器中流通路径分析及仿真验证

当系统中 0.1Hz 低频 GIC 加入电网,并计及负载电流时,下面分析三相均未饱和、三相均饱和以及不对称饱和等三种情况。

(1)当低频电压为 200V,三相均未发生饱和。此时变压器三相对称,Y_0 侧 GIC 电流满足式(6-21)与式(6-22)。

GIC 在 Y_0 侧三相绕组中均匀分布,在 Δ 侧绕组中通过电磁耦合形成环流,不会流入负载中,此时 GIC 可在变压器中正常传变。

图 6-45 给出了 GIC 叠加负载电流情况下 Y_0/Δ 接线变压器各相未饱和时相关电流分布情况。三相 GIC 分布完全重合,Y_0 侧绕组 GIC 与 Δ 侧绕组间满足变比关系,满足以上理论分析。

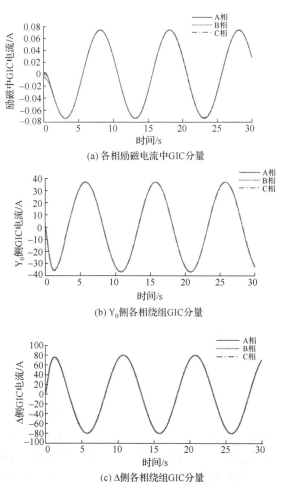

(a) 各相励磁电流中GIC分量

(b) Y_0侧各相绕组GIC分量

(c) Δ侧各相绕组GIC分量

图 6-45 计及负载电流且三相未饱和时,GIC 在 Y_0/Δ 型变压器各相绕组中的分布波形

　　此时对于 GIC 而言，变压器相当于在单相 GIC 等值电压源下有载（视二次侧漏抗为负载）运行。图 6-46 给出了此时 GIC 的流通路径，GIC 流经 Y_0 侧、励磁支路，并传变至Δ侧绕组，并形成环流（图中用 $i_{环流}$ 表示）。

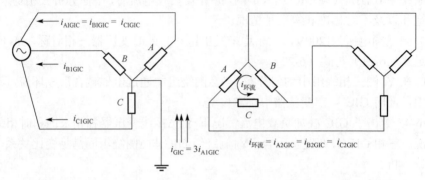

图 6-46　计及负载电流且三相未饱和时，GIC 在 Y_0/Δ型变压器中的流通路径

　　（2）增大低频电压至 700V 时，出现三相饱和，此时 GIC 分布类似三相均未饱和情况，如图 6-47 所示。

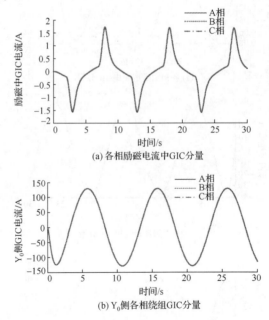

(a) 各相励磁电流中GIC分量

(b) Y_0侧各相绕组GIC分量

图 6-47　计及负载电流且三相饱和时，GIC 在 Y_0/Δ型变压器各相绕组中的分布波形

　　（3）通过设置一相或两相剩磁，使变压器三相绕组出现不对称饱和。以 A 相饱和为例，与"计及负载电流情况下，GIC 经 Y_0/Y 型变压器的传变特性及仿真验证"中第（2）条分析相同，饱和相 A 相中电抗值减小，导致 A 相 Y_0 侧 GIC 幅值高于非饱和相 B、C 相的 GIC 幅值，如图 6-48(b)所示，且图 6-48(a)中 A 相励磁电流中 GIC 大

于 B、C 相。而图 6-48(c)中角侧三相绕组中的 GIC 含量差别很小，于是变压器角侧出口线路上的 GIC 含量很小，如图 6-48(d)所示，线路 A、C 两相 GIC 含量不超过 2A。

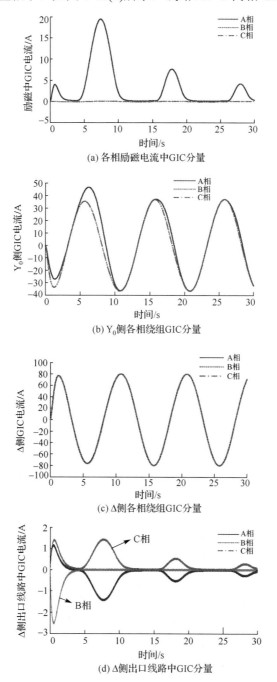

(a) 各相励磁电流中GIC分量

(b) Y_0侧各相绕组GIC分量

(c) Δ侧各相绕组GIC分量

(d) Δ侧出口线路中GIC分量

图 6-48　计及负载电流且 A 相饱和时，GIC 在 Y_0/Δ 型变压器各相绕组中的分布波形

图 6-49 给出了 GIC 叠加负载电流情况下，Y_0/Δ 接线变压器 A 相饱和时 GIC 的流通路径。GIC 经变压器中性点流经 Y_0 侧线路，同时传变至 Δ 侧形成环流，不平衡电流流入 Δ 侧线路中。

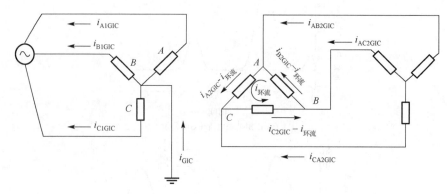

图 6-49　计及负载电流 A 相饱和时，GIC 在 Y_0/Δ 型变压器中的流通路径

3）GIC 在 Y_0/Y 型与 Y_0/Δ 型变压器中流通路径对比

（1）当三相饱和程度相同或三相均未饱和时，GIC 在变压器 Y_0 侧均分。对于 Y_0/Y 型变压器，Y 侧绕组不会存在 GIC；对于 Y_0/Δ 型变压器，GIC 在变压器 Δ 侧绕组中形成环流，变压器 Δ 侧线路上同样不会出现 GIC。

（2）当三相不对称饱和时，Y_0 侧饱和程度大的一相流过 GIC 幅值较高；若存在两相状态相同（同时未饱和或饱和程度相同），则这两相 GIC 幅值相同；未饱和相 GIC 正常传变。对于 Y_0/Y 型变压器，Y 侧 GIC 电流之和为零；对于 Y_0/Δ 型变压器，Δ 侧绕组 GIC 以环流为主，该侧饱和相与不饱和相 GIC 基本相同。

3. GIC 对变压器差动保护的影响

由上述分析可知，GIC 经变压器中性点流入交流系统中可能造成变压器饱和。若此时变压器发生轻微匝间故障，变压器差动保护可能会由于差动电流二次谐波含量超过二次谐波闭锁门槛值而拒动。

当变压器中性点低频电压为 200V、0.01Hz 时，变压器发生三相饱和。设置系统在 4.0s 时发生 A 相 13%匝间故障，故障时测得变压器中性点 GIC 为 120A。故障前后相关波形如图 6-50 所示，故障发生后，A 相差动电流超过 0.2p.u.，制动电流几乎与故障前相同（0.8p.u.）。对差流进行谐波分析可知，其二次谐波含量超过二次谐波闭锁门槛值（15%），因此采用二次谐波闭锁的变压器差动保护会因二次谐波闭锁而拒动，针对该问题，亟须开展进一步的研究工作。

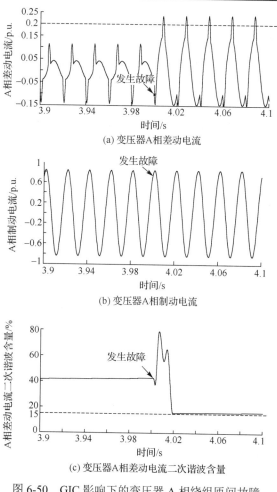

(a) 变压器A相差动电流

(b) 变压器A相制动电流

(c) 变压器A相差动电流二次谐波含量

图 6-50 GIC 影响下的变压器 A 相绕组匝间故障

6.4 本 章 小 结

本章基于 HVDC 型直流偏磁仿真分析模型，研究了 TA 起始饱和时间受直流偏磁的影响及其对变压器差动保护的影响，指出了直流偏磁是导致 TA 局部暂态饱和的诱因之一，并通过对直流偏磁条件下和应涌流的仿真研究，分析了 TA 局部暂态饱和对变压器差动保护的影响。研究表明直流偏磁条件下 TA 饱和对变压器差动保护的影响因素具有一定的隐蔽性，这种潜在的威胁应引起人们的关注。

与高压直流输电（HVDC）引起的直流偏磁相比，地磁感应电流（GIC）产生的偏置磁通对 TA 暂态传变特性的影响更为复杂，GIC 的随机性和时变性决定了其不能和 HVDC 引起的偏磁视作等同。本章结合 TA 等值电路，对 GIC 引起 TA 饱和的机理进行理论分析，并根据现有的实验条件进行了 GIC 对 TA 暂态传变特性影响的实验，验证理论分析的正确性。进一步仿真分析了由 GIC 引起的 TA 局部暂态饱和、暂态饱和以及严重饱和现象，研究了其对变压器差动保护的影响，并针对 GIC 引起的 TA 严重饱和可能导致的变压器差动保护误动，提出了基于差流变化趋势及二次谐波趋势的应对策略。

此外，本章还研究了 GIC 在 Y₀/Y 型与 Y₀/Δ 型变压器中的分布特性。当变压器未饱和与变压器三相对称饱和时，GIC 在变压器三相绕组中均分，其流通路径与零序电流相同；当三相出现不对称饱和时，GIC 在各相绕组中的分布出现差异。幅值较大的 GIC 可能引起变压器本体发生饱和，若此时变压器绕组发生匝间故障，变压器差动保护存在拒动的可能。研究结果表明，GIC 可能影响变压器本体及 TA 的暂态传变特性，进而对变压器差动保护带来不利影响，这种潜在的威胁也应引起运行人员的重视。

参 考 文 献

[1] 林俊昌, 莫文雄. 天广直流输电系统对广东电网的影响[J]. 广东电力, 2003, 16(1): 10-13.

[2] 种芝艺. 高压直流输电系统接地极原理及其施工要点[J]. 华中电力, 2003, 16(4): 42-43.

[3] 钟连宏, 陆培均, 仇志成, 等. 直流接地极电流对中性点直接接地变压器影响[J]. 高电压技术, 2003, 29(8): 12-13.

[4] 蒋伟. UHVDC 输电引起变压器直流偏磁及其抑制措施的研究[D]. 成都: 西南交通大学, 2009.

[5] 孙为民. 非均匀土壤中发变电站接地系统优化设计研究[D]. 北京: 清华大学, 2001.

[6] Villas J E T, Portela C M. Calculation of electric field and potential distributions into soil and air media for a ground electrode of a HVDC system[J]. IEEE Transactions on Power Delivery, 2003, 18(3): 867-873.

[7] 张波, 赵杰, 曾嵘, 等. 直流大地运行时交流系统直流电流分布的预测方法[J]. 中国电机工程学报, 2006, 26(13): 84-88.

[8] Smith Z K, Detman T R, Dryer M, et al. A verification method for space weather forecasting models using solar data to predict arrivals of interplanetary shocks at earth[J]. IEEE Transactions on Plasma Science, 2004, 32(4): 1498-1505.

[9] 刘春明. 中低纬电网地磁感应电流及其评估方法研究[D]. 北京: 华北电力大学, 2009.

[10] Liu C M, Liu L G, Pirjola R. Geomagnetically induced currents in the high voltage power grid in China[J]. IEEE Transactions on Power Delivery, 2009, 24(4): 2368-2374.

[11] Liu C M, Liu L G, Pirjola R, et al. Calculation of GIC in mid-low latitude power grids based on the plane wave method[J]. Space Weather, 2009, 4(5): 7.

[12] 蒯狄正. 电网设备直流偏磁影响检测分析与抑制[D]. 南京: 南京理工大学, 2005.

[13] 胡晓光, 于文斌. 电流互感器的暂态仿真及其铁心饱和的小波分析[J]. 电网技术, 2001, 25(11): 58-61.

[14]　王维俭, 侯炳蕴. 大型发电机组继电保护理论基础[M]. 北京: 中国电力出版社, 1995.

[15]　谷君, 郑涛, 黄少锋, 等. 变压器外部故障切除后差动保护误动原因及防止对策[J]. 中国电机工程学报, 2009, 29(16): 49-55.

[16]　毕大强, 冯存亮, 葛宝明, 等. 电流互感器局部暂态饱和识别的研究[J]. 中国电机工程学报, 2012, 32(31): 184-190.

[17]　党克, 张晓宇, 张峰. 变压器直流偏磁的仿真研究[J]. 电网技术, 2009, 33(20): 189-192.

[18]　孙建涛, 李金忠, 张书琦. 单相单柱旁轭变压器直流偏磁运行性能测试与分析[J]. 电网技术, 2013, 37(7): 2041-2046.

[19]　李占元, 赵伟, 丁健, 等. 国华台山发电厂主变直流偏磁问题分析与治理[J]. 电网技术, 2009, 33(6): 33-38.

[20]　Tay H C, Swift G W. On the problem of transformer overheating due to geomagnetically Induced currents[J]. IEEE Transactions on PAS, 1985, 104(1): 212-219.

[21]　Lahtinen M, Elovaara J. GIC occurrences and GIC test for 400kV system transformer[J]. IEEE Transactions on Power Delivery, 2002, 17(2): 555-561.

[22]　刘连光, 张冰, 肖湘宁. GIC 和 HVDC 单极大地运行对变压器的影响[J]. 变压器, 2009, 46(11): 32-35.

[23]　张洪兰, 彭晨光, 刘连光. GIC 作用下的变压器励磁电流及无功功率特性[J]. 电网与清洁能源, 2010, 26(2): 13-17.

[24]　刘连光, 张冰, 肖湘宁. 地磁感应电流作用下的变压器励磁电流谐波分析[J]. 变压器, 2010, 47(1): 43-46.

[25]　Vilianen A , Pirjola R. Finnish geomagnetically induced currents project[J]. IEEE Power Engineering Review, 1995, (1): 20-21.

第7章 交流特高压变压器差动保护特殊问题分析

作为特高压电网中的重要设备之一，1000kV 交流特高压变压器与超高压变压器的结构差异较大。交流特高压变压器采用分体式结构，单独设置外接调压变压器，通过改变调压变压器的分接头位置调整 500kV 中压侧电压；设置补偿变压器以减小调压变压器挡位调节时 110kV 低压侧电压的波动。特高压变压器的保护配置也更为复杂，交流特高压变压器除了本体主变压器配置比率制动式差动保护，调压变压器和补偿变压器各配置独立的比率制动式差动保护，以实现交流特高压变压器区内故障的快速准确切除。由于特高压调压变压器相对于主变压器容量小、铁心饱和点低，所以调压变压器差动保护是交流特高压变压器保护中最脆弱的部分。本章以特高压调压变压器差动保护策略为主要研究内容，围绕交流特高压变压器本体结构及工作原理、交流特高压变压器中特殊问题、特高压调压变压器差动保护识别励磁涌流新方法、特高压调压变压器有载调压挡位自适应算法、直流偏磁对交流特高压变压器运行工况及调压变压器差动保护动作特性的影响展开研究。

7.1 交流特高压变压器本体结构及其保护配置

7.1.1 交流特高压变压器本体结构及其工作原理

由于交流特高压变压器变电容量大、电压等级高，其整体结构、高电压绝缘及相关保护配置相较于超高压变压器更为复杂。1000kV 交流特高压变压器采用分体结构，调压补偿绕组独立于主变压器之外形成调压变压器和补偿变压器[1]。主变压器由三个单相三绕组自耦变压器组成，高、中、低组采用 $Y_N/y_n/d11$ 接线方式。如图 7-1 所示，调压绕组与主变压器的公共绕组串联，其端电压和极性随挡位变化而改变；调压变压器的高压绕组并联于主变压器低压侧，主变压器为其提供励磁，称为调压变压器的励磁绕组。补偿绕组与主变压器低压绕组串联，其端电压通过铁心电磁耦合随挡位变化而改变，实现对低压绕组端口电压的补偿；补偿变压器的低压绕组与调压绕组并联，调压变压器为其提供励磁，称为补偿变压器的励磁绕组。

交流特高压变压器分为无载调压模式和有载调压模式，图 7-1(a) 和图 7-1(b) 给出了两种 1000kV 交流特高压变压器单相结构示意图，两者的区别在于补偿变压器的接线方式。图 7-1(a) 所示接线方式下，调压过程中调压变压器的磁通随挡位调节而改变，称为变磁通调压；图 7-1(b) 所示接线方式下，调压过程中调压变压器的磁通不随挡位调节变化，称为恒磁通调压。设定 1000kV 母线电压不变，为调整 500kV 母线电压，调压分接头改变造成调压绕组端电压改变。基于高压绕组、公共绕组和调压绕组串联分压关系，主变压器各绕组匝电势发生变化。由于内部采用了电压负反馈回路，调压过程中低压母线电压基本不受影响。接线方式 1 中，调压变压器副边绕组与主变压器低压绕组并联，根据电磁感应定律，调压变压器铁心磁通改变。接线方式 2 中，调压变压器副边绕组与主变压器低压侧并联，其端电压基本保持恒定，根据电磁感应定律，调压变压器铁心磁通不变。实际运行中，两种接线方式下，调压侧电压调节幅度不超过±5%时，能保证低压侧电压波动范围在 1%以内[2-4]。

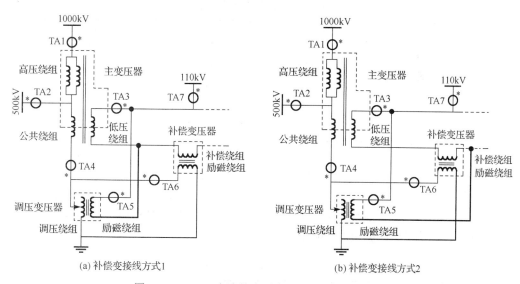

(a) 补偿变接线方式1　　　　　　　　(b) 补偿变接线方式2

图 7-1　1000kV 交流特高压变压器单相结构示意图

特高压交流试验示范工程先后采用了以上两种交流特高压变压器结构，针对 1000kV 晋东南-南阳-荆门特高压交流试验示范工程的荆门变电站交流特高压变压器（无载调压模式）及 1000kV 皖电东送淮南至上海特高压交流工程的芜湖变电站交流特高压变压器（有载调压模式）进行后续分析。上述两个示范工程中的交流特高压变压器接线方式，无载调压模式采用补偿变接线方式 1，有载调压模式采用补偿变接线方式 2。

1000kV 交流特高压变压器主变压器、调压变压器和补偿变压器的额定容量、额定电压、短路阻抗等基本参数如表 7-1 所示，TA 的配置情况如表 7-2 所示。根据表 7-1，交流特高压变压器的主变压器短路阻抗较大，其衰减时间常数 T 为 0.12s，目的在于限制变压器内部或出口处短路故障时短路电流大小，但同时降低了内部匝间故障时差动保护的灵敏度。

表 7-1　1000kV 交流特高压变压器参数（单相）

主变压器	额定容量/MVA	1000/1000/334
	额定电压/kV	1050/3:525/3±5%:110
	短路阻抗/%	$U_{H-M}=18, U_{H-L}=62, U_{M-L}=40$
调压变压器	额定容量/MVA	59
	额定电压/kV	110: ±5%×1050/√3
补偿变压器	额定容量/MVA	18
	额定电压/kV	5%×1050/√3 : 5.4

表 7-2　1000kV 交流特高压变压器 TA 配置

主变压器	高压侧开关 TA1	变比 3000/1
	中压侧开关 TA2	变比 5000/1
	低压侧开关 TA3 及套管 TA4	变比 4000/1
	公共绕组套管 TA4	变比 2500/1
调压变压器	励磁绕组套管 TA5	变比 1000/1
补偿变压器	励磁绕组套管 TA6	变比 1000/1

7.1.2　交流特高压变压器保护配置

　　1000kV 交流特高压变压器分别给主变压器、调压变压器和补偿变压器配置了相应的保护[5]。主变压器的保护配置包括主保护、高压侧后备保护、中压侧后备保护、低压绕组后备保护、公共绕组保护，如表 7-3 所示；调压变压器和补偿变压器分别配置了分相比率差动保护，如表 7-4 所示。

表 7-3　主变压器保护配置表

	保护类型	备注
主保护	纵联差动速断保护	TA1、TA2 和 TA7 组成；励磁涌流闭锁原理可选
	纵联比率差动保护	
	分相差动速断保护	TA1、TA2 和 TA3 组成；采用综合的励磁涌流判别原理
	分相比率差动保护	
	分侧差动保护	TA1、TA2 和 TA4 组成
	零序差动保护	TA1、TA2 和 TA4 组成
	低压侧小区差动	TA3、TA7 和 TA5 组成；当现场没有 TA5 接入时，需要将其退出
高压侧后备保护	相间阻抗保护	偏移阻抗圆，阻抗灵敏角为 80°
	接地阻抗保护	偏移阻抗圆，阻抗灵敏角为 80°
	复压闭锁（方向）过流保护	经复压闭锁可整定；方向可整定
	零序（方向）过流保护	I 段带方向，固定指向母线；II 段不带方向
	反时限零序过流	反时限不带方向
	定时限过激磁	基准电压采用高压侧额定相电压（铭牌电压），固定投入
	反时限过激磁	基准电压采用高压侧额定相电压（铭牌电压）；反时限特性固定投入，可选择跳闸/发信

续表

	保护类型	备注
高压侧后备保护	失灵联跳变压器各侧断路器	高压侧断路器失灵保护动作接点开入后，经灵敏的、不需整定的电流元件并带 50 ms 延时后跳变压器各侧断路器
	过负荷	告警，取三相电流；电流固定取 1.1 倍的高压侧额定电流，时间默认为 6s
中压侧后备保护	相间阻抗保护	偏移阻抗圆，阻抗灵敏角为 80°
	接地阻抗保护	偏移阻抗圆，阻抗灵敏角为 80°
	复压闭锁（方向）过流保护	经复压闭锁可整定；方向可整定
	零序（方向）过流保护	Ⅰ段带方向，固定指向母线；Ⅱ段不带方向
	反时限零序过流	反时限不带方向
	失灵联跳变压器各侧断路器	中压侧断路器失灵保护动作接点开入后，经灵敏的、不需整定的电流元件并带 50ms 延时后跳变压器各侧断路器
	过负荷	告警，取三相电流；电流固定取 1.1 倍的中压侧额定电流，时间默认为 6s
低压绕组后备保护	过流保护	低压绕组电流判别。低压绕组电流需要消零处理
	复压闭锁过流保护	
	过负荷	告警，取低压绕组电流；电流固定取 1.1 倍的低压绕组转换为线电流的额定电流（一次值等同于低压分支开关电流），时间默认为 6s
公共绕组保护	零序过流保护	固定投入，可选跳闸或发信
	过负荷	告警，取三相电流；电流固定取 1.1 倍的公共绕组额定电流，时间默认为 6s

表 7-4　调压变压器和补偿变压器保护配置表

	保护类型	备注
调压变压器	分相比率差动保护	由 TA4、TA5 和 TA6 组成；采用综合的励磁涌流判别原理
补偿变压器	分相比率差动保护	由 TA3、TA5 和 TA6 组成；采用综合的励磁涌流判别原理

本节着重介绍主变压器配置的差动保护以及调压变压器分相比率差动保护的基本原理，以补偿变接线方式 1 为例，所述保护配置示意图如图 7-2 所示。

（1）纵联比率差动保护。完全差动保护是指交流特高压变压器高、中、低压三侧母线电流构成的综合差动保护，其保护范围包括交流特高压变压器的所有内部故障。由于特高压主变压器采用 $Y_N/y_n/d11$ 接线方式，经相位补偿后，所求差动电流中不包含零序电流，则发生接地故障时差动保护灵敏度有所降低。此外，在励磁涌流情况下，变换后的三相差动电流中可能存在一相为对称性涌流，对涌流的识别带来了不利影响。

参照图 7-2 中交流特高压变压器电流互感器（TA）配置，将 TA1，TA2，TA7（测量 Δ 侧线电流）二次电流引入主变压器差动继电器，计算主变压器的差动电流为

$$\begin{cases} i_{d,A}^{main} = (i_{TA1,A} - i_{TA1,B}) - (i_{TA2,A} - i_{TA2,B}) - i_{TA7,A} \\ i_{d,B}^{main} = (i_{TA1,B} - i_{TA1,C}) - (i_{TA2,B} - i_{TA2,C}) - i_{TA7,B} \\ i_{d,C}^{main} = (i_{TA1,C} - i_{TA1,A}) - (i_{TA2,C} - i_{TA2,A}) - i_{TA7,C} \end{cases} \tag{7-1}$$

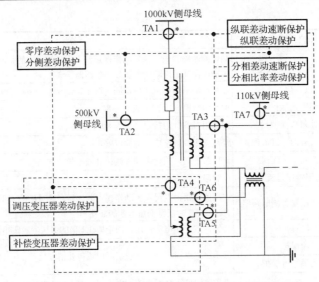

图 7-2　1000kV 交流特高压变压器部分保护配置示意图

（2）分相比率差动保护。分相差动保护是指将变压器的各相绕组分别作为被保护
对象构成的差动保护，能够保护变压器某相每一侧的所有故障。交流特高压变压器分
相差动保护由主变压器高、中压外侧 TA 和低压侧三角内部套管 TA 构成，即 TA1、
TA2、TA3，但不能反映低压母线故障。但能够避免相位补偿造成的不利影响，能提
高判别的准确度，有利于提高故障时差动保护的动作速度。此外，分相差动保护对零
序电流比较敏感，能提高内部接地短路时的灵敏度。

（3）分侧差动保护。交流特高压变压器分侧差动保护由主变压器高、中压侧外侧
开关 TA 和公共绕组套管 TA 构成，即 TA1、TA2、TA4。分侧差动保护具有以下特点：
励磁涌流不会流经差回路，可忽略励磁涌流的影响；调压过程中，各侧电流随之发生
变化，差回路中不会产生不平衡电流，可忽略调压的影响。

（4）零序差动保护。由主变压器高压侧、中压侧及公共绕组的零序电流构成
零序差动回路。当变压器发生内部接地故障时，差流为故障点零序电流的总和，
利用三侧的零序电流相量和作为差动保护的动作量，与中性点的零序电流方向无
关。零序差动保护不会受到励磁涌流、过励磁电流及分接头调压的影响，且对 Y
侧绕组不对称接地故障的灵敏度较高；但不能保护低压侧内部故障以及各相之间
的故障。

（5）调压变压器比率差动保护。主变压器完全差动保护识别调压变压器的匝间故
障灵敏度不足，需要给调压变压器单独配置差动保护来保证在调压绕组发生轻微故障
时保护装置能够快速准确地切除。调压变压器配置的差动保护属于稳态比例差动，与
完全差动保护采用相同的动作判据，即常规三段式比率制动曲线。

由于调压变压器角侧 TA 接于绕组内部，测得的原、副边侧电流不存在相位差，

所以能够求取准确的差动电流。将 TA4，TA5，TA6 二次电流引入调压变压器差动继电器中，求得调压变压器的差动电流：

$$\begin{cases} i_{d,A}^{ty} = i_{TA5,A} - (i_{TA4,A} + i_{TA6,A}) \\ i_{d,B}^{ty} = i_{TA5,B} - (i_{TA4,B} + i_{TA6,B}) \\ i_{d,C}^{ty} = i_{TA5,C} - (i_{TA4,C} + i_{TA6,C}) \end{cases} \tag{7-2}$$

7.1.3　交流特高压变压器差动保护的特殊问题

交流特高压变压器的基本结构、铁心材料以及线路参数等各个方面的特殊性使得相应的交流特高压变压器保护存在着一些特殊问题，例如，交流特高压变压器的励磁涌流特征与普通变压器存在一定的区别，传统的差动保护制动方式可能不能完全适应；独立的分体调压变压器以及调压分接头的改变使调压变压器差动保护的整定计算比较复杂，调压变压器差动保护的可靠性也需要进一步的检验；以及特高压线路故障暂态过程对交流特高压变压器差动保护动作特性的影响问题。

1. 交流特高压变压器励磁涌流的特征

励磁涌流是指变压器在全电压充电时由铁心磁通饱和引起的暂态冲击电流。当变压器空载合闸时，铁心磁通不能突变，从而产生非周期磁链，使得励磁支路饱和，出现励磁涌流。励磁涌流的大小和衰减时间与变压器投入时系统电压的相位角、铁心中的剩磁大小和方向、系统等值阻抗大小和相角、绕组接线方式、铁心结构和材质以及变压器容量的大小等因素有关。

由于交流特高压变压器容量大、结构特殊，采用高导磁冷轧晶粒硅钢材料，以及制造工艺等方面的原因，在正常工作状态下其铁心磁通已接近饱和。当主变压器空载合闸时，励磁涌流中出现某一相或者某两相电流的涌流幅值较大但二次谐波含量较小的情况，并且涌流衰减非常缓慢，这种情况下极易造成采用二次谐波制动的变压器差动保护发生误动。传统二次谐波比的整定值 K 取为 0.15～0.20，一般条件下适应于饱和磁通为 1.4 倍额定磁通的变压器，而交流特高压变压器的饱和磁通低至 1.15 倍的额定磁通，这可能导致剩磁严重时某相涌流的最小二次谐波含量低至 10%以下。

从电气关系上来看，当交流特高压变压器空载合闸时，主变压器、调压变压器和补偿变压器的铁心相互独立，其主绕组、调压绕组和补偿绕组相互之间又通过电气连接，励磁特性非常复杂，流过各个绕组的涌流表现出不确定性，对差动保护的可靠性造成了很大威胁。图 7-3 所示为某交流特高压变压器 500kV 中压侧空载合闸时主变压器中压绕组电流以及调压变压器励磁绕组电流录波波形。

由图 7-3 可以看出，主变压器和调压变压器的励磁涌流衰减缓慢，且调压变压器励磁绕组中励磁涌流幅值最大的相别与主变压器中压绕组上励磁涌流最大的相别并不一致，表明调压变压器的励磁涌流受本身剩磁的影响因素更严重一些，因而剩磁的影响不容忽视。此外，交流特高压变压器的铁心饱和点低，剩磁较大，对于主变压器来说，励磁涌流的特点仍然比较明显，而调压变压器励磁涌流在某些不利的合闸情况时其特征较不明显，严重时间断角几乎消失。

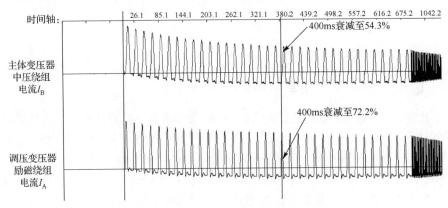

图 7-3　特高压空载合闸时的典型励磁涌流波形

不仅如此，由于调压绕组与主体变压器的一次绕组相串联，空载合闸时流过调压变压器一次侧绕组的励磁电流特性十分复杂且幅值较大，而调压变压器容量仅有主变压器 0.5%左右，其铁心在较大的励磁涌流作用下很容易发生饱和，应该特别注意调压变压器差动保护可靠性的问题。

2. 分接头挡位调节对调压变压器差动保护的影响

以设有 11 个调压分接头挡位的特高压有载调压变压器为例，分接头在 1～5 挡时为正极性调压，在 7～11 挡时为负极性调压。对调压变压器本身而言，改变分接头时，调压绕组的匝数变化很大，调压分接头位置切换使变比变化范围达到±100%。正负调压方式下引入差动保护的差动电流计算公式不同（受电流极性的影响），则需要分别对各个挡位下调压变差动保护的整定值进行计算，以确保差动保护能在任一挡位下的可靠性[6,7]。无载调压时，差动保护装置引入挡位信息来调整各挡位下的平衡系数，使得正常运行时差动电流为零。但在有载调压过程中，保护装置由于无法获取实时运行挡位，需采用固定变比计算调压变压器的差动电流。固定变比与实际运行变比不一致产生的不平衡电流可能造成保护误动。因此，有载调压方式和无载调压方式下交流特高压变压器保护策略的不同之处在于，前者调压变压器差动保护增设调压硬压板与不灵敏段差动。但是，投入不灵敏段差动将降低有载调压过程中调压变压器发生轻微匝间短路时差动保护动作的灵敏度。

3. 直流偏磁对交流特高压变压器运行工况的影响

两端高压直流输电有单极运行和双极运行两种方式。单极运行或双极不平衡运行时，直流系统的运行电流可长时间从接地极注入大地，幅值达数十甚至上千安培。由于大地有阻值，不同接地极之间存在电势差，换流站附近的换流变压器中性点电势也因此受到影响。部分直流电流通过中性点进入交流系统，使流经系统中电磁元件的电流中新增直流分量，在铁心中形成一定大小的偏置磁通，改变铁心运行工作点，这一现象称为直流偏磁。直流偏磁对交流特高压变压器的机械特性和电气特性均产生影响，如运行时噪声增大、绕组温度提升。此外，偏磁电流产生的偏置磁通可能不断抬升铁心的工作点，造成励磁电流波形畸变、谐波注入电网，影响继电保护动作的准确性[8]。特别地，由于特高压调压变压器容量小，铁心磁饱和点低，偏置磁通可能使其铁心进入饱和区，造成差动电流波形畸变，二次谐波含量提升，从而进一步影响调压变压器差动保护动作特性。

7.2　特高压调压变压器励磁涌流特征及其判别新原理

7.2.1　交流特高压变压器励磁涌流复杂性分析

相较于普通变压器，交流特高压变压器铁心饱和磁通倍数一般在 1.2 到 1.3 甚至更低，正常工作时已接近饱和磁通，在空载合闸时更易产生很大的励磁电流。由于特高压主变压器、调压变压器和补偿变压器有各自独立的铁心，公共绕组和调压绕组串联，低压绕组和补偿绕组串联以及其他绕组之间相互关联的电气连接使得励磁特性非常复杂，流过各绕组的励磁涌流特征具有不确定性，可能引起调压变压器差动保护误动。因此，考虑主变压器空载合闸角、调压变压器剩磁这两个主要影响因素，在 MATLAB/Simulink 仿真环境中构建 1000kV 交流特高压变压器仿真模型，仿真模拟主变压器 500kV 中压侧空载合闸的情况，分析不同合闸条件下调压变压器励磁涌流及其二次谐波含量的特征。

1）合闸角相同，不同剩磁条件下励磁涌流情况

为分析剩磁对交流特高压变压器励磁涌流的影响，将仿真模型在固定的合闸角情况下调节调压变压器的剩磁值，分析涌流波形及其二次谐波含量。表 7-5 给出在特高压主变压器 500kV 中压侧合闸初相角为 0°，调压变压器不同剩磁条件下，调压变压器差动电流及其二次谐波含量。

表 7-5　调压变压器差动电流二次谐波含量（0°合闸角）

组别	剩磁 Φ_m/p.u.			二次谐波含量/%		
	A	B	C	A	B	C
1	0.5	0	0	12.1	66.0	49.0
2	0.5	−0.5	−0.5	9.7	56.8	21.7
3	0.6	−0.2	−0.2	9.4	88.5	34.5
4	0.6	−0.6	−0.6	8.1	46.7	20.3
5	0.7	−0.1	−0.6	6.4	85.0	20.7
6	0.7	0	−0.7	6.1	84.4	19.0
7	0.7	−0.2	−0.7	6.0	72.0	20.1
8	0.7	−0.7	−0.7	5.4	38.2	18.9
9	0.9	−0.9	−0.9	3.8	44.9	58.6

表 7-5 的仿真结果表明，随着调压变压器剩磁的增加，差动电流中的二次谐波含量逐渐降低。当调压变压器剩磁达到 0.9 p.u.时，差动电流中的二次谐波含量仅有 3.8%。此时，调压变压器涌流的峰值超过了差动保护动作电流整定值，如图 7-4 所示。

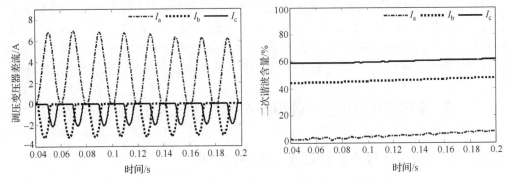

图 7-4　调压变压器励磁涌流及二次谐波含量（组别 9）

由图 7-4 可以看出，A 相涌流幅值较大，间断角较小，二次谐波含量低于 20%，基于二次谐波闭锁原理的调压变压器差动保护无法准确地识别出涌流。

2）剩磁相同，不同合闸角度下励磁涌流情况

外部故障切除后，调压变压器的剩磁一般难以估计，可能存在较大剩磁；另外，在调节分接头的相关操作中，调压变压器也可能出现较高的剩磁。因此，仿真分析调压变压器剩磁为 $\Phi_{ra}=-0.9\Phi_m$，$\Phi_{rb}=0$，$\Phi_{rc}=0.9\Phi_m$ 时，不同合闸初相角情况下，调压变压器差动电流及其二次谐波含量，如表 7-6 所示。

表 7-6　剩磁 0.9 p.u.下的调压变压器差流及二次谐波含量

组别	合闸角/(°)	差流幅值/A			二次谐波含量/%		
		A	B	C	A	B	C
1	0	7.27	−0.25	−1.87	6.00	90.23	63.12
2	30	6.01	0	−3.25	7.55	0	48.52
3	60	4.95	1.45	−4.19	17.34	82.03	42.76
4	90	3.38	3.05	−3.56	43.42	61.86	47.66
5	120	1.65	3.83	−1.78	70.28	54.74	62.03
6	150	0.59	3.27	−0.45	88.71	61.55	88.84
7	180	0.25	1.51	0.04	84.12	74.09	24.95
8	210	0.62	0	1.53	87.67	0	79.71
9	240	1.67	−0.54	2.05	70.11	91.00	74.62
10	270	3.33	−2.35	1.50	42.75	71.60	80.93
11	300	4.92	−2.00	0.04	17.51	74.26	31.24
12	330	6.02	−1.59	−0.35	2.98	84.68	89.70

由表 7-6 的结果可以看出，当合闸角度为 0°、30°、330°时，调压变压器励磁涌流幅值非常大，而其二次谐波含量低于 10%，图 7-5 列出了几种可能会引起调压变压

器差动保护误动的励磁涌流及其二次谐波含量曲线。

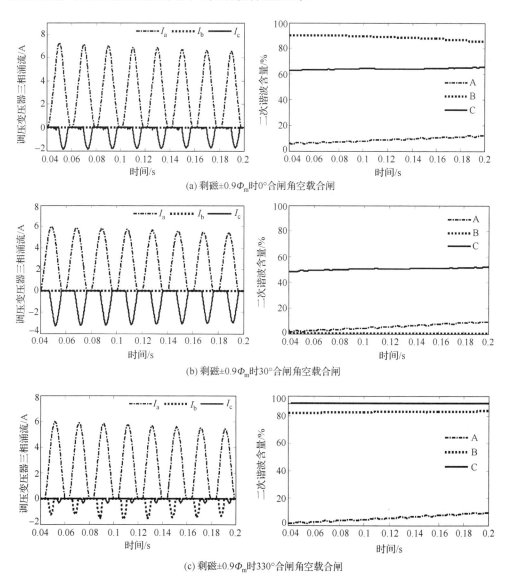

(a) 剩磁±0.9Φ_{m}时0°合闸角空载合闸

(b) 剩磁±0.9Φ_{m}时30°合闸角空载合闸

(c) 剩磁±0.9Φ_{m}时330°合闸角空载合闸

图 7-5　剩磁±0.9Φ_{m}时，调压变压器励磁涌流及其二次谐波含量曲线

　　综合表 7-5 和表 7-6 的数据发现，当在主变压器中压侧 0°或 30°合闸角或调压变压器剩磁较大的条件下空载合闸变压器时，容易出现与特高压交流试验示范工程实际误动案例相似的涌流情况，即调压变压器某相涌流幅值较大同时其二次谐波含量非常小。在这种情况下，由于调压变压器励磁涌流幅值越过了动作电流整定值，且其二次谐波含量远低于 15%的谐波制动门槛值，若采用分相闭锁方式，易引起差动保护的误动。

7.2.2 现场保护误动案例分析

交流特高压变压器在投入运行前需要进行多次空载合闸试验，荆门变电站 1000kV 交流特高压变压器在现场调试过程中出现过两次 500kV 中压侧空载合闸时调压变压器差动保护误动的情况。

2008 年 12 月 9 日，荆门站交流特高压变压器在主变压器中压侧空载合闸时，国电南自调压变压器差动保护动作，其他保护装置未动作。从国电南自 SGT756 调压补偿变保护装置读取的调压变压器二次谐波含量为 14.8%，从南瑞继保 RCS978 调压补偿变保护装置读取的调压变压器二次谐波含量为 16%。经现场认证研究，分析了设备状态和保护记录及录波数据，确认保护装置测到的调压变压器 A 相二次谐波电流含量为 14.8%，低于 15% 的定值，且空载合闸时刻 A 相的合闸角为 23°，属于励磁涌流较严重的情况，因此判断误动是由于二次谐波闭锁失败造成的。

2008 年 12 月 30 日，荆门站交流特高压变压器在主变压器中压侧空载合闸时，在合闸 27.9ms 后国电南自调压变压器差动保护动作；44.4ms 后南瑞继保调压变压器差动保护动作。南瑞继保 RCS978 计算 C 相二次谐波为 3.1%，且调压变压器三相励磁涌流二次谐波含量的最大值分别是 22.8%，39.6%，3.1%，涌流峰值分别为 3.3A，2.8A，4.15A，C 相二次谐波含量远远低于动作整定值，基于二次谐波制动方案的调压变压器差动保护误动。此外，由于主变压器差动电流的二次谐波含量都大于动作的整定值，即主变压器差动保护可靠不动作。调压变压器差动电流的录波波形如图 7-6 所示。

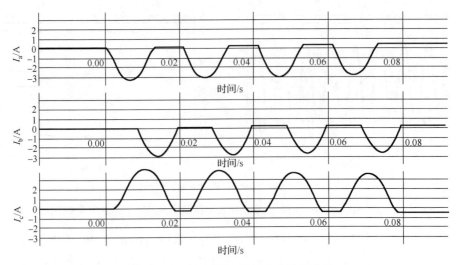

图 7-6 调压变压器三相差动电流录波图

波形的间断角较小，涌流特征不明显，导致差动电流的二次谐波含量低于整定值（通常设定在 15%～20%）。传统的二次谐波制动原理难以适应特高压调压变压器铁心严重饱和时差动保护可靠闭锁励磁涌流。从交流特高压变压器特殊的分体式结构分析，由于调压绕组和主变压器中压侧串联，且调压变压器的容量相对较小，线圈匝数相对整个变压器匝数而言所占比例较小，主变压器中压侧空载合闸时产生的幅值较大的励磁电流可能导致调压变压器铁心严重饱和，使励磁涌流情况更为严重。

基于 MATLAB/Simulink 中构建的交流特高压变压器模型，调整主变压器中压侧的空载合闸角、剩磁以及调压变压器励磁特性参数，模拟引起调压变压器差动保护误动的励磁涌流波形。在中压侧合闸角为 240°，剩磁水平为 $\Phi_{ra}= -0.91\Phi_{m}$，$\Phi_{rb}= -0.73\Phi_{m}$，$\Phi_{rc}=0.83\Phi_{m}$ 时，得到与现场录波数据波形接近的空载合闸励磁涌流波形，如图 7-7 所示。

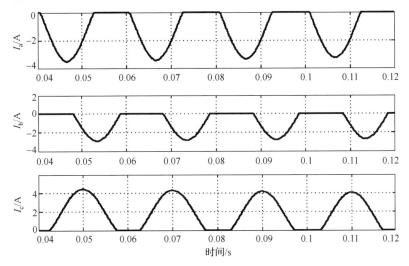

图 7-7　调压变压器三相差动电流仿真图

仿真模型中，调压变压器涌流波形图二次谐波含量分别为 A 相 23.4%，B 相 40.4%，C 相 3.1%，涌流峰值分别为 A 相 3.5A，B 相 2.85A，C 相 4.44A，数据与实际录波数据吻合，进一步验证了仿真模型的有效性。

7.2.3　调压变压器差动保护励磁涌流判别法

1. 等效瞬时法识别励磁涌流原理

文献[9]通过励磁电感的变化规律来识别励磁涌流，从变压器原边绕组端口看进去励磁电感记为等效瞬时电感，计算公式如下：

$$L_{(k)} = \frac{2T_s(u_{(k)}i_{(k+1)} - u_{(k+1)}i_{(k)})}{i_{(k)}^2 + i_{(k+1)}^2 - i_{(k-1)}i_{(k+1)} - i_{(k)}i_{(k+2)}} \qquad (7\text{-}3)$$

式中，T_s 为采样周期，$i_{(k)}$ 为励磁回路电流的第 k 个采样值，$u_{(k)}$ 为原边绕组端口电压的第 k 个采样值，$L_{(k)}$ 为等效瞬时电感在 kT_s 时刻的数值。

值得注意的是，利用等效瞬时电感的变化规律来区分励磁涌流与内部故障必须以准确计算等效瞬时电感为前提，即准确获取变压器原边绕组端口电压和励磁回路的电流值。对于具有 Y/Δ 接线方式的变压器而言，若 Δ 侧电流取自 Δ 侧绕组外部电流互感器，差动电流需经过相位补偿，补偿后的差动电流和流经励磁回路的电流不相符，且无法记及 Δ 侧绕组内部环流带来的影响，计算出等效瞬时电感不能准确表示励磁电感的变化规律[10]。此外，由于调压变压器和主变压器一体化的设计，实际工程中调压变压器原边无法安装电压互感器造成其端口电压无法测量，即无法通过式（7-3）计算等效瞬时电感，以上两点均限制了利用等效瞬时电感变化规律识别励磁涌流的原理在调压变压器差动保护中的广泛应用。

2. 虚拟电压的构建分析

调压变压器虽然采用 Y/Δ 的接线方式，但 Δ 侧电流互感器接于每相绕组内部，可直接测量各相电流，因此无需相位补偿，由式（7-3）计算得到的差动电流能够准确表示励磁回路电流。但是，工程中无法直接测量调压变压器原边绕组端口电压是限制等效瞬时电感应用于调压变压器差动保护的最主要难题。鉴于此，根据交流特高压变压器各绕组结构及变比关系，设计出一种调压变压器原边绕组端口电压的虚拟测量方法。

如图 7-1(a)所示，设调压变压器原边绕组的端口电压为 $u_{\text{Regu.1}}$，根据分接头所处的挡位得到变比，即原副边绕组匝数之比 K_{Regu}，则副边绕组端口电压为

$$u_{\text{Regu.2}} = \frac{u_{\text{Regu.1}}}{K_{\text{Regu}}} \tag{7-4}$$

调压变压器副边绕组与低压绕组并联，由公共绕组和低压绕组的变比 $K_{\text{M-L}}$ 计算公共绕组端口电压为

$$u_{\text{M}} = K_{\text{M-L}} \frac{u_{\text{Regu.1}}}{K_{\text{Regu}}} \tag{7-5}$$

主变压器 500kV 中压侧相电压由母线处安装的电压互感器测得，记为 u_{P}，则

$$u_{\text{P}} = u_{\text{Regu.1}} + K_{\text{M-L}} \frac{u_{\text{Regu.1}}}{K_{\text{Regu}}} \tag{7-6}$$

调压变压器原边绕组的端口电压可表示为

$$u_{\text{Regu.1}} = \frac{u_{\text{P}}}{\left(1 + \dfrac{K_{\text{M-L}}}{K_{\text{Regu}}}\right)} \tag{7-7}$$

鉴于调压变压器原边绕组的端口电压实际工程中并不能通过测量得到，故此处定义 $u_{\text{Regu.1}}$ 为调压变压器原边端口的虚拟电压。事实上，变压器变比精确等于原副边绕

组电动势之比，若计及绕组电阻及漏抗的影响，已知副边端口电压再利用变比关系求得的原边端口电压，与实际电压相比并不完全一致。在正常运行情况下，原副边电流接近额定电流，在绕组电阻和漏抗上产生的压降较小，近似为 0，因而该虚拟电压能够准确表示调压变压器正常运行情况下原边端口电压。但在空充涌流及内部匝间故障情况下调压变压器原边实际电压和虚拟电压存在一定偏差。

图 7-8 给出了调压变压器空充涌流时原边绕组端口的实际电压和虚拟电压的仿真对比图。根据式（7-7），计算虚拟电压时利用 K_{Regu}、K_{M-L} 对电压进行了两次折算，忽略了主变压器和调压变压器的绕组电阻和漏抗上的压降。此外，主变压器容量远大于调压变压器容量，中压侧空载合闸产生的励磁涌流流经调压变压器原边，在绕组电阻和漏抗上产生的压降较大，调压变压器端口电压发生畸变，导致实际电压与虚拟电压之间存在一定偏差。

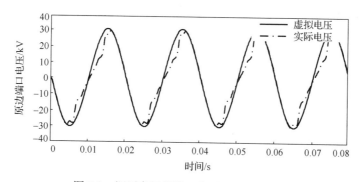

图 7-8　调压变压器端口电压对比（涌流）

当调压变压器发生内部匝间短路时，其变比 K_{Regu} 发生改变，显然，式（7-7）计算得到的 $u_{Regu.1}$ 与实际值不符，但从式（7-3）可以看出，变压器原边绕组端口电压的大小并不影响励磁电感的变化规律。图 7-9 给出调压变压器发生 20%内部匝间短路时实际端口电压和虚拟电压的对比图，两者幅值大小不同，但相位和变化趋势一致，即利用构建的虚拟电压和实际电压计算得到的励磁电感变化规律相同。

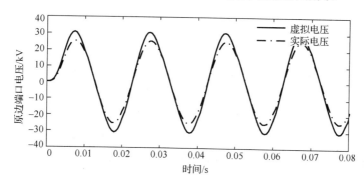

图 7-9　调压变压器端口电压对比（20%匝间短路）

3. 基于虚拟电感分布特性的励磁涌流判别法

上述分析表明，采用励磁电感的变化规律识别励磁涌流和故障电流的关键在于其变化规律而非数值大小，定义由虚拟电压计算得到的励磁电感为虚拟等效电感，记为 $L_{v(k)}$。虚拟电感的分布特性在励磁涌流和匝间短路情况下差别显著，前者急剧变化而后者几乎不变。因此，可以通过一个工频周期内的 $L_{v(k)}$ 考察虚拟电感变化规律，其平均值和方差由式（7-7）求得

$$\begin{cases} L_{\text{ave}} = \dfrac{1}{N}\sum_{k=1}^{N} L_{v(k)} \\ \sigma_{(L)} = \sqrt{\dfrac{1}{N}\sum_{k=1}^{N} (L_{v(k)} - L_{\text{ave}})^2} \end{cases} \tag{7-8}$$

式中，N 为一个工频周期的采样数，L_{ave} 为虚拟电感在一个工频周期内的平均值，$\sigma_{(L)}$ 为一个工频周期内 $L_{v(k)}$ 的均方差。

$\sigma_{(L)}$ 表征了虚拟电感的波动程度，反映了虚拟电感在平均值 L_{ave} 下变化的幅度大小。根据虚拟电感在励磁涌流和匝间短路时不同的变化规律，即励磁涌流时 $L_{v(k)}$ 变化剧烈，$\sigma_{(L)}$ 相对较大；而匝间短路时 $L_{v(k)}$ 波动小，$\sigma_{(L)}$ 相对较小，可以通过 $\sigma_{(L)}$ 的大小区分励磁涌流和故障电流。具体判据如式（7-9）所示：

$$\sigma_{(L)} \begin{cases} > e, & \text{励磁涌流} \\ \leqslant e, & \text{故障电流} \end{cases} \tag{7-9}$$

式中，e 为阈值，本节采用 $e=0.5$。

4. 仿真分析及验证

为验证算法的有效性，并与实际工程中调压变压器差动保护采用的二次谐波闭锁判据和目前变压器差动保护中应用广泛的波形对称制动原理对比，对调压变压器空载合闸于励磁涌流、空载合闸于匝间短路、正常运行时发生匝间短路三种情况进行仿真验证。针对不同的仿真条件（合闸角、调压变压器剩磁），列举 10 个案例进行比较分析，各案例对应的仿真条件见表 7-7，结果列于表 7-8。表 7-7 中，案例 1～5 为空载合闸于励磁涌流，案例 6～8 为空载合闸于 A 相匝间短路，案例 9～10 为正常运行过程中发生 A 相匝间短路。设保护启动值为 $0.3I_N$，I_N 为调压变压器原边额定电流。取二次谐波闭锁判据的阈值为 15%，高于 15% 保护闭锁；波形对称制动原理采用全周 36 点采样，一个工频周期内差动电流对称点个数 $N_s > 11$，记为故障，保护动作。

表 7-7　各案例初始条件

案例	调压变压器剩磁			合闸角/(°)
	A	B	C	
1	$0.20\phi_m$	$-0.20\phi_m$	$-0.20\phi_m$	0
2	$0.90\phi_m$	$-0.60\phi_m$	$-0.20\phi_m$	0
3	$-0.86\phi_m$	$-0.69\phi_m$	$0.74\phi_m$	240
4	$-0.90\phi_m$	$-0.60\phi_m$	$-0.20\phi_m$	180
5	$-0.20\phi_m$	$0.60\phi_m$	$0.90\phi_m$	240
6～10	0	0	0	180

表 7-8　两种传统差动保护判据和基于虚拟电感分布特性算法结果对比

判据	案例	空充于励磁涌流					空充于 A 相匝间短路			A 相匝间短路	
		1	2	3	4	5	6(5%)	7(10%)	8(20%)	9(5%)	10(10%)
二次谐波含量	A	57.5	14.7	23.1	7.24	65.6	27.5	16.5	7.83	3.31	2.76
	B	66.7	43.9	39.5	—	—	—	—	—	—	—
	C	—	—	3.2	—	5.0	—	—	—	—	—
	判断结果	涌流	故障*	故障*	故障*	故障*	涌流*	涌流*	故障	故障	故障
对称点个数 N_s	A	0	6	4	12	0	6	13	18	18	18
	B	0	1	1	—	—	—	—	—	—	—
	C	—	—	10	—	15	—	—	—	—	—
	判断结果	涌流	涌流	涌流	故障*	故障*	涌流*	故障	故障	故障	故障
虚拟电感方差 $\sigma_{(L)}$	A	5.163	4.718	3.880	3.405	5.569	0.083	0.067	0.048	0.000	0.000
	B	5..991	5.101	2.691	—	—	—	—	—	—	—
	C	—	—	5.752	—	3.494	—	—	—	—	—
	判断结果	涌流	涌流	涌流	涌流	涌流	故障	故障	故障	故障	故障

注：5%指调压变发生 5%匝间短路，依此类推；"—"表示该相差流未达到保护启动值。

1）励磁涌流实验

案例 3 为前述荆门站调压变压器典型误动案例的模拟仿真，A、B、C 三相差流均达到保护启动值，C 相二次谐波含量仅为 3.2%，远低于 15%，若采用二次谐波分相闭锁判据，保护误动；C 相涌流差分后进行对称度分析，波形对称点个数 N_s=10，接近波形对称法制动原理的动作边界值，保护虽闭锁，但灵敏度相对较低。基于调压变压器原边端口实际电压计算的虚拟电压计算的三相虚拟电感的方差为 3.880/2.691/5.752，虚拟电感分布特性如图 7-10 所示，呈现周期性的剧烈波动，三相虚拟电压的方差均大于阈值 0.5，能够正确判断为励磁涌流，且灵敏度高。因此，空充涌流时即使虚拟电压与实际电压存在一定偏差，但并不影响虚拟电压分布特性反映出励磁涌流时励磁电感剧烈波动的本质特征。

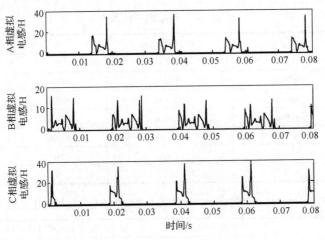

图 7-10　案例 3 仿真结果

2）空充于匝间短路实验

案例 6 为调压变压器空充于 A 相 5%匝间短路故障情况，图 7-11(a)为三相差流波形，B、C 两相差动保护未启动。

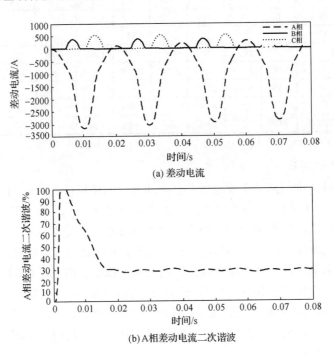

(a) 差动电流

(b) A 相差动电流二次谐波

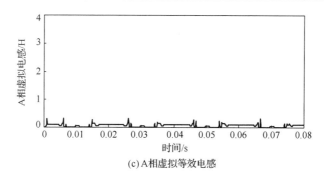

(c) A相虚拟等效电感

图 7-11　案例 6 仿真结果

图 7-11 仿真结果显示：A 相二次谐波含量到达 27.5%，波形对称点个数 N_s=6，采用二次谐波分相闭锁判据和波形对称原理的差动保护均将拒动，可见以上两种传统差动保护动作判据在空充于轻微匝间故障时可靠性不足。A 相虚拟电感分布情况如图 7-11(c)所示，虚拟电感数值较小，且波动的剧烈程度相较于图 7-10 大为降低，$\sigma_{(L)}$=0.083，正确判断为故障，且灵敏度较高，基于虚拟电感分布特性的差动保护可靠动作。

3）匝间短路实验

对比于案例 6，案例 9 模拟正常运行时发生 A 相 5%匝间短路故障。A 相虚拟电感数值较小，在极小的范围波动，$\sigma_{(L)}$ 近似为零，可见基于 $\sigma_{(L)}$ 分布特性的差动保护具有很高的灵敏度，图 7-12 给出了 A 相虚拟电感的仿真结果。

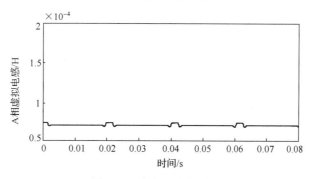

图 7-12　案例 9 仿真结果

上述分析表明，传统的二次谐波分相闭锁判据和波形对称制动原理应用于调压变压器差动保护识别励磁涌流和内部匝间短路电流的可靠性和灵敏度较低。然而，基于虚拟电感分布特性的调压变压器差动保护不仅能在空充于励磁涌流时可靠闭锁，而且在内部匝间短路以及空充于轻微匝间短路时能够可靠灵敏动作，数字仿真结果验证了基于虚拟电感分布特性的调压变压器差动保护算法的有效性。

7.3　特高压调压变压器挡位调节自适应差动保护新原理

7.3.1　交流特高压变压器调压原理分析

　　调压分接头位置切换使调压变压器变比变化范围达到±100%。有载调压时，保护装置由于无法获取实时运行挡位，需采用固定变比计算调压变压器的差动电流。固定变比与实际运行变比不一致产生的不平衡电流可能造成保护误动，因而需重新调整差动保护整定值以躲过调挡产生的最大不平衡电流。针对以上问题，提出一种能够自适应获取调压变压器实时运行变比的方法。利用所述自适应变比对差动电流计算结果进行修正，精确求得有载调压过程中调压变压器实时的差动电流，解决固定变比造成的差动电流越限问题。在此基础上，改变调压变压器短路匝数和运行挡位，对自适应变比和差动电流进行误差分析，并仿真验证基于自适应算法的有载调压变压器差动保护识别匝间故障时的准确性和灵敏度。

　　图 7-13 为特高压有载调压变压器分接头位置分布示意图，内部共设有 12 个分接位置，通过改变极性开关位置来切换正负极性调压方式。有载调压过程中，主变压器中压侧母线电压变化范围为±5%，但调压绕组自身的端电压变化范围为±100%。交流特高压变压器运行于额定工况时，调压绕组不接入主变中性点，分接头拨至"0"。若中压母线电压高于额定电压，极性开关拨至"+"，调压变压器采取正极性调压，此时调压绕组端电压极性与主变压器的相同。当分接头位置从"11"逐渐向"1"移动时，串入中性点的有效匝数每两个挡位之间升高 10%，调压绕组端电压相应上升。主变压器高压母线电压视作不变，调压绕组分压作用使得主变压器各绕组的匝电势相应下降，因此正极性调压方式下每升高一个挡位，中压母线电压降低 0.5%。同理，当中压侧母

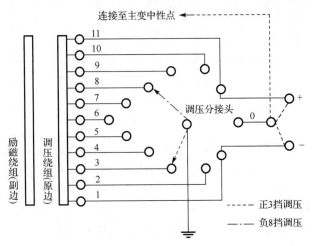

图 7-13　调压变压器分接头位置分布示意图

线电压低于额定电压时，调压变压器采用负极性调压方式，此时串入中性点调压绕组的有效匝数随着分接头位置序号的增大而增大，且调压绕组端电压极性与主变压器绕组极性相反，使得中压母线电压逐渐升高。

图 7-14(a)和图 7-14(b)给出了正极性调压方式下的调压变压器及主变压器铁心磁链变化趋势。从仿真结果可知，当分接头位置逐次切换时，调压变压器和主变压器铁心磁链也呈现等差变化趋势，且相邻挡位之间，调压变压器磁链减量等于主变压器磁链增量。根据电磁感应定律，主变压器高压母线电压维持基本恒定。又由于调压绕组与补偿变压器励磁绕组并联，感应电动势近似相等，则两者磁链的变化规律相同。补偿变压器磁链减量和主变压器磁链增量相抵，维持低压侧母线电压基本不变。

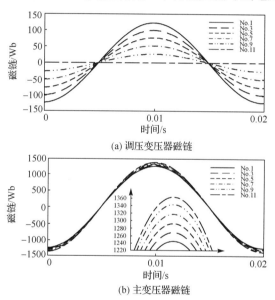

(a) 调压变压器磁链

(b) 主变压器磁链

图 7-14　调压变压器和主变压器铁心磁链

7.3.2　有载调压变压器差动保护策略分析

1. 平衡系数

根据图 7-2，保护装置引 TA4、TA5 和 TA6 二次侧电流计算调压变压器差动电流。由于电流互感器变比固定，调挡时与变压器变比不完全匹配，所以差动保护需调整平衡系数以消除不平衡电流。无载调压时，通过引入运行挡位下调压变压器原、副边的额定电流，切换差动保护定值来适应挡位变化。但在有载调压过程中，保护装置对调压变压器运行挡位信息不可知，故差动保护定值无法实时调整。目前，工程上选取固定变比 K_0 计算有载调压时调压变压器各侧的平衡系数，K_0 对应的运行挡位称为基准挡位，所述平衡系数为

$$
\begin{cases}
K_{b4} = K_0 \dfrac{N_{TA4}}{N_{TA5}} \\[2mm]
K_{b5} = 1 \\[2mm]
K_{b6} = K_0 \dfrac{N_{TA6}}{N_{TA5}}
\end{cases}
\tag{7-10}
$$

式中，N_{TA4}、N_{TA5} 和 N_{TA6} 为 TA4、TA5 和 TA6 的变比。

此外，当极性开关位置改变时，调压变压器励磁绕组极性翻转，差动电流计算需相应调整。若分接头位置拨至"11"或"0"时，调压绕组无有效匝数等于接入中性点，则调压变压器副边电流为 0。事实上，当调压变压器运行于 11 挡时，保护装置不计入原边电流，故调压变压器差动电流和制动电流均置 0。

2. 现行保护策略存在的问题

不同运行挡位下，由固定变比计算调压变压器差动电流会产生不同程度的误差。若选择调压变压器最大变比调整平衡系数，则最大不平衡电流接近副边的额定电流。根据表 7-9，当调压变压器运行于 10 挡，基准挡位为 1 挡时，不平衡电流达到 $0.96 I_e$（I_e 为调压变压器副边额定电流），超过常规变压器差动保护整定时电流启动值 $(0.3 \sim 0.5) I_e$。

表 7-9 正极性调压方式下调压变压器额定电流

分接头位置	I_{NY}/A	$I_{N\Delta}$/A	变比
1	1212.86	327.80	0.270
2	1221.71	297.17	0.243
3	1230.62	266.08	0.216
4	1239.61	234.52	0.189
5	1248.66	202.49	0.162
6	1257.79	169.97	0.135
7	1266.98	136.97	0.108
8	1276.25	103.48	0.081
9	1285.60	69.49	0.054
10	1295.02	35.00	0.027
11	—	0	0

事实上，运行挡位偏离基准挡位越远，产生的不平衡电流越大。考虑任一挡位运行时出现的最大不平衡电流相对最小，应尽量选择 50%附近的挡位作为基准挡位。以正极性调压为例，有载调压变压器差动保护选取 5 挡（分接头位置指向"5"）为基准挡位，调压过程中变比的变化范围是 0～50%，在最大或最小挡位下运行时的不平衡电流最大。基于表 7-9 中正极性调压时任一挡位下的调压变原、副边额定电流，求得每一挡位下的不平衡电流，如表 7-10 所示。调压变压器在 10 挡运行时的不平衡电流仍然超过差动保护的最小动作电流。

表 7-10　正极性调压时各挡位下的不平衡电流

分接头位置	1	2	3	4	5
不平衡电流/p.u.	0.403	0.306	0.206	0.106	0
分接头位置	6	7	8	9	10
不平衡电流/p.u.	0.100	0.206	0.312	0.421	0.530

图 7-15 中标注了正极性调压过程中调压变压器差动电流和制动电流在比率制动曲线中的位置,发现 10 挡运行时越过制动区,保护整定值若不调整则会出现误动。因此,特高压有载调压变压器配置的分相比率差动保护分为灵敏段差动和不灵敏段差动。正常运行时,有载调压变压器差动保护的比率制动曲线与无载调压方式的一致,采用常规三段式折线特性,称为灵敏段差动;调压时,投入有载调压硬压板,灵敏段差动退出,切换为不灵敏段差动,其比率制动曲线如图 7-15 所示。不难发现,现行的有载调压变压器差动保护策略不仅加大了现场调压操作的复杂性,同时降低了调压过程中发生匝间故障时调压变压器差动保护动作的灵敏度。

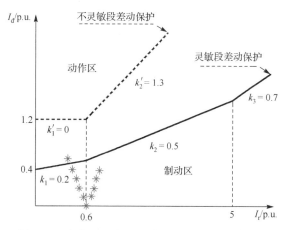

图 7-15　有载调压变压器差动保护比率制动曲线

7.3.3　有载调压变压器差动保护自适应算法

1. 调压变压器实时变比自适应计算方法

理论上,保护装置可采集调压变压器的挡位信息,进一步调整该挡位下的平衡系数。然而,采集的挡位信息可能落后一次系统调压,造成追踪挡位和实时挡位不一致的问题,不平衡电流仍然无法可靠消除。此外,一旦保护装置接收错误的挡位信息,可能直接导致调压变压器差动保护误动。此外,通过变压器两侧绕组端电压和电流关系,间接计算绕组感应电动势之比来获得变压器实时运行变比。该法应用于特高压有载调压变压器存在两点问题,一是由于调压绕组调压端没有安装电压互感器,无法直接测量其端电压，制约了该法在获取调压变压器实时挡位信息中的应用；二是 Y/d11 接线方式使得角侧相电流无法测量，需要再进行间接计算来获得感应电动势之比，增大了计算的复杂度。

针对以上问题，本节根据交流特高压变压器电气结构及绕组变比关系，提出一种自适应获取调压变压器运行变比的方法，进而实时计算调压过程中的差动电流。设调压绕组端电压为 $u_{Regu.1}$，则补偿变压器励磁绕组端电压也为 $u_{Regu.1}$。主变压器中、低压侧相电压记为 u_P 和 u_L，分别由 500kV 和 110kV 母线处安装的电压互感器测得。基于交流特高压变压器电压回路可列写：

$$\begin{cases} u_P = u_{Com} + u_{Regu.1} \\ u_L = \dfrac{u_{Com}}{K_2} + \dfrac{u_{Regu.1}}{K_c} \\ u_{Regu.1} = u_L \cdot K_{Regu} \end{cases} \tag{7-11}$$

式中，u_{Com} 表示公共绕组端电压，K_2 为主变公共绕组与低压绕组匝数比，K_c 为补偿变压器变比，K_{Regu} 为调压变压器变比。K_2 和 K_c 是常数，K_{Regu} 为待求量。

操作机构每完成一次分接头位置切换，交流特高压变压器内部所有电压量均能立即响应，K_{Regu} 可以实时反映有载调压过程中调压变压器的运行变比。求解式（7-11），K_{Regu} 可由现场实测电压量及交流特高压变压器固定参数间接计算获得

$$K_{Regu} = \frac{u_P - u_L \cdot K_2}{u_L - \dfrac{u_L \cdot K_2}{K_c}} \tag{7-12}$$

所述方法利用交流特高压变压器已知变比参数及可测电气量，自适应求得有载调压过程中调压变压器的差动电流，主变压器中、低压侧母线电压明显变化将对自适应变比计算的准确性产生一定影响。

对主变压器中、低压侧母线电压畸变，有以下三种情况：①系统发生小扰动，使得电压波形中含有一定的谐波；②主变压器中、低压侧发生区外故障，造成母线电压明显变化；③主变压器发生区内故障，造成中、低压侧母线电压明显变化。

对于情况①，交流特高压变压器各绕组端电压之比仍等于绕组匝数之比，再利用各绕组电压关系求得的自适应变比等于调压变压器的运行变比。此外，保护装置是引入主变压器中、低压母线电压的基波有效值，谐波被滤除。因此，系统小扰动造成的电压波形轻微畸变对自适应变比的影响可忽略。

对于情况②，理论上，交流特高压变压器各绕组端电压之比仍等于绕组匝数之比，根据式（7-12）求得的调压变压器自适应变比仍等于调压变压器绕组之比。但是，考虑系统运行方式的影响，主变压器故障侧母线电压发生大幅跌落，非故障侧的母线电压可能被钳制，使得母线电压之比不能等于绕组匝数之比。

对于情况③，交流特高压变压器主变压器各绕组端电压之比不再等于绕组匝数之比。主变压器故障相电压明显变化，对自适应变比准确性将产生一定影响。

综上，针对后两种情况下，中、低压侧母线电压变化会对自适应算法产生影响，但需要说明的是，所述方法的对象是特高压调压变压器，旨在提高调压变压器差动保护在识别内部匝间故障的灵敏度，而常规差动保护方案对于主变压器发生区外及区内严重故障，即伴随明显的电压变化，已具有较高的可靠性。因此，在主变压器中、低压侧母线电压发生明显变化时，可通过增加电压辅助判据的方式以提高保护整体的可靠性，即检测到 u_P 和 u_L 出现较大突变量时，调压变压器差动保护退出实时变比的计算，仍采用电压突变前的 K_{Regu} 来计算调压变压器差动电流，待电压恢复或故障排除后再重新计算实时变比。

2. 调压变压器自适应差动电流

保护装置利用 K_{Regu} 调整平衡系数，消除变比不匹配造成的不平衡电流。为简化分析，下面将调压变压器原、副边电流互感器一次电流表示为 i_1 和 i_2，则调压变压器差动电流可表示为

$$i_d = \frac{i_1}{N_{TA6}} - \frac{i_2}{N_{TA7}} \tag{7-13}$$

定义 Δf_{za} 为变比差系数，$\Delta f_{za}=1-K_{Regu}/n$ 且 $n=N_{TA7}/N_{TA6}$，利用自适应变比 K_{Regu} 改写式（7-13）可得

$$
\begin{aligned}
i_d &= \frac{K_{Regu}i_1 - i_2}{N_{TA7}} + \left(1 - \frac{N_{TA6}K_{Regu}}{N_{TA7}}\right)\frac{i_1}{N_{TA6}} \\
&= \frac{K_{Regu}i_1 - i_2}{N_{TA7}} + \Delta f_{za}\frac{i_1}{N_{TA6}} \\
&= i_d^* + \Delta i_d
\end{aligned}
\tag{7-14}
$$

式中，i_d^* 表示调压变压器任一挡位运行时准确的差动电流，理论上应为 0；Δi_d 为调压变压器基准变比和电流互感器变比不一致带来的差动电流误差项。为消除误差项影响，基于 K_{Regu} 向保护装置引入一个差动电流修正量，对式（7-14）进行修正获得准确差动电流如下：

$$i_d^* = i_d - \Delta i_d = \frac{K_{Regu}i_1 - i_2}{N_{TA7}} \tag{7-15}$$

若采用固定变比 K_0 作为基准变比，向式（7-15）引入一个修正量 Δi_{d0}，则修正后的差动电流 i_{d0}^* 为

$$i_{d0}^* = i_d - \Delta i_{d0} = \frac{K_{Regu}i_1 - i_2}{N_{TA7}} + \frac{(K_0 - K_{Regu})}{n}\frac{i_1}{N_{TA6}} \tag{7-16}$$

由式（7-16）可知，i_{d0}^* 中仍然存在一个因基准变比与实时运行变比不一致引起的差动电流误差项 Δi_{d0}。有载调压过程中，当且仅当 $K_0 = K_{Regu}$，$\Delta i_{d0} = 0$；且运行挡位偏离基准挡位越远，对应的差动电流越大。

3. 自适应算法仿真验证

基于交流特高压变压器仿真模型，计算挡位切换前后调压变压器的自适应差动电流。以正极性调压为例，0.4s 时调压分接头从"1"拨至"2"，基于固定变比 K_0（5 挡为基准挡位）和自适应变比 K_{Regu} 的调压变压器差动电流如图 7-16 所示。1 挡相较于 2 挡远离基准挡位，因此分接头位置改变后，由 K_0 计算的调压变压器差动电流相应减小。然而，利用 K_{Regu} 计算的差动电流在挡位切换前后几乎不变，数值接近于 0。仿真结果表明，基于所述自适应算法，保护装置能够在有载调压过程中准确获取调压变压器实时的差动电流，避免了因固定变比与实时运行变比不一致产生的不平衡电流。

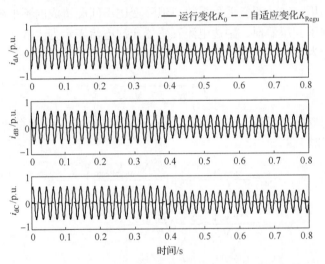

图 7-16　K_0 和 K_{Regu} 计算调压变压器差动电流对比（有载调压过程中）

值得注意的是，上述分析过程未计及交流特高压变压器绕组电阻及漏抗的压降，近似认为变压器变比等于相应绕组的端电压之比。由于交流特高压变压器正常运行时各侧电流接近额定电流，绕组电阻和漏抗上的压降可忽略不计。但对于空载合闸于励磁涌流的情况，电流骤增使得该压降明显增大，变压器变比不再精确等于绕组端电压之比，因而自适应变比 K_{Regu} 与调压变压器的运行变比 K_a 存在一定的偏差。

仿真模拟交流特高压变压器空载合闸时，调压变压器出现励磁涌流的情况（调压变压器正极性 5 挡运行）。由表 7-9 可知，调压变压器当前挡位 K_a 等于 0.162，由式（7-12）计算得 K_{Regu} 为 0.174。图 7-17 给出了基于 K_a 和 K_{Regu} 计算的调压变压器差动电流对比图，两者在幅值上虽存在轻微差异，但涌流间断的波形特征几乎保持一致，所以不影响基于波形特征的涌流闭锁判据的准确性。

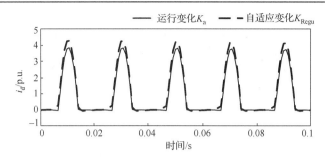

图 7-17　K_a 和 K_{Regu} 计算调压变压器差动电流对比（励磁涌流）

7.3.4　自适应差动保护动作特性分析

调压变压器自适应变比及差动电流能够准确实时地适应有载调压过程中分接头位置的切换，但匝间短路故障则会导致计算变比与运行变比之间存在一定误差。调压变压器的特殊性还在于，调压过程中变比变化范围达±100%，不同挡位运行时同程度的匝间短路对自适应变比误差大小不同。以调压变压器一次侧发生匝间短路故障为例，分析短路匝数百分比及运行挡位对自适应差动保护动作特性的影响。

1. 短路匝数的影响分析

对于普通双绕组变压器，某侧绕组发生匝间短路相当于在励磁绕组上并联第三支路，变压器绕组端电压之比不再等于实际变比，两侧绕组电流关系也发生改变，因而产生差动电流。通过两个案例说明特高压有载调压变压器短路匝数百分比对自适应变比及差动电流的影响。

案例 1 的仿真条件如下：正极性调压方式下，调压变压器 0.1s 时分接头由"1"拨至"2"，0.2s 时原边绕组发生 20%匝间短路。如图 7-18(a)所示，由于主变压器容量和电压等级远大于调压变压器，则故障发生后流过 TA4 和 TA6 的电流受影响程度较小。但是，励磁支路的分流作用使调压变压器副边电流显著增大，则两侧绕组的电流之比不再等于端电压之比。调压变压器差动电流计算时平衡系数折算至副边，所以副边电流增量起主导作用。

基于自适应算法，实时计算上述过程中调压变压器变比，其变化趋势如图 7-18(b)所示。挡位变换使得 K_{Regu} 由 0.2690 降为 0.2419，与表 7-9 的理论值吻合。故障发生后，调压变压器当前运行变比不变，而 K_{Regu} 计算为 0.1665。图 7-18(c)为两种变比计算的调压变压器差动电流对比图，故障前后两者无明显差异。

案例 2 仿真模拟了调压变压器原边绕组发生 5%轻微匝间故障的情况，其他仿真条件与案例 1 相同，基于自适应算法，调压变压器计算变比和差动电流的仿真结果如图 7-19 所示。

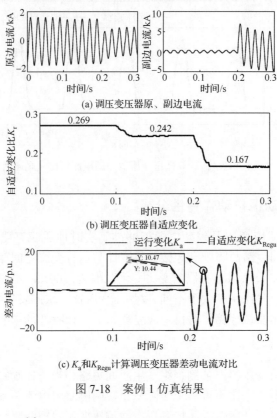

(a) 调压变压器原、副边电流

(b) 调压变压器自适应变化

(c) K_a和K_{Regu}计算调压变压器差动电流对比

图 7-18　案例 1 仿真结果

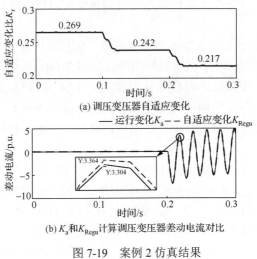

(a) 调压变压器自适应变化

(b) K_a和K_{Regu}计算调压变压器差动电流对比

图 7-19　案例 2 仿真结果

设 K_{Regu-} 和 K_{Regu+} 分别是故障前后的自适应变比，根据式（7-16），自适应变比相对误差 ε_k 和自适应差动电流相对误差 ε_{i_d} 可定义为

$$\begin{cases} \varepsilon_k = \dfrac{K_{\text{Regu}-} - K_{\text{Regu}+}}{K_{\text{Regu}-}} \\[3mm] \varepsilon_{i_\text{d}} = \dfrac{i_\text{d}|_{K_{\text{Regu}}=K_{\text{Regu}-}} - i_\text{d}|_{K_{\text{Regu}}=K_{\text{Regu}+}}}{i_\text{d}|_{K_{\text{Regu}}=K_{\text{Regu}-}}} \end{cases} \tag{7-17}$$

　　事实上，$K_{\text{Regu}-}$ 即为调压变压器当前挡位下的运行变比 K_a。对比图 7-18 和图 7-19，故障后案例 1 中 K_{Regu} 的跌落程度大于案例 2，ε_k 分别为 31.17% 和 10.06%，但两者的自适应差动电流与实际差动电流基本吻合。结合仿真结果，案例 1 和案例 2 的 ε_{i_d} 分别等于 0.28% 和 1.82%，即自适应差动电流与实际值之间的误差远远小于故障后幅值很大的差动电流。

　　改变调压变压器短路匝数百分比，自适应变比及差动电流基波有效值 I_d 的仿真结果列于表 7-11。对比可知，ε_k 与匝间短路严重程度有关，短路匝数越少，自适应变比与运行变比的吻合度越高。此外，随故障严重程度的加深，自适应差动电流显著增大，与实际值之间的相对误差可忽略不计。因此，自适应差动保护在调压变压器发生严重匝间故障时具备足够的灵敏度。

表 7-11　不同仿真条件下自适应算法的验证结果

分接头位置		短路匝数百分比			
		5%	10%	20%	30%
2	K_r	0.217	0.200	0.167	0.136
	I_d	3.422	5.843	10.460	14.209
6	K_r	0.126	0.116	0.009	0.083
	I_d	1.806	3.464	6.471	9.124
10	K_r	0.026	0.024	0.021	0.019
	I_d	0.376[①]	0.747[②]	1.473	2.150
17	K_r	0.151	0.140	0.118	0.100
	I_d	2.175	4.162	7.697	10.709
21	K_r	0.241	0.219	0.179	0.145
	I_d	3.565	6.621	11.687	15.670

2. 运行挡位的影响分析

　　根据式（7-17），由固定变比计算的差动电流准确度与运行挡位偏离基准挡位的远近程度有关。为研究运行挡位对调压变压器自适应差动保护动作特性的影响，首先对基于自适应算法的调压变压器实时计算变比进行误差分析。以有载调压过程中调压变压器原边发生 10% 匝间短路为例，设定调压变压器不同的初始运行挡位，0.1s 时改变分接头位置，0.2s 时发生故障。案例 3～案例 6 的仿真结果如图 7-20 和图 7-21 所示。由图 7-20 可知，4 个案例中 ε_k 分别为 17.26%，14.32%，10.63%和 18.11%，即原边绕组接入主变公共绕组的有效匝数越少，相同故障程度下，自适应变比误差越大。

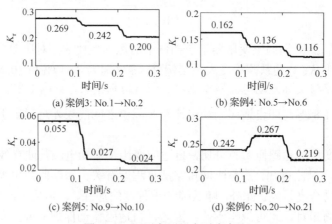

(a) 案例3: No.1→No.2　　　　　　　　(b) 案例4: No.5→No.6

(c) 案例5: No.9→No.10　　　　　　　　(d) 案例6: No.20→No.21

图 7-20　调压变压器自适应变比

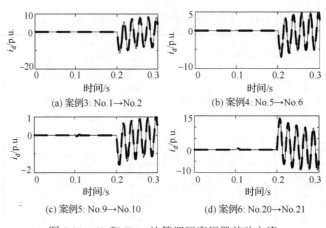

(a) 案例3: No.1→No.2　　　　　　　　(b) 案例4: No.5→No.6

(c) 案例5: No.9→No.10　　　　　　　　(d) 案例6: No.20→No.21

图 7-21　K_a 和 K_{Regu} 计算调压变压器差动电流

上述案例中 ε_{i_d} 分别为 1.55%，0.62%，0.34%和 1.75%，图 7-21 所示的自适应差动电流实时波形（虚线）与 K_a 计算所得的实际差流波形（实线）基本保持一致。因此，在同一故障水平下，自适应变比准确度受到调压变压器运行挡位的影响，但自适应差动电流可近似认为是实际差动电流。

综上，基于所述自适应算法，特高压有载调压变压器差动保护整定原则可与无载调压方式下的整定原则相同，仍采用图 7-15 中三段式比率制动特性曲线。此外，相较于常规差动电流计算方法，仅是微机保护内部计算过程多了一个自适应变比的计算。从外特性来说，自适应差动保护相较于常规保护无动作延时。值得注意的是，表 7-11

中存在两种情况，对应的自适应差动电流有效值低于非灵敏段差动启动值 1.2 p.u.。对于情况②，基于调压变压器自适应差动保护整定值，能够可靠判断为故障，相较于原有保护策略，具有更高的灵敏度。对于情况①甚至更为轻微的匝间短路故障，由于故障特征不明显，可通过非电量保护诊断或做进一步研究。

7.4　直流偏磁对交流特高压变压器的影响研究

7.4.1　直流偏磁电流分布特征

直流偏磁对交流特高压变压器的影响可以包含电和磁两个部分。直观来说，直流偏磁电流 I_{bias} 由交流特高压变压器中性点流入，由于直流电流无法通过铁心耦合传变至角侧绕组，所以仅有星侧绕组电流中存在 I_{bias}。图 7-22 给出了 I_{bias} 在交流特高压变压器各绕组中的流通路径示意图（单相），图中箭头表示 I_{bias} 的流通方向。

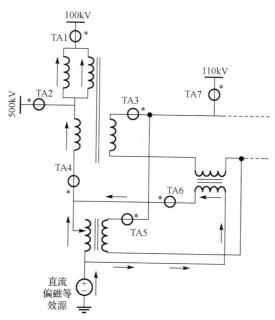

图 7-22　I_{bias} 在交流特高压变压器中流通路径示意图（单相）

由图 7-22 可知，I_{bias} 流经 TA1、TA2、TA4 和 TA6。设流经中性点的偏磁电流为 $I_{\text{dc}}^{\text{Neut}}$，正方向为大地流向变压器，则流经 TA4 的偏磁电流大小为

$$I_{\text{dc}}^{\text{TA4}} = \frac{I_{\text{dc}}^{\text{Neut}}}{3} \tag{7-18}$$

流经 TA1、TA2、和 TA6 的偏磁电流按照各绕组直流电阻及各侧系统阻抗分配。设调压绕组的直流电阻为 $r_{\text{Regu.1}}$，补偿变压器励磁绕组的直流电阻为 $r_{\text{Comp.2}}$，则流经 TA6 的偏磁电流大小为

$$I_{\text{dc}}^{\text{TA6}} = \frac{r_{\text{Regu.1}}}{r_{\text{Regu.1}} + r_{\text{Comp.2}}} \cdot \frac{I_{\text{dc}}^{\text{Neut}}}{3} \qquad (7\text{-}19)$$

流经 TA1 和 TA2 的偏磁电流大小分别为

$$I_{\text{dc}}^{\text{TA1}} = \frac{r_{\text{Com}} + r_{\text{Mid.sys}}}{r_{\text{Ser}} + r_{\text{Hig.sys}} + r_{\text{Com}} + r_{\text{Mid.sys}}} \cdot \frac{I_{\text{dc}}^{\text{Neut}}}{3} \qquad (7\text{-}20)$$

$$I_{\text{dc}}^{\text{TA2}} = \frac{r_{\text{Ser}} + r_{\text{Hig.sys}}}{r_{\text{Ser}} + r_{\text{Hig.sys}} + r_{\text{Com}} + r_{\text{Mid.sys}}} \cdot \frac{I_{\text{dc}}^{\text{Neut}}}{3} \qquad (7\text{-}21)$$

式中，r_{Com} 是公共绕组的直流电阻；$r_{\text{Mid.sys}}$ 是中压侧系统等值的直流电阻；r_{Ser} 是串联绕组的直流电阻；$r_{\text{Hig.sys}}$ 是高压侧系统等值的直流电阻。

为说明 I_{bias} 在交流特高压变压器各绕组中的流通路径及分布大小，设置仿真条件如下：高压侧系统等值阻抗设为 10.15Ω，中压侧系统等值阻抗设为 15Ω。系统参数及交流特高压变压器各绕组参数如表 7-12 所示。

表 7-12　仿真模型参数

串联绕组 r_{Ser}/Ω	公共绕组 r_{Com}/Ω	调压绕组 $r_{\text{Regu.1}}/\Omega$
0.244	0.267	0.373
补偿变副边绕组 $r_{\text{Comp.2}}/\Omega$	高压侧系统等值 $r_{\text{Hig.sys}}/\Omega$	中压侧系统等值 $r_{\text{Mid.sys}}/\Omega$
0.107	10.15	15

当 $I_{\text{dc}}^{\text{Neut}} = 0$ 时，图 7-23(a) 和图 7-23(b) 给出了交流特高压变压器中性点和 TA1、TA2、TA4 和 TA6 一次侧电流及所含直流分量波形的仿真结果。交流特高压变压器三相对称运行，中性点电流很小且直流分量为 0，各 TA 一次侧电流基本不含直流分量。

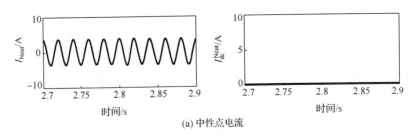

(a) 中性点电流

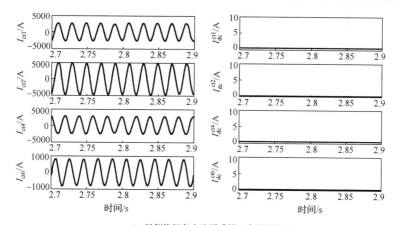

(b) 星侧绕组各电流互感器一次电流波形

图 7-23　$I_{dc}^{Neut} = 0$ 仿真结果

在交流特高压变压器中性点接入直流电压源以模拟不同接地极之间产生的电势差，正方向如图 7-22 所示。设定仿真模型中交流特高压变压器中性点注入的 $I_{dc}^{Neut} = 40A$，如图 7-24(a)所示。理论上，每相平均分得偏磁电流为 13.3A。根据式(7-18)，流经每相

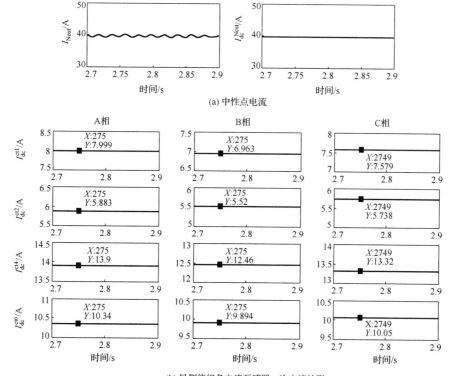

(a) 中性点电流

(b) 星侧绕组各电流互感器一次电流波形

图 7-24　$I_{dc}^{Neut} = 40A$ 仿真结果

TA4 的偏磁电流大小应等于 13.3A；由图 7-24(b)可知，每相 TA4 一次电流中直流分量分别为 13.90 A、12.46 A 和 13.32 A，与理论分析吻合。根据表 7-12 仿真参数，由式（7-19）～式（7-21）计算获得流经每相 TA1、TA2、TA6 偏磁电流大小的理论值分别为 7.91A，5.39A，10.38 A。对比图 7-24(b)给出的流经各 TA 偏磁电流的仿真结果，进一步验证 I_{bias} 在交流特高压变压器星侧绕组中按照各绕组直流电阻及各侧系统阻抗分配。

7.4.2　直流偏磁对铁心磁通的影响

为分析直流偏磁对交流特高压变压器铁心磁通的影响机理，以普通双绕组变压器为例，首先说明直流偏磁对其铁心磁通的影响机理。图 7-25(a)给出了双绕组变压器的非线性时域等效电路，为简化分析，基于以下假设：①忽略二次侧漏感；②负载为纯阻性；③忽略励磁支路电阻；④铁心工作于线性区时 L_{μ} 为固定常数，简化后的等效电路如图 7-25(b)所示。结合基尔霍夫电流定律及电磁感应定律可得

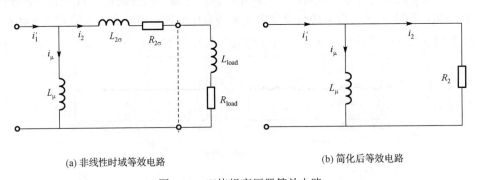

(a) 非线性时域等效电路　　　　　　　　　　　(b) 简化后等效电路

图 7-25　双绕组变压器等效电路

$$i_1' = i_2 + i_{\mu} = \frac{1}{R_2}\frac{\mathrm{d}\phi_{\mathrm{m}}}{\mathrm{d}t} + \frac{\phi_{\mathrm{m}}}{L_{\mu}} \tag{7-22}$$

式中，i_1' 表示原边电流（折算到副边）；i_2 表示副边电流；i_{μ} 表示励磁电流；ϕ_{m} 表示变压器铁心磁通；R_2 表示二次绕组电阻与负载电阻之和；L_{μ} 表示励磁电感。

令变压器副边时间常数 $\tau_2 = L_{\mu}/R_2$，则

$$\frac{\mathrm{d}\phi_{\mathrm{m}}}{\mathrm{d}t} + \frac{1}{\tau_2}\phi_{\mathrm{m}} = R_2 i_1' \tag{7-23}$$

若变压器原边仅传变 I_{bias}，则 $i_1' = I_{bias}/K_n$，其中 K_n 是变压器变比。根据式（7-23），对 i_1' 积分可求 I_{bias} 产生的偏置磁通。因此，I_{bias} 不断抬升铁心磁通，最终为一个固定常数，所述偏置磁通 Φ_{bias} 为

$$\Phi_{\text{bias}} = \frac{L_{\mu} I_{\text{bias}}}{K_n} \tag{7-24}$$

若变压器原边传变系统稳态电流及 I_{bias}，则流经星侧绕组的电流表达式如下：

$$i_1' = \frac{I_{\text{bias}} + I_{\text{m}} \sin(\omega t + \psi)}{K_n} \tag{7-25}$$

式中，I_{m} 是星侧绕组的稳态电流幅值；ω 是系统角频率；ψ 是系统稳态阻抗角。

将式（7-25）代入式（7-22），计及剩磁 ϕ_{r}，则铁心磁通 ϕ 表达式可写为

$$\begin{cases} \phi = \dfrac{R_2}{K_n N_2} \displaystyle\int_0^t (i_1 - I_{\text{dc}})\mathrm{d}t + \dfrac{L_{\mu}}{K_n N_2}[i_1(t) - i_1(0)] + \phi_0 \\ \phi_0 = \phi_{\text{r}} + \phi_{\text{bias}} \end{cases} \tag{7-26}$$

式中，N_2 是副边绕组匝数。

基于上述分析，稳态工频电流不流经励磁支路而准确传变至副边绕组，在铁心中形成周期性变化的交流磁通；而 I_{bias} 全部流经励磁支路，Φ_{bias} 将成为铁心磁通的组成部分。稳态运行时，铁心磁通以 ϕ_0 为中心做正弦变化，如图 7-26 所示。对于同一变压器而言，线性区 L_{μ} 不变，则不同大小的 I_{bias} 对铁心磁通的抬升量影响程度不同，I_{bias} 越大，产生的 Φ_{bias} 越大。此外，I_{bias} 的方向决定了 Φ_{bias} 的方向，当 Φ_{bias} 与交流磁通方向相同时，I_{bias} 起助磁作用；Φ_{bias} 与交流磁通方向相反时，I_{bias} 起去磁作用。根据图 7-26，交流磁通叠加上助磁磁通 Φ_{bias}，可能导致铁心进入饱和区，达到饱和磁通 ϕ_{m}，励磁电流波形产生畸变。

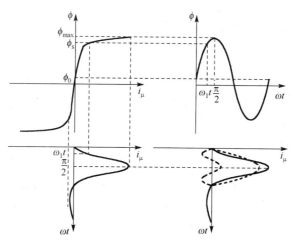

图 7-26　铁心磁化特性（$\phi - i_{\mu}$）曲线

1000kV 交流特高压变压器采用单相分体式结构，主变压器、调压变压器和补偿变

压器拥有独立铁心，因而一台交流特高压变压器包含九个独立铁心，共用一个中性点。本章着重分析 I_{bias} 的大小和方向对调压变压器铁心工作点的影响，剩磁不作为讨论的范围，因而设置交流特高压变压器仿真模型中各变压器铁心 $\phi_0 = 0$。以 $I_{dc}^{Neut} = 0$ 及 $I_{dc}^{Neut} = 40$ 为例，图 7-27(a)和图 7-27(b)分别给出了上述两种情况下 A 相主变压器、调压变压器和补偿变压器铁心磁通波形及直流含量示意图。由仿真结果可知，I_{bias} 在主变压器、调压变压器和补偿变压器的 A 相铁心中产生负向偏置磁通，改变铁心工作点。

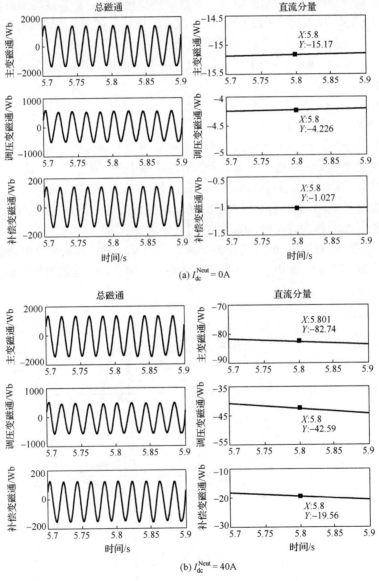

图 7-27　交流特高压变压器各铁心磁通

7.4.3　影响因素分析

由 7.4.2 节分析可知，铁心的磁化特性、I_{bias} 的大小及方向是影响变压器一二次侧电流传变准确性的重要因素。磁化特性由铁心材料、结构形状及制造工艺等因素决定，出厂后即可视为固定不变；I_{bias} 的大小和方向与交/直流输电系统的拓扑结构和运行方式有关，一般在几十到几百安培。特别地，由于特高压调压变压器容量小，铁心磁饱和点低，偏置磁通可能使铁心进入饱和区，本节分析不同大小、方向的 I_{bias} 对调压变压器铁心磁通及其保护动作特性的影响。

I_{dc}^{Neut} 正方向为大地流向变压器，当 $I_{dc}^{Neut} > 0$ 时，中性点电压由 0 V 抬升为正值，调压变压器原边绕组端口电压降低，则 $\Phi_{bias} < 0$；反之，当 $I_{dc}^{Neut} < 0$ 时，中性点电压由 0V 降低为负值，调压变压器原边绕组端口电压升高，则 $\Phi_{bias} > 0$。图 7-28 给出了 $I_{dc}^{Neut} = 0A$、$I_{dc}^{Neut} = \pm125A$ 三种情况下，A 相调压变压器铁心中 Φ_{bias} 及磁化特性曲线（$\phi - i_\mu$）示意图。

根据图 7-28，不计直流偏磁影响时调压变压器铁心中 Φ_{bias} 近似为 0，铁心工作点在线性区周期性移动；当中性点流经正向偏磁电流 125A 时，调压变压器铁心中产生负向的 Φ_{bias}，大小约为 77.67Wb，铁心会进入第三象限的饱和区。反之，中性点流经负向偏磁电流 125A 时，产生正向的 Φ_{bias}，铁心会进入第一象限的饱和区。

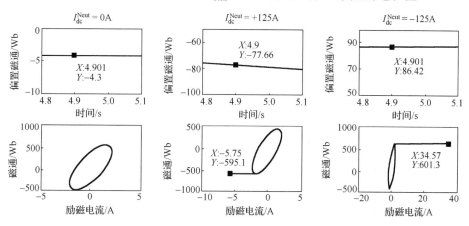

图 7-28　调压变压器铁心 Φ_{bias} 及磁化特性（$I_{dc}^{Neut} = 0, \pm125A$）

类似地，设置 $I_{dc}^{Neut} = 0, \pm215A$、$I_{dc}^{Neut} = \pm340A$，图 7-29(a)和图 7-29(b)分别给出 A 相调压变压器铁心中 Φ_{bias} 及磁化特性的仿真结果。对比可知，Φ_{bias} 方向与偏磁电流的方向相反，且当 $I_{dc}^{Neut} > 0$ 时，调压变压器铁心第三象限饱和；$I_{dc}^{Neut} < 0$ 时，调压变压器铁心第一象限饱和。

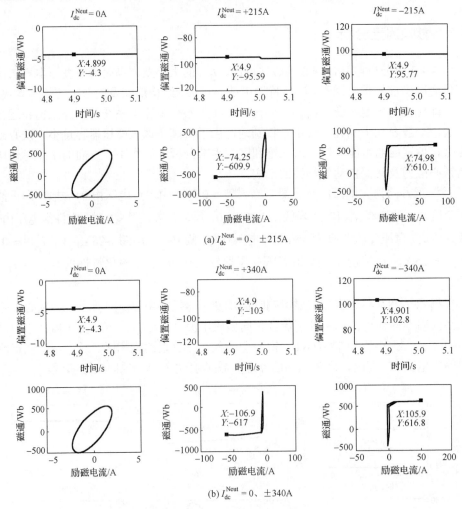

图 7-29　调压变压器铁心 Φ_{bias} 及磁化特性

在交流特高压变压器仿真模型中设置不同幅值、方向的中性点偏磁电流，表 7-13 列出 A 相调压变压器铁心中 Φ_{bias}、差动电流基波分量及其二次谐波含量的仿真结果。不难发现，幅值相同、方向相反的 $I_{\mathrm{dc}}^{\mathrm{Neut}}$ 在调压变压器铁心中 Φ_{bias} 大小基本相等；偏磁电流越大，在调压变压器（voltage-regulating transformer，VRT）铁心中产生的 Φ_{bias} 越大，铁心饱和程度越深。此外，特高压变压器（ultra-high voltage transformer，UHVT）正常运行时，计及直流偏磁影响，偏置磁通抬升铁心运行工作点，差动电流波形畸变，使得二次谐波含量提升。由于工频运行电流相较于励磁涌流较小，一个周波内铁心进入饱和区的时间很短，差动电流畸变程度与 Φ_{bias} 正相关，但差动电流未达到保护启动值。针对前述励磁涌流的情况，由于励磁涌流幅值较大，一个周波内铁心进入饱和区的时间较长，铁心越饱和，间断角越小，造成二次谐波含量越小。

表7-13　不同偏磁条件下仿真结果

A 相测量值	正向 I_{dc}^{Neut}				反向 I_{dc}^{Neut}		
	0 A	125 A	215 A	340 A	125 A	215 A	340 A
ϕ_{bias}/Wb	−4.23	−77.67	−95.59	−103	86.42	95.77	102.8
I_d/p.u.	0.02	0.02	0.05	0.08	0.03	0.05	0.08
二次谐波含量/%	0	0.39	48.46	61.31	22.74	48.84	61.05

7.4.4　差动保护动作特性分析

上述分析表明，计及直流偏磁影响，VRT 稳态运行时铁心可能往返工作在线性区和饱和区之间，使其差动电流波形畸变，若 VRT 再发生区内轻微故障时，二次谐波含量可能高于保护设定的阈值 15%。本节以 VRT 原边发生高阻接地故障为例，分析不同幅值、方向的偏磁电流及不同阻值的接地电阻对 VRT 差动保护动作特性的影响。

设置 UHVT 模型仿真条件如下：VRT 工作于正极性调压方式最大挡位下（1 挡），5.2s 时 A 相 VRT 原边绕组出口处经 200Ω 电阻接地；调整流经中性点的偏磁电流分别为 0A、+340A 和−340A。图 7-30 给出上述三种情况下 VRT 差动电流波形及二次谐波示意图。

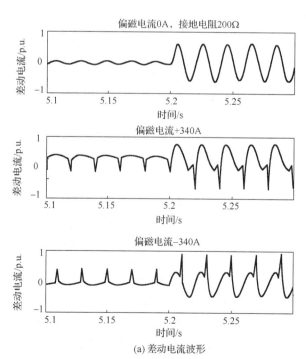

(a) 差动电流波形

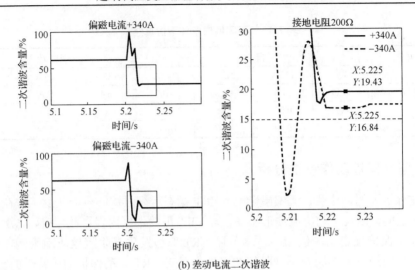

(b) 差动电流二次谐波

图 7-30 $I_{\mathrm{dc}}^{\mathrm{Neut}} = 0, \pm 340\mathrm{A}$ 且接地电阻 200Ω 仿真结果

由图 7-30(a)可知，未计及直流偏磁时，故障前后差动电流波形的对称度都很高，因而二次谐波含量非常低；计及直流偏磁时，故障前铁心已在线性区和饱和区周期性交替工作，造成故障后差动电流发生畸变，二次谐波含量升高。5.2s 时，A 相 VRT 原边绕组出口处发生经 200 Ω 电阻接地故障，计算两种案例中差动电流基波有效值，分别为 0.47 p.u.和 0.42 p.u.，均已达到保护启动值。根据图 7-30(b)，故障发生后，VRT 差动电流的二次谐波含量分别为 19.43%和 16.84%，两个案例的 VRT 差动保护均拒动。

调整 UHVT 仿真模型中 A 相 VRT 原边绕组出口处高阻接地故障的接地电阻为 300Ω，其他仿真条件与上述案例一致，图 7-31 给出了三种情况下 VRT 差动电流及其二次谐波含量的仿真波形。由图 7-31(a)可知，5.2s 故障发生后，正向偏磁电流 340 A 案例中，A 相差动电流基波有效值达到保护启动值，且其二次谐波含量为 26.91%，VRT 差动保护拒动。但是，负向偏磁电流 340 A 案例中，A 相差动电流基波有效值未达到保护启动值，则 VRT 差动保护装置仍无法正确识别故障。不难发现，偏磁电流造成故障前 VRT 铁心饱和，差动电流畸变，发生经高阻接地故障后，二次谐波含量可能高于 15%导致保护拒动；由于正向偏磁电流产生的负向偏置磁通相较于负向偏磁电流产生的正向偏置磁通，后者的助磁作用使得铁心饱和程度加深，造成差动电流二次谐波含量稍有降低；此外，若接地电阻进一步增大，差动电流基波有效值未到保护启动值也会造成差动保护装置仍无法正确识别故障。

调整 UHVT 仿真模型中 $I_{\mathrm{dc}}^{\mathrm{Neut}}$ 的幅值、方向及接地电阻的阻值，表 7-14 给出 VRT 差动电流基波有效值 I_{d} 及故障发生后 25ms 时刻的二次谐波含量。若 I_{d} 高于 0.3 p.u.且二次谐波含量低于 15%，保护装置判断为故障。对比可知，在同一程度的故障下，偏磁电流越大，故障后二次谐波含量越高，且同一偏磁电流水平下，中性点注入正向偏磁电流造成的去磁作用使得差动电流的二次谐波含量高于注入负向偏磁电流时的二次谐波含量。对于不同程度的故障，越轻微的故障使得差动电流越小，即使更大的偏磁电流使得故障前 VRT 铁心饱和，但由于其差动电流未达到启动值，VRT 差动保护仍然无法识别故障。

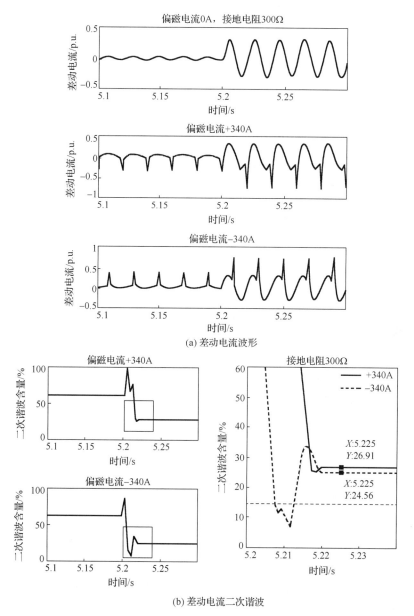

(a) 差动电流波形

(b) 差动电流二次谐波

图 7-31 $I_{dc}^{Neut} = 0, \pm 340\text{A}$ 且接地电阻 300Ω 仿真结果

表 7-14　不同偏磁条件下差动保护动作特性结果

接地高阻	A 相差流	正向 I_{dc}^{Neut}			反向 I_{dc}^{Neut}		
		125 A	215 A	340 A	125 A	215 A	340 A
100 Ω	I_d /p.u.	0.83	0.85	0.88	0.83	0.83	0.85
	二次谐波含量/%	0.29	6.15	10.40	0.69	4.00	7.68
	结果	√	√	√	√	√	√
200 Ω	I_d /p.u.	0.38	0.42	0.47	0.38	0.39	0.42
	二次谐波含量/%	0.59	11.70	**19.43**[*]	2.63	9.69	**16.84**[*]
	结果	√	√	×	√	√	×
300 Ω	I_d /p.u.	0.21	0.25	0.31	0.21	0.23	0.25
	二次谐波含量/%	0.86	16.57	**26.91**[*]	4.50	14.75	24.56
	结果	—	—	×	—	—	—

注：表中"√"表示保护装置判断正确，"×"表示判断错误，"—"表示保护未启动；"*"表示保护启动后该条件未满足动作条件（二次谐波含量<15%，I_d>0.3 p.u.）。

7.5　本 章 小 结

本章围绕 1000kV 交流特高压变压器，介绍其特殊结构及保护配置方案，指出特高压示范工程中调压变压器差动保护发生误动的原因，提出基于虚拟电感分布特性的调压变压器差动保护识别励磁涌流的防范措施，解决了调压变压器原边无法安装电压互感器以实现绕组端口电压测量的实际难题；指出特高压有载调压方式下现有的调压变压器差动保护方案的弊端，提出一种在线自适应识别调压变压器运行挡位的方法，避免增设调压硬压板和不灵敏段差动；指出直流偏磁电流在交流特高压变压器的流通路径，以及其大小、方向和接地电阻阻值对调压变压器差动保护动作特性的影响。

参 考 文 献

[1]　张建坤, 贺虎, 邓德良, 等. 特高压变压器现场安装关键技术及应用[J]. 电网技术, 2009, 33(10): 1-6.

[2]　郑涛, 张婕, 高旭. 一起特高压变压器的差动保护误动分析及防范措施[J]. 电力系统自动化, 2011, 35(18): 92-97.

[3]　邵德军, 尹项根, 张哲, 等. 特高压变压器差动保护动态模拟试验研究[J]. 高电压技术, 2009, 35(2): 225-230.

[4]　刘宇. 特高压变压器主保护及工程应用研究[D]. 北京: 华北电力大学, 2009.

[5]　北京四方继保自动化有限公司. CSC-326C_1000kV 数字式变压器保护装置说明书-V1.02H[Z].

[6] 李岩军, 周春霞, 肖远清, 等. 特高压有载调压变压器差动保护特性分析[J]. 中国电力, 2014, 47(9): 112-117.

[7] 邓茂军, 孙振文, 马和科, 等. 1000kV 特高压变压器保护方案[J]. 电力系统自动化, 2015, 29(10): 168-173.

[8] 张婕. 特高压变压器涌流识别及直流偏磁对其影响研究[D]. 北京: 华北电力大学, 2012.

[9] 葛宝明, 于学海, 王祥珩, 等. 基于等效瞬时电感判别变压器励磁涌流的新算法[J]. 电力系统自动化, 2004, 28(7): 44-48.

[10] 郑涛, 刘万顺, 谷君, 等. 三相变压器等效瞬时电感的计算分析及 CT 配置新方案[J]. 电力系统保护与控制, 2006, 34(16): 1-6.

第8章 超/特高压换流变压器差动保护特殊问题分析

换流变压器（简称换流变）是超/特高压直流输电系统中最重要的设备之一，其运行可靠性直接决定了高压直流输电系统的整体性能。二次谐波制动判据由于其原理简单、实现方便，在现场中得到长期广泛的应用并取得了良好的效果[1]，目前换流变配置的差动保护均采用二次谐波制动判据。由于换流变在交直流系统中的特殊位置及运行方式多样，其复杂的电磁暂态特性使得换流变所配置的差动保护容易出现异常动作，例如，一组换流变空载合闸时差动保护误动作，换流变在发生不对称出口故障时差动保护误闭锁。因此，需要验证二次谐波制动判据在应用于高压直流输电系统换流变差动保护时的有效性。

本章结合基于工程实际参数建立的超/特高压直流输电仿真模型，对换流变合闸涌流及故障电流的暂态特征进行综合分析；研究二次谐波制动判据应用于换流变差动保护时的局限性；并针对性提出换流变差动保护新判据。

8.1 换流变压器接线方式和差动保护配置介绍

8.1.1 换流变压器接线及运行方式

换流变通常是指由单相双绕组变压器连接组成 2 台完全独立的三相变压器组，1 台 Y/Y 接线，1 台 Y/D 接线，并联运行形成一组 12 脉动换流变，例如，图 8-1 所示±500kV 天广超高压直流输电系统中，T11 和 T12 为极 Ⅰ 一组 12 脉动换流变。在特高压换流站中，电气主接线采用双极、每极±(400+400)kV 的"双 12 脉动"换流器串联接线方案，即在整流侧（站 1）或逆变侧（站 2）特高压换流站，单极为两组 12 脉动换流变构成，

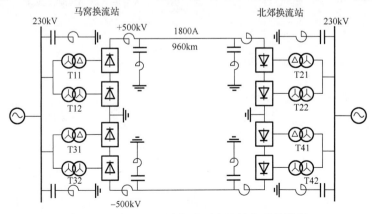

图 8-1　±500kV 天广超高压直流输电系统模型

近中性线的一组 12 脉动换流变为低端换流变，近极母线的一组 12 脉动换流变为高端换流变，如图 8-2 所示。每个换流器单元配置一组并联旁路断路器，每站每极中任何一组 12 脉动换流器退出运行，都不用影响剩余换流器构成不完整极运行，因此，整流侧和逆变侧两极各四组 12 脉动换流变可构成 100 余种单极或双极、完整或不完整、平衡或不平衡组合运行方式。

对于超/特高压换流变，在任何组合运行方式下，每组 12 脉动两台换流变均是同时投退的。

8.1.2　换流变压器差动保护配置介绍

换流变压器作为直流输电系统中进行交直流变换的关键设备，其安全稳定运行对提高直流系统的可靠性和可用率具有重要意义。换流变保护的性能如何，直接影响到换流变乃至整个直流系统的安全稳定运行。和在交流系统中的变压器应用类似，差动保护由于动作原理简单、灵敏度高，也普遍应用于保护换流变，作为其主保护。

因换流变配置了较多的 CT，可以配置更加复杂和完善的差动保护。通常包含有：换流变大差保护、换流变小差保护、引线差动保护、换流变绕组差动保护等。如图 8-3 所示为某换流站内极 Ⅰ 换流变主要差动保护配置图。CT1、CT2、CT4 和 CT6 构成该组换流变大差保护，保护范围包括了从换流变网侧的交流开关到换流变阀侧的所有线路和元件。对每台换流变而言，CT3 和 CT4 构成 Y/Y 换流变的小差保护，CT5 和 CT6 构成 Y/Δ换流变的小差保护，两套小差保护用于保护对应的换流变。CT1、CT2、CT3 和 CT5 构成引线差动保护，保护交流开关到换流变高压侧套管部分；CT3 和 CT9、CT5 和 CT10 构成绕组差动保护，分别保护换流变的绕组。值得注意的是，由于换流变低压侧连接换流阀的交流侧，且三相换流变由三个单相变压器组接而成，空间有限，因此 Y/Δ接线换流变低压侧 CT6 一般接在三角环内，差动保护计算不需要进行星角变换。

8.1.3　换流变压器差动保护存在的异常动作行为

为防止涌流引起的差动保护误动，目前主流的换流变差动保护均采用二次谐波制动，这样能有效区分励磁涌流和故障差流。但是，与仅考虑单台常规变压器涌流所不同的是，换流变在一般情况下都为两台变压器同时投入运行，因此就可能产生与典型涌流特征不同的励磁涌流及和应涌流，影响二次谐波制动判据的判别效果；并且交直流场滤波器可能会对换流变空投时涌流波形中二次谐波特征产生削弱作用，二次谐波制动判据因此失效，从而更容易出现误动情况。实际上，换流变空投导致差动保护误动的案例仍有多次报道。例如，2007 年 1 月 28 日，天广超高压直流输电工程交流侧开关合闸导致某台换流变小差保护动作[2]，直流输电系统复电过程受到换流变差动保护误动的影响，延迟了整个系统的正常运行；再如，2009 年 12 月 3 日，云广特高压工程楚雄站极 2 的高端换流变压器空载合闸的操作试验中，断路器合闸后经过约 900ms，大差保护动作，使得 12 脉动换流变误跳闸[3]。

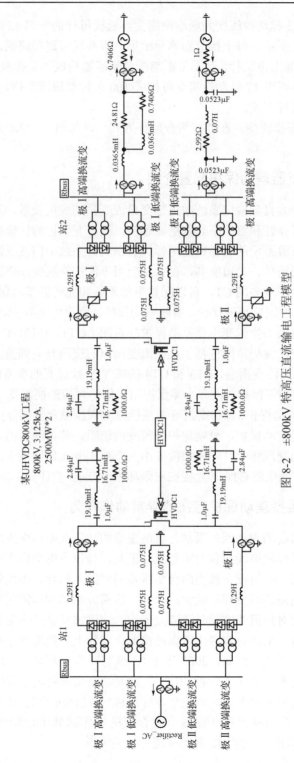

图 8-2　±800kV 特高压直流输电工程模型

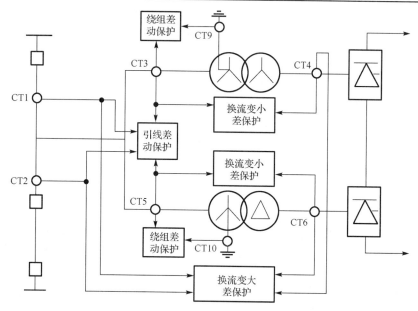

图 8-3　换流变主要差动保护配置图

此外，换流变在发生不对称故障时，因为交直流系统的相互作用，交流电压中的负序分量可能在换流阀交流系统侧产生二次谐波分量，导致差流中二次谐波含量较大而误闭锁差动保护[4]。

由此可见，二次谐波制动判据在应用于换流变差动保护时，可能同时存在误动和拒动的风险，有必要对换流变经历空载合闸和各类故障进行分析，研究差动保护异常动作行为的机理，并进一步寻求解决方案。

8.2　换流变小差保护异常动作行为分析及对策研究

基于天广直流输电系统工程的实际参数，并参考 CIGRE HVDC 标准高压直流输电控制系统，在 PSCAD/EMTDC 电磁暂态仿真平台上建立完备的高压直流输电模型及天广双极 12 脉动高压直流输电系统模型。在该模型的基础上，进一步开展换流变小差保护异常行为分析的研究。

本节以图 8-1 中马窝换流站+500kV 极 12 脉动换流单元的换流变 T11 和 T12 为对象，研究换流变空载合闸场景为：+500kV 极直流停运，−500kV 极直流正常运行，即 T31、T32、T41 和 T42 正常运行，T21 和 T22 停运，T11 和 T12 空投；研究换流变经历各类故障时，其场景设置为：故障前系统处于双极正常运行状态。

各仿真实例给出的电流波形和幅值、以及相电压和差流突变量均采用标幺值显示。根据现场常用整定值，差流启动门槛取 0.25p.u.，二次谐波制动门槛取 15%。

8.2.1 换流变空载合闸小差保护误动分析

在不同初始剩磁和合闸角情况下，对 T11 和 T12 的空载合闸进行了分析。

实例 8-1 总时长为 0.75s，T11 和 T12 同时在 $t = 0.2634$s 空投，即 A 相合闸角为 60°，三相初始剩磁分别为 0.7p.u.、0 和 –0.7p.u.。

T11 和 T12 三相差流波形如图 8-4 所示。对各差流波形采用 FFT 算法进行分析，可以得到各差流基波幅值和二次谐波占基波幅值的百分比；并根据前述定值，输出各相差动保护跳闸信号，如图 8-5、图 8-6 所示。此处只给出二次谐波制动判据失效的分析结果。

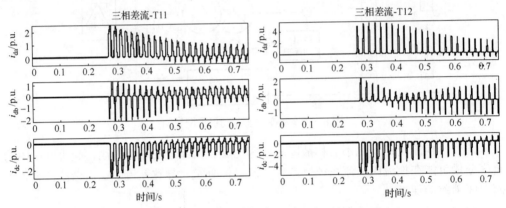

图 8-4　实例 8-1 换流变空载合闸 T11 和 T12 三相差流波形

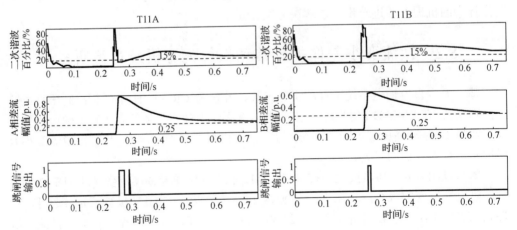

图 8-5　实例 8-1 换流变空载合闸 T11A、B 相差流幅值、二次谐波百分比分析及跳闸信号输出

从图 8-4 可以看到，合闸后 T11 和 T12 各相差流均较大，可能使三相差动保护跳闸。进一步根据图 8-5 和图 8-6 可知，T11 的 A、B 两相和 T12 的 B 相差流二次谐波

占基波幅值的百分比分别在合闸时刻 $t=0.2634s$ 后 $0.0134s$、$0.0166s$ 和 $0.1634s$ 低于 15% 的制动门槛，并且持续时间均超过 3/4 周波。这意味着，T11 的 A、B 两相和 T12 的 B 相的差动保护将动作，且各自的二次谐波制动判据都失效，若采用分相制动的保护逻辑，T11 和 T12 的差动保护将不可避免地误动作。

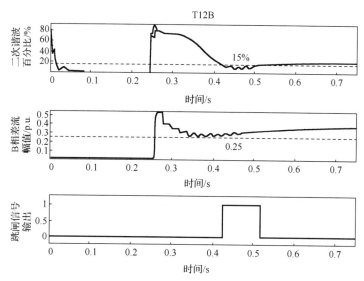

图 8-6　实例 8-1 换流变空载合闸 T12B 相差流幅值、二次谐波百分比分析及跳闸信号输出

8.2.2　区内故障换流变小差保护拒动分析

对于换流变而言，其区内阀侧出口发生接地故障使得换流阀发生了短路。由于换流阀是单向导通的，所以造成一周波内某半周波的故障电流大，而另外半周波的故障电流小，从而导致差流中二次谐波含量增大[5]，可能因二次谐波百分比高于制动门槛而误制动。

理论上讲，故障初相角对于换流变差动保护差流中二次谐波含量几乎没有影响。图 8-7 给出了一个典型的换流变二次侧 A 相接地故障发生时 A 相差流的波形，不同故障初相角下，差流中二次到七次谐波含量的计算结果见表 8-1。

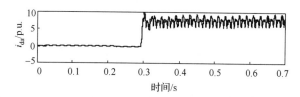

图 8-7　换流变阀侧出口 A 相接地故障时 A 相差流典型波形

表 8-1　不同故障初相角下差流中二次和高次谐波含量

A→G	二次谐波含量/%	三次谐波含量/%	四次谐波含量/%	五次谐波含量/%	六次谐波含量/%	七次谐波含量/%
0°	123.5	23.6	35.7	3.2	8.9	5.9
18°	125.8	25.4	37.1	3.4	8.7	6.3
36°	129.3	26.8	39.1	3.5	8.4	6.5
54°	129.6	24.6	40.4	5.7	5.4	5.2
72°	124.5	19.9	35.9	6.5	4.6	2.9
90°	127.4	24.8	37.6	6.7	4.3	2.8

可以看到，换流变二次侧出口故障时，差流中二次谐波含量相对较高，且随故障初相角的变化，其值差异不大，这说明故障初相角和差流二次谐波含量之间没有直接联系。此外，根据表 8-1，偶次谐波含量比奇次谐波含量高，这是由于差流半波幅值高而半波幅值低的特征所造成的。此类特征的波形在一定程度上类似于励磁涌流，从而导致偶次谐波含量相对较高。

实例 8-2　T11 二次侧 A 相单相接地故障。

在该工况下，A 相差流的波形、基波幅值、二次谐波百分比以及差动保护跳闸信号输出分别如图 8-8、图 8-9 所示。

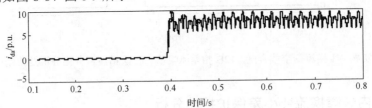

图 8-8　实例 8-2 的 A 相差流波形

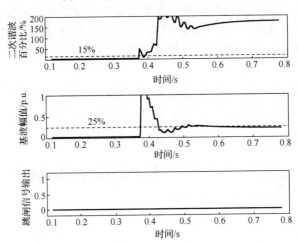

图 8-9　实例 8-2 的 A 相差流二次谐波百分比、基波幅值和差动保护跳闸信号输出

根据图 8-9，故障发生后，A 相差流二次谐波占基波幅值百分比始终高于 15%的

制动门槛，尽管差流幅值超过动作门槛，但差动保护始终被误制动，导致故障不能被及时切除。

实例 8-3　T11 二次侧 AB 两相接地故障。

T11 二次侧发生 AB 两相接地故障时，其三相差流的波形如图 8-10 所示。分别对三相差流基波幅值、二次谐波百分比和差动保护跳闸信号输出进行分析，这里给出将要误制动的 B 相差流的分析结果，如图 8-11 所示。

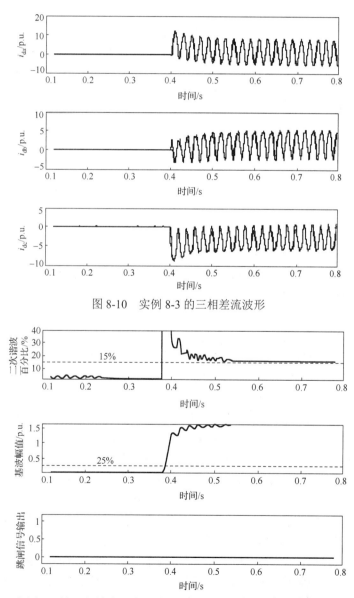

图 8-10　实例 8-3 的三相差流波形

图 8-11　实例 8-3 的 B 相差流二次谐波百分比、基波幅值和差动保护跳闸信号输出

根据图 8-10，故障发生后，三相差流较大，均超过差动保护动作门槛。但是从图 8-11 可见，B 相差流中二次谐波占比始终高于 15%的制动门槛。因此，即使 A、C 两相差动保护可以正确动作，若采用一相制动三相的保护动作逻辑，T11 的差动保护将始终被 B 相的二次谐波制动判据误闭锁。

8.2.3　基于时差法的换流变内部故障和励磁涌流识别

经过上述分析，换流变空载合闸时，由于合闸角和铁心剩磁等因素影响，涌流中二次谐波含量低于制动门槛而导致小差保护误动；而发生换流变二次侧出口故障时，在不对称接地故障情况下差流二次谐波含量增大又导致差动保护被误制动，由此可见，二次谐波制动判据用于区分换流变励磁涌流和故障差流时并非完全有效。因此，需要寻找一种不受变压器铁心饱和以及谐波特征影响的判据来区分换流变区内故障和励磁涌流。

1. 基于相电压和差动电流突变量时差法的基本原理

由于含变压器的系统是一个非线性时变系统，其电压、电流并非线性相关，而是系统中独立的两个变量，应用电压、电流两个变量同时表述变压器的运行状态，信息更具完备性。理论上，同时应用变压器所在系统电流和电压信息来判别变压器励磁涌流与故障情况，从扰动的最开始就将涌流和故障情况区分开来，是保证差动保护正确快速动作的一个有效途径。因此，基于相电压突变量和差流突变量时间差的涌流识别判据[6]，应能很好地解决前述换流变小差保护异常动作的问题。

事实上，时差法最早是应用于识别 CT 饱和，其主要原理为：无论故障严重程度如何，变压器两侧的 CT 都不会立即饱和；而在外部故障场景下，则不同。因此，有学者利用检测到的故障发生和差流出现之间的时间差，来防止差动保护因高故障穿越电流引起虚假差流所导致的误动；另外，也有学者采用变压器一侧线电流突变和差流出现的时间差来识别涌流。但是，上述两种时差法在变压器空载合闸时无法提取时间差，因而不适应于识别变压器空载合闸的励磁涌流[7-9]。

基于相电压和差动电流突变量的时差法能够有效解决这个问题。该判据的基本原理是：在变压器空载合闸或电压恢复情况下，变压器磁通的积累使铁心进入饱和需要一定时间，所以励磁涌流引起的虚假差流的出现会滞后于所施加电压一个时间差，一般为 3～5ms，这个现象即该时差法的物理基础。如果能够识别电压（变化）出现和差流变化的时间差，则可分辨励磁涌流，闭锁差动保护。

当发生内部故障，施加电压的变化和差流出现的时间差都是非常小的，理论上为零，此时的差流被识别为故障电流，保护将动作。特别地，当变压器合闸同时伴随着内部故障时，故障电流中因含有励磁涌流，基于二次谐波制动的判据可能会在很长时间内闭锁保护，但故障电流出现对应的时间与电压变化发生时刻之间的时间差仍满足同时性，因此保护可以快速动作切除故障。

2. 基于时差法的换流变小差保护判据及其性能验证

时差法判据首先对相电压和差流进行一周波前后求差的突变量求取,检测其超出正常波动范围的时刻并比较时间差,根据判别逻辑来判定区内故障发生与否。根据上述设计,若测量三相电压突变量,故障相肯定包含其中,在任何情况下都能够获取相应的时间差。该时间差的门槛值可依据经验和仿真分析设为3～5ms。时差法判据流程图如图8-12所示。

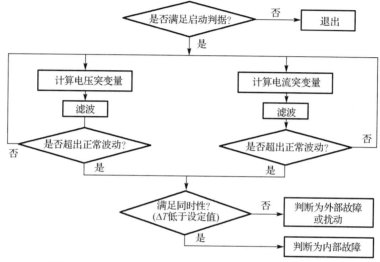

图 8-12　基于相电压和差流突变量时间差的判据流程图

理论上,如果系统没有发生故障或大的扰动,电压或差流突变量将始终为零,或是很小的随机波动的数值。而一旦扰动发生,提取到的突变量,其整体上将呈现为一周波的含一定谐波的工频电压或电流,这个波形的出现理论上总是从零到有的,无论扰动发生时刻合闸角如何,这个现象不会改变。时刻定位方法的具体描述如下:首先对相电压和差流进行突变量提取,实时计算出相对于上一周波对应点的突变量,然后对两个突变量做差分,得到有关相电压和差流突变量的两个差分序列,并将这两个序列存储在循环缓冲区中。在此基础上,采用如下的浮动门槛对序列变化时刻进行定位:从当前点向前回溯两个周波,然后采用一周波时窗,提取当前点前两个周波到当前点前一个周波之间序列的绝对值最大值,将当前值的绝对值和与该极值做比较,若前者超过后者一定倍数(暂取为5倍,应用时可以根据实际的运行情况进行调整),则开始捕捉该当前值后序列的第一个极值。然后从该极值点对应的时刻向前回溯至对应该极值的点所对应的时刻,则该时刻被认为是相电压或差流发生突变的时刻。

差流越限启动判据,比较采用上述方法提取到的相电压和差流发生突变时刻的时差,并根据判据逻辑来判定是否出现区内故障。该判据基于瞬时值,计算快速,逻辑简单可靠,应能满足换流变小差保护可靠性和快速性要求。

应用 PSCAD/EMTDC 电磁暂态仿真平台上搭建的高压直流输电模型,生成换流变各类空载合闸和区内故障场景，验证时差法判据应用于换流变小差保护时的有效性。验证实例中，时差门槛取为 3ms；时标显示"1"表示突变发生，"0"表示未获取到突变时刻。

实例 8-4 实例 8-1 情况下时差法判据的动作特性分析。

依据 8.2.1 节分析，基于二次谐波制动判据的小差保护在实例 8-1 涌流情况下将误动。根据实例 8-1 的仿真波形，提取换流变 T11 和 T12 三相差流和相电压突变量，以及各相差流和相电压出现变化的时刻，如图 8-13 所示。

可以看到，T11 三相相电压和差流突变时间差分别为 4.4ms、4.2ms 和 5.2ms，T12 三相相电压和差流突变量时间差则分别为 4.4ms、6.8ms 和 4.0ms。两个换流变三相时差均超过制动门槛 3ms，因此，实例 8-1 的扰动被时差法判据识别为励磁涌流，T11 和 T12 的小差保护都能够被可靠地闭锁，避免出现误动的情况。

实例 8-5 实例 8-2 情况下时差法判据的动作特性分析。

根据实例 8-2，T11 二次侧发生 A 相接地故障时，提取其 A 相差流和相电压突变量，以及 A 相差流和相电压出现变化的时刻，如图 8-14 所示。可以看到，T11A 相相电压和差流突变时间差仅为 0.8ms，因此差动保护将正确动作。

实例 8-6 实例 8-3 情况下时差法判据的动作特性分析。

根据实例 8-3，T11 二次侧发生 AB 两相接地故障时，A、B 两相差流和相电压突变量，以及 A、B 两相差流和相电压出现变化的时刻，如图 8-15 所示。可以看到，T11A、

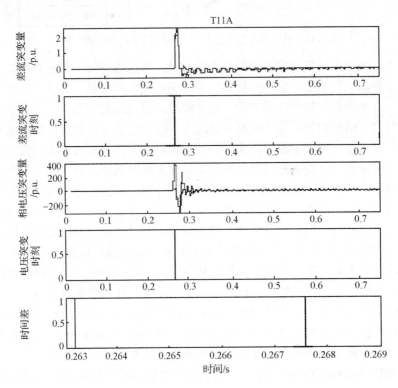

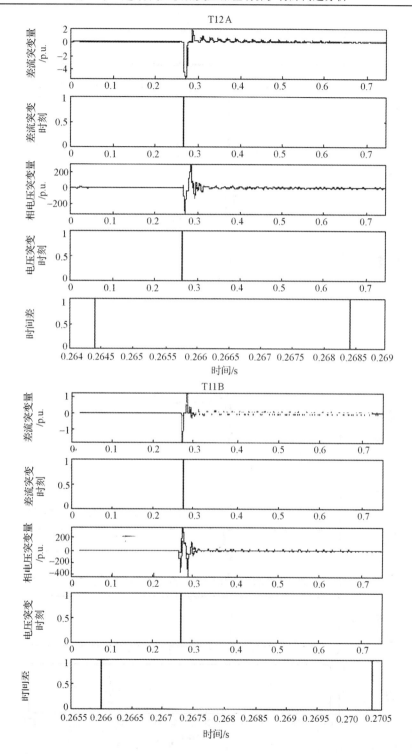

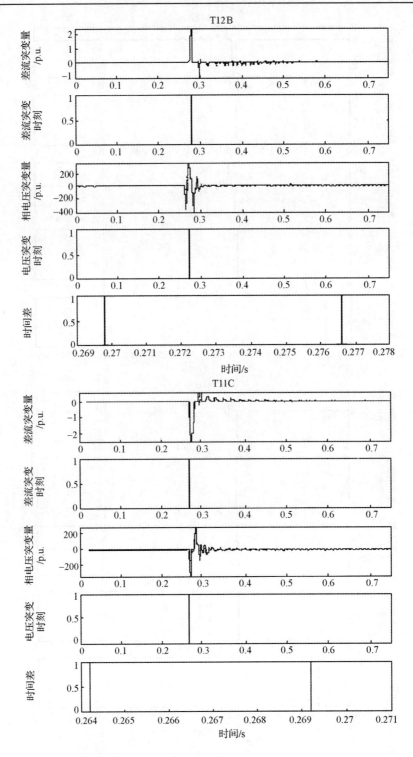

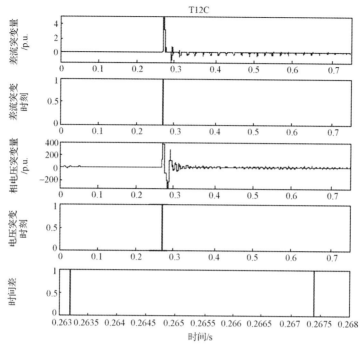

图 8-13　实例 8-1 换流变空载合闸 T11 和 T12 三相电流、电压突变量波形及时差分析

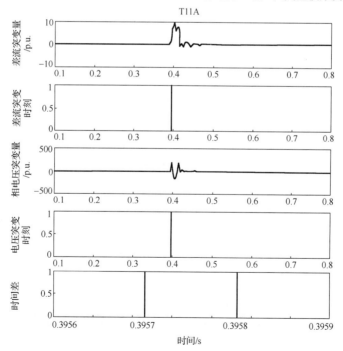

图 8-14　实例 8-2 换流变 T11A 相差流和电压突变量波形及其时差分析

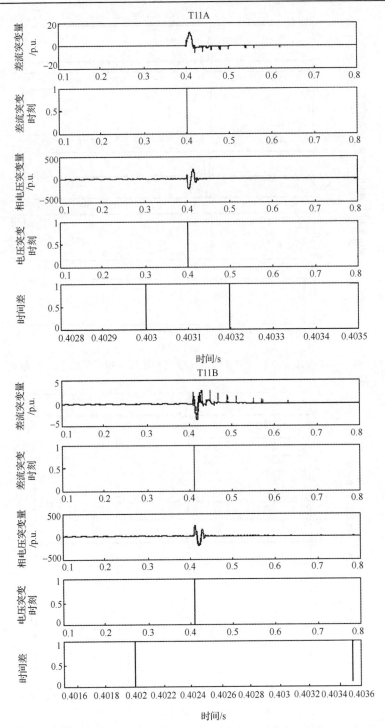

图 8-15　实例 8-3 换流变 T11A、B 两相差流和电压突变量波形及其时差分析

B 两相相电压和差流突变时间差分为 0.2ms 和 1.2ms，均小于设定的制动门槛 3ms，这种情况下，实例 8-3 被时差法判据正确识别为换流变区内故障，差动保护将正确动作。

根据 8.2.2 节的分析，采用二次谐波制动判据的小差保护在实例 8-2 和实例 8-3 故障时都会拒动。相比之下，时差法判据则可以正确识别上述两例故障，避免了差动保护被误制动。

为充分验证时差法判据的有效性，仿真分析了其他类型的典型区内故障，其中的部分实例及对应的时差法判据判别结果见表 8-2。

表 8-2　部分实例各相电压和差流突变时刻及时差法判据应用情况

实例描述	故障相	突变量出现时刻/s		时间差/ms	保护动作情况
		电压	电流		
换流变 T11 二次侧 AB 两相短路故障	A	0.2012	0.2020	0.8	动作
	B	0.2014	0.2020	0.8	动作
换流变 T11 二次侧三相短路故障	A	0.2014	0.2020	0.8	动作
	B	0.2016	0.2024	0.8	动作
	C	0.2020	0.2022	0.2	动作
换流变 T11 二次侧三相接地故障	A	0.2014	0.2016	0.2	动作
	B	0.2012	0.2020	0.8	动作
	C	0.2016	0.2020	0.4	动作

根据表 8-2，发生表中所述故障时，提取到的各相相电压和差流发生突变的时间差均小于 3ms，因此，均被时差法判别为换流变区内故障，差动保护将正确动作。

本节基于 PSCAD/EMTDC 电磁暂态仿真平台上搭建的高压直流输电模型，进行了数百例换流变空载合闸和内部故障的仿真分析，并对相电压和差流突变时刻进行提取，均验证了时差法判据在区分换流变励磁涌流和内部故障时的有效性，结果不在此逐一列举。

8.3　特高压换流变对称性涌流对大差保护的影响及保护新判据

8.3.1　特高压换流变对称性涌流及其引起大差保护误动现象

特高压换流变是特高压直流输电系统中最重要的设备之一，输电系统的整体性能很大程度上由特高压换流变及其继电保护的可靠性以及可用性决定[10]。一方面，特高压换流变承载功率巨大，例如，哈密南-郑州±800kV 特高压直流输电工程的额定输送功率达 8000MW，一旦出现非计划性的突然停运（保护误动），会对系统的稳定性带来极大威胁。另一方面，特高压换流变设备费用高昂，若内部故障不能及时被切除，其影响不仅仅是对系统造成稳定性威胁，且特高压换流变设备本体的经济损失也是普通换流变的数倍。可见，特高压换流变保护的误动或拒动都可能带来无法承受的后果。

与普通换流变相比，对特高压换流变所配置的保护可靠性和快速性的要求更高。

即便如此，现场仍有特高压换流变差动保护误动的案例报道。例如，2009 年 12 月 3 日，在云广工程楚雄站极 2 的高端换流变空载合闸的操作试验中，断路器合闸后经过约 900ms，由于大差保护动作，12 脉动换流变误跳闸[3]。现场录波（图 8-16）显示，两台换流变各自 C 相差流（i_{1C}，i_{2C}）为典型励磁涌流特征，衰减缓慢，但是，两台换流变的 C 相差流和电流，即大差差流（i_{sC}）却呈对称波形，二次谐波含量小，最终导致大差保护误动。可以看到，C 相大差保护差流特征与已有很多研究的常规变压器组和应涌流的很多特征相似。

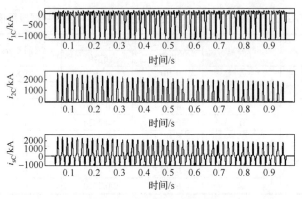

图 8-16　现场空充试验波形图

　　该类因和应涌流造成换流变差动保护误动事件并非特高压换流变所特有。但较之普通换流变，特高压换流变空投时更有可能引发对称性涌流，从而使大差保护更易出现误动作。这是因为，一方面，特高压换流站采用的是四组 8 台换流变（每台三相换流变又均由三个单相变压器连接组成）共母线并联运行方式，变压器台数众多，接地点存在较强的电气耦合，电磁暂态过程和涌流传递规律更加复杂；另一方面，特高压直流输电工程不仅存在类似于普通超高压直流输电的单极不平衡运行方式，还存在多种 1/2 单极、3/4 双极（一极完整，一极 1/2）以及一极降压一极全压运行等多种不平衡运行方式（图 8-2 所示特高压直流输电工程的双极、单极大地回线运行方式汇总见表 8-3 和表 8-4），直流不平衡运行方式的增多，加大了特高压换流变严重直流偏磁发生的概率，使得因铁心饱和而产生对称性涌流的可能性增大，差动保护误动概率增加。

表 8-3　特高压输电工程双极运行方式汇总表

		完整方式	3/4 不平衡方式								1/2 平衡方式																
			对称型				交叉型				对称型				交叉型												
站1	极 I	3	1	2	3	3	1	2	3	3	1	2	1	2	1	1	1	2	2	2	1	1	1	2	2	2
	极 II	3	3	3	1	2	3	3	1	2	1	2	2	1	1	1	1	2	2	2	2	2	2	1	1	1
站2	极 I	3	1	2	3	3	2	1	3	3	1	2	1	2	1	2	1	1	2	1	1	2	1	2	2	1
	极 II	3	3	3	1	2	3	3	2	1	2	1	2	1	2	1	1	2	1	1	2	1	1	2	1	1	2	2

注：1 表示高端阀组运行；2 表示低端阀组运行；3 表示高端阀组、低端阀组同时运行。

表 8-4　特高压输电工程单极大地回线方式汇总表

		完整方式		1/2 方式							
				对称型				交叉型			
站 1	极 I	3	0	1	2	0	0	1	2	0	0
	极 II	0	3	0	0	1	2	0	0	1	2
站 2	极 I	3	0	1	2	0	0	2	1	0	0
	极 II	0	3	0	0	1	2	0	0	2	1

注：0 表示高端阀组、低端阀组同时停运；1 表示高端阀组运行；2 表示低端阀组运行；3 表示高端阀组、低端阀组同时运行。

8.3.2　特高压换流变空投对称性涌流生成机理分析

由于 12 脉动换流变投入所产生的涌流与和应涌流形成相似，所以借助和应涌流分析方法[11-14]对其形成机理进行研究。

参照前面 4.1 节和应涌流建模和分析，仍以单相变压器为例，图 4-3 所示和应涌流的分析场景为变压器 T1 正常运行、T2 空载合闸，而这里因 12 脉动换流变均为两台变压器同时投入，因此需对图 4-3 所示并联运行变压器产生和应涌流的等效电路图中开关 K 的位置做调整，可得到一组并联运行变压器空投的简化等效电路，如图 8-17 所示。图中，各参数定义与图 4-3 相同，不再赘述。

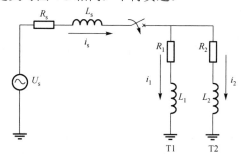

图 8-17　一组并联单相变压器空投简化等效电路图

系统电源电压为 $u_s(t) = U_m \sin(\omega t + \theta)$，由基尔霍夫定律可得

$$\begin{cases} R_s i_s + L_s \dfrac{\mathrm{d}i_s}{\mathrm{d}t} + R_1 i_1 + \dfrac{\mathrm{d}\psi_1}{\mathrm{d}t} = U_m \sin(\omega t + \theta) \\ R_1 i_1 + \dfrac{\mathrm{d}\psi_1}{\mathrm{d}t} = R_2 i_2 + \dfrac{\mathrm{d}\psi_2}{\mathrm{d}t} \\ i_s = i_1 + i_2 \end{cases} \tag{8-1}$$

式中，U_m 为系统电源电压的幅值，ω 为电源电压变化角频率，θ 为合闸时刻系统电源初相角，ψ_1 和 ψ_2 分别为 T1 和 T2 的磁链。

假设两台变压器参数完全相同，即 $R_1 = R_2 = R$，$L_1 = L_2 = L$，对式（8-1）进行线性化处理，经拉普拉斯变换和逆变换求得两台变压器磁链时域表达式并进行简化[14]，有

$$
\begin{aligned}
\psi_1(t) = {} & \frac{L}{Z} U_{\mathrm{m}} \sin(\omega t + \theta - \alpha) \\
& + \frac{1}{2}\left[-\frac{2L}{Z} U_{\mathrm{m}} \sin(\theta - \alpha) + \psi_1(0) + \psi_2(0) \right] \mathrm{e}^{-\frac{t}{\tau_1}} \\
& + \frac{1}{2}[\psi_1(0) - \psi_2(0)] \mathrm{e}^{-\frac{t}{\tau_2}}
\end{aligned}
\tag{8-2}
$$

$$
\begin{aligned}
\psi_2(t) = {} & \frac{L}{Z} U_{\mathrm{m}} \sin(\omega t + \theta - \alpha) \\
& + \frac{1}{2}\left[-\frac{2L}{Z} U_{\mathrm{m}} \sin(\theta - \alpha) + \psi_1(0) + \psi_2(0) \right] \mathrm{e}^{-\frac{t}{\tau_1}} \\
& - \frac{1}{2}[\psi_1(0) - \psi_2(0)] \mathrm{e}^{-\frac{t}{\tau_2}}
\end{aligned}
\tag{8-3}
$$

式（8-2）和式（8-3）中，$\psi_1(0)$ 和 $\psi_2(0)$ 分别为两台变压器空投时的初始剩磁，$Z = \sqrt{(R + 2R_{\mathrm{s}})^2 + (L + 2L_{\mathrm{s}})^2}$，$\alpha = \arctan \dfrac{\omega(L + 2L_{\mathrm{s}})}{R + 2R_{\mathrm{s}}}$，$\tau_1 = \dfrac{L + 2L_{\mathrm{s}}}{R + 2R_{\mathrm{s}}}$，$\tau_2 = \dfrac{L}{R}$。

对比式（8-2）和式（8-3）可以看到，ψ_1 和 ψ_2 中，都含有两个时间常数不同的直流衰减分量和一个正弦稳态分量。直流衰减分量只作用于最初的暂态过程，当暂态过程结束以后，磁链 ψ_1 和 ψ_2 趋于稳态，此时的直流分量衰减到零，两个磁链都将呈现正弦规律。

ψ_1 和 ψ_2 中时间常数为 τ_1 的直流衰减分量符号相同，而时间常数为 τ_2 的直流衰减分量符号相反，且 $\tau_1 < \tau_2$。可以看到，ψ_1 和 ψ_2 变化规律的差异主要来自时间常数为 τ_2 的直流衰减分量。

而时间常数为 τ_2 的直流衰减分量的大小则完全由初始磁链 $\psi_1(0)$ 和 $\psi_2(0)$ 所决定。

当 $\psi_1(0) \approx \psi_2(0)$，即两台变压器初始磁链相接近（包含同为 0 的情况）时，$\psi_1(0) - \psi_2(0) \approx 0$，则时间常数为 τ_2 的直流衰减分量可忽略不计，ψ_1 和 ψ_2 将按照几乎完全相同的规律变化，它们将几乎同时进入饱和状态，并同时产生偏向时间轴同一侧的涌流。

当 $\psi_1(0) \neq \psi_2(0)$，ψ_1 和 ψ_2 中即存在符号相反的 $\frac{1}{2}[\psi_1(0) - \psi_2(0)] \mathrm{e}^{-\frac{t}{\tau_2}}$ 直流衰减分量，其作用是，如果 ψ_1 和 ψ_2 不再同时进入饱和状态，而是依次进入各自的饱和状态，那么此时两者相对于时间轴将会偏向于相反的方向，而且会依次达到它们所对应的相反方向的最大值；对应地，两台变压器的涌流将交替出现，时间差为半个周期，并且是位于时间轴不同侧。$\psi_1(0)$ 和 $\psi_2(0)$ 的差异越大，该现象将越显著。尤其是合闸初相角 $\theta = \alpha$，而 K 合闸前 $\psi_1(0)$ 和 $\psi_2(0)$ 数值较大且方向相反，在符号相反的 $\frac{1}{2}[\psi_1(0) - \psi_2(0)] \mathrm{e}^{-\frac{t}{\tau_2}}$ 直流衰减分量主导下，T1 和 T2 将在合闸后很快交替进入饱和状态，进而分别产生方向相反、间隔半个周波的 i_1 和 i_2，i_1 和 i_2 将各自呈现为典型的变压器空投励磁涌流特征；

而由于 $i_s = i_1 + i_2$，和电流 i_s 将呈现出较好的对称性。图 8-2 系统在 $\psi_1(0) = 0.8\text{p.u.}$ 和 $\psi_2(0) = -0.8\text{p.u.}$ 初始条件下，$t=0.215\text{s}$ 将 T1 和 T2 同时空投时，对应的 i_1、i_2 和 i_s 的波形如图 8-18 所示。

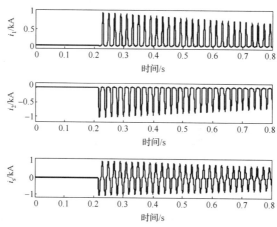

图 8-18　对称性涌流仿真实例电流波形

由于空投时变压器二次侧开路，不考虑 CT 传变影响下，i_1、i_2 和 i_s 分别可视为 T1 小差、T2 小差和该组变压器大差保护的差动电流。对三个差流的二次谐波百分比进行分析（图 8-19），可以看到，虽然 i_1 和 i_2 呈现典型励磁涌流特性，二次谐波百分比较高，达到 60% 以上，两套小差保护可以可靠制动，但 i_s 呈现很好的对称性，二次谐波百分比很小，在 3% 左右，远低于一般设定的 15% 的制动门槛，大差保护将不可避免误动。

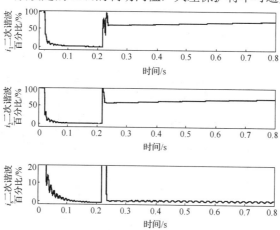

图 8-19　小差和大差保护差流二次谐波百分比

8.3.3　特高压工程模型及对称性涌流引起大差保护误动仿真分析

借助 PSCAD/EMTDC 软件平台，根据实际参数建立如图 8-20 所示的 ±800kV 特高

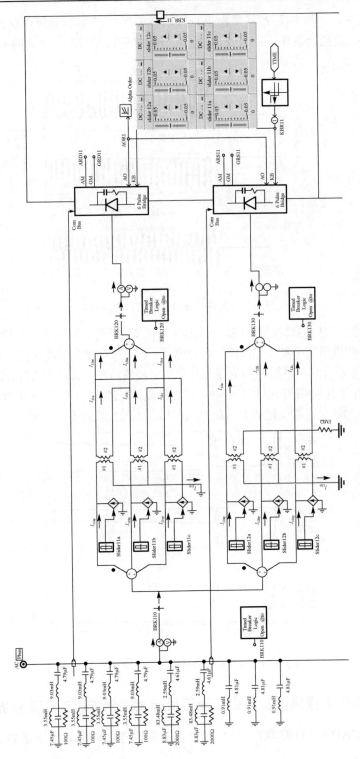

图 8-20 整流侧换流变高端一组换流变空投仿真模型

压直流输电工程的仿真模型,包括交流侧等效电源、特高压换流站(整流侧和逆变侧)、±800kV 两极直流输电线路、等效负荷以及无功补偿、各滤波器和控制环节。该工程输送功率为 2500MW×2,直流输电线路电流为 3.125kA。

换流站内每极对应有两组换流变运行,即高端一组 Y/Δ 和 Y/Y 换流变、低端一组 Y/Δ 和 Y/Y 换流变,每台换流变均由三台单相双绕组换流变连接而成。以整流侧换流站极 I 高端一组换流变为空投研究对象,其局部仿真模型如图 8-20 所示。Y/Δ 和 Y/Y 换流变额定容量均为 732.3MVA,具体接线组别分别为 Y_nd11 和 Y_ny_0,额定电压分别为 $(525/\sqrt{3})/(165.59)kV$ 和 $(525/\sqrt{3})/(165.59/\sqrt{3})kV$。该组换流变空投时,系统运行方式为 3/4 双极不平衡运行,即整流侧和逆变侧均极 I 高端阀组未投入运行,极 I 低端一组换流变和极 II 两组换流变与相应阀组正常运行。

合闸初始角通过设置断路器不同投入时间来控制,在两台换流变一次侧各相引入可控直流电流源来模拟空投前换流变各相剩磁情况[15]。

基于该模型,来仿真复现验证特高压环境下,一组换流变空投产生对称性涌流并引起大差保护误动的现象。仿真时长为 1s,并将换流变一二次电流全部折算到二次侧并形成小差和大差保护的差流,进而对小差和大差差流基波幅值和二次谐波百分比进行分析。设定差流动作门槛为 0.25p.u.,二次谐波制动门槛为 15%。

实例 8-7　合闸时间为 0.4133s,即 A 相合闸初相角为−120°,合闸前 Y/Δ 和 Y/Y 变 A 相剩磁分别为 0.85p.u.和−0.85p.u.,其他相剩磁均为 0。

Y/Δ 和 Y/Y 换流变小差和该组换流变大差差动电流波形,以及各差流基波幅值和二次谐波百分比分析如图 8-21～图 8-23 所示(以图 8-21 中 i_{d1X},i_{d2X} 和 i_{dsX} 分别表示 Y/Δ 换流变小差保护、Y/Y 换流变小差保护和该组换流变大差保护 X 相的差动电流)。

可以看到,Y/Δ 和 Y/Y 换流变各相小差差流均为典型的励磁涌流特性,Y/Δ 和 Y/Y 换流变 B、C 两相因合闸前均无剩磁,根据前面的分析,其磁链变化规律相同,并产生方向一致波形典型的励磁涌流,因此合成的 B、C 两相大差差流也呈现典型励磁涌流特性,偏向时间轴一侧;而 Y/Δ 和 Y/Y 换流变 A 相在符号相反的大初始剩磁作用下,产生方向相反、间隔半个周的励磁涌流,因此合成的 A 相大差差流呈现对称波形,基波幅值较高,从合闸初期的 0.67p.u.到仿真结束时的 0.35p.u.,一直持续大于 0.25p.u.差流动作门槛,而二次谐波百分比则在合闸后到仿真结束,一直低于 15% 制动门槛(图 8-24)。如果采用分相闭锁的跳闸方式,大差保护在该组换流变空投一个周波左右后即会发生误动。

实际上,在空投整流侧极 I 高端换流变时,对系统大电源侧以及同极低端换流变的电流是有一定程度影响的。根据该实例的初始条件,极 I 低端换流变一直处于正常运行状态,该组两台换流变一、二次侧三相电流波形如图 8-25 和图 8-26 所示。

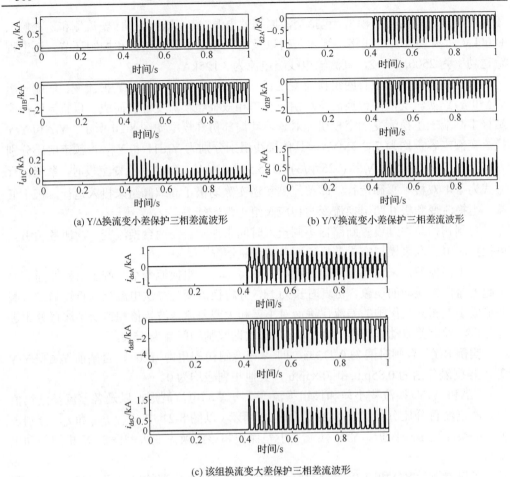

(a) Y/Δ换流变小差保护三相差流波形　　(b) Y/Y换流变小差保护三相差流波形

(c) 该组换流变大差保护三相差流波形

图 8-21　Y/Δ、Y/Y 换流变小差保护和该组换流变大差保护三相差流波形（实例 8-7）

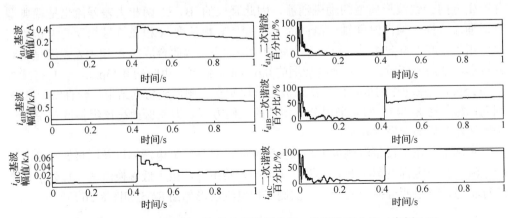

图 8-22　Y/Δ变小差保护三相差流基波幅值和二次谐波百分比（实例 8-7）

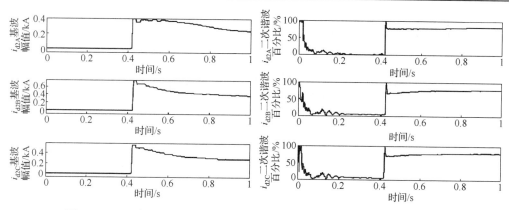

图 8-23　Y/Y 变小差保护三相差流基波幅值和二次谐波百分比（实例 8-7）

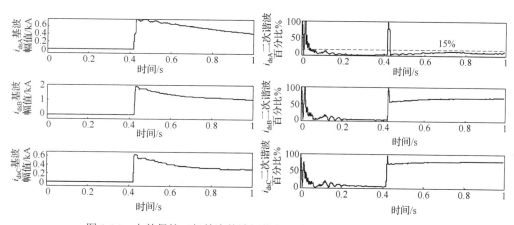

图 8-24　大差保护三相差流基波幅值和二次谐波百分比（实例 8-7）

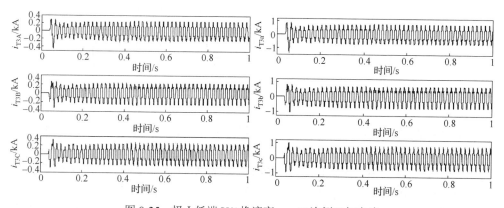

图 8-25　极Ⅰ低端 Y/Δ换流变一、二次侧三相电流

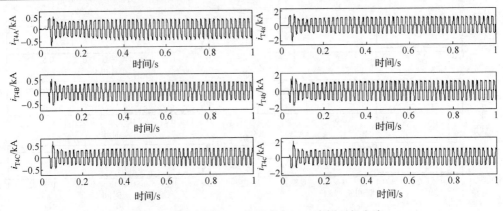

图 8-26　极 I 低端 Y/Y 换流变一、二次侧三相电流

可以看到，同极高端换流变投入后，由于交流侧涌流传递作用，低端换流变一次侧电流会相应发生变化，但变化幅度并不十分显著，结合系统大电源侧三相电流波形变化来看（图 8-27），系统交流侧对高端换流变投入产生的涌流具有分流作用，降低了其对低端正常运行换流变电流的影响。

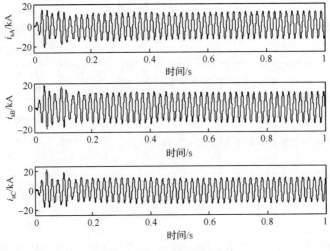

图 8-27　大电源侧三相电流

利用低端两台换流变一、二次侧电流以及低端换流变大差保护一次侧电流（图 8-28）生成该组换流变的小差保护和大差保护三相差流波形，如图 8-29 和图 8-30 所示。

可以看到，该实例初始条件下，同极高端换流变的投入对低端两台换流变小差保护和大差保护差流的影响均不大，除了 A 相小差和大差差流略有增大，B、C 两相差流基本不受影响，保持低值。对幅值最大的大差保护 A 相差流基波进行分析，可以看到，其值最大不超过 0.12p.u.，持续低于 0.25p.u.的动作门槛，因而低端换流变保护不会动作。

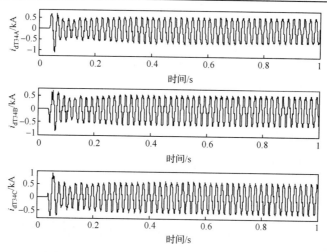

图 8-28　极 I 低端换流变大差保护一次侧电流

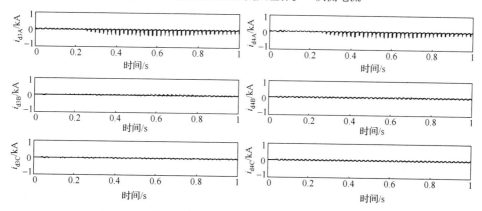

图 8-29　极 I 低端 Y/Δ和 Y/Y 换流变三相小差保护差流

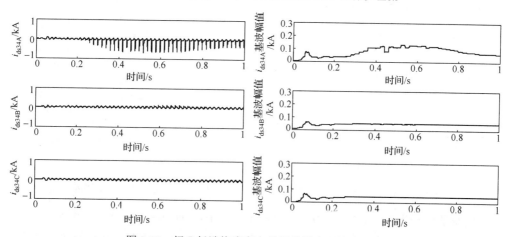

图 8-30　极 I 低端换流变大差保护差流和基波幅值

虽然在该实例中，高端换流变的投入对同极运行中的低端换流变差动保护没有影响，但不排除特殊情况下，例如，多直流落点时大入地电流引发的换流变严重直流偏磁，或者 CT 因涌流饱和而引发的虚假差流造成低端换流变差动保护误动的可能性，但尚未有此类误动案例的报道。

实例 8-8 合闸时间为 0.4s，即 A 相合闸初相角为 0°，合闸前 Y/Δ 和 Y/Y 变 B 相剩磁分别为 0.62p.u.和−0.70p.u.，其他相剩磁均为 0。

因 Y/Δ 和 Y/Y 换流变 A、C 两相因合闸前均无剩磁，根据前面分析，两相小差和大差差流波形都呈现典型励磁涌流特性。下面给出 B 相小差和大差差流波形及分析结果，如图 8-31 和图 8-32 所示。

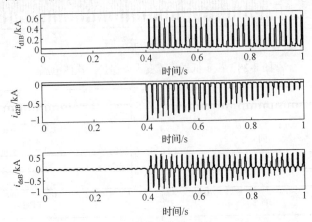

图 8-31　B 相小差保护和大差保护差流波形（实例 8-8）

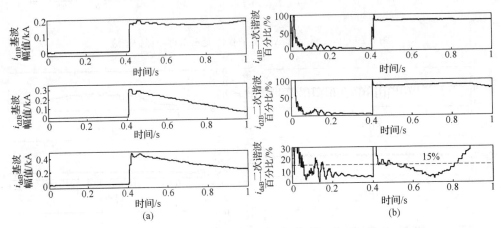

图 8-32　B 相小差保护和大差保护差流基波幅值和二次谐波百分比（实例 8-8）

根据前面分析，$\psi_1(0)+\psi_2(0)=-0.08\text{p.u.}$，$\psi_1(0)-\psi_2(0)=1.32\text{p.u.}$，对比式（8-2）和式（8-3），两台换流变 B 相初始剩磁的差异，使得 Y/Δ 换流变 B 相磁链中的两个衰

减直流分量有相互抵消的作用，而 Y/Y 换流变 B 相磁链中的两个衰减直流分量有相互助增的作用，因此合闸初始阶段，Y/Y 换流变 B 相磁链会比 Y/Δ 换流变 B 相磁链更快饱和，且饱和程度更深，相应励磁涌流幅值较大（图 8-32(a)）；而随着时间常数为 τ_1 的直流分量的较快衰减，两台换流变磁链的饱和又主要由时间常数为 τ_2 的直流分量所主导，将呈现对称变化趋势，合成的励磁涌流波形将逐渐对称。由 B 相大差差流二次谐波百分比分析可以看到，在 $t = 0.525$s 后，即合闸后延时约 6 个周波，差流二次谐波百分比低于 15%，大差保护误动。

实例 8-9　合闸时间为 0.40667s，即 A 相合闸初相角为 120°，合闸前 Y/Δ 和 Y/Y 变 C 相剩磁分别为 0.8p.u.和−0.5p.u.，其他相剩磁均为 0。

因 Y/Δ 和 Y/Y 换流变 A、B 两相因合闸前均无剩磁，根据前面分析，两相小差保护和大差保护差流波形都呈现典型励磁涌流特性，下面给出 C 相小差保护和大差保护差流波形及分析结果，如图 8-33 和图 8-34 所示。

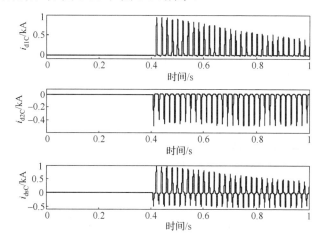

图 8-33　C 相小差保护和大差保护差流波形（实例 8-9）

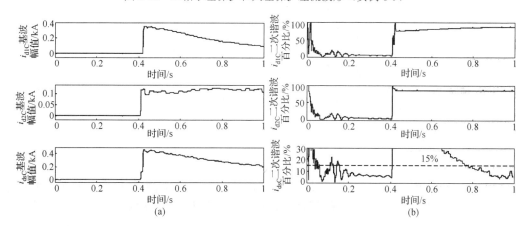

图 8-34　C 相小差保护和大差保护差流基波幅值和二次谐波百分比（实例 8-9）

根据前面分析，$\psi_1(0) + \psi_2(0) = 0.3\text{p.u.}$，$\psi_1(0) - \psi_2(0) = 1.3\text{p.u.}$，对比式（8-2）和式（8-3），两台换流变 C 相初始剩磁的差异，使得 Y/Δ 换流变 C 相磁链中的两个衰减直流分量有相互助增的作用，而 Y/Y 换流变 C 相磁链中的两个衰减直流分量有相互抵消的作用，因此合闸初始阶段，Y/Δ 换流变 C 相磁链会比 Y/Y 换流变 C 相磁链更快饱和，且饱和程度更深，相应励磁涌流幅值较大（图 8-34(a)）；而随着时间常数为 τ_1 的直流分量的较快衰减，两台换流变磁链的饱和又主要由时间常数为 τ_2 的直流分量所主导，将呈现对称变化趋势，合成的励磁涌流波形将逐渐对称。

由 C 相大差差流二次谐波百分比分析可以看到，在 $t = 0.785\text{s}$ 时，即合闸后约延时 19 个周波，差流二次谐波百分比低于 15%，大差保护误动。

随着两台换流变相应相初始剩磁的不同，其对应磁链中各自的衰减直流分量的比例也不尽相同，会导致产生涌流衰减时间的变化；可以看到，两台换流变剩磁绝对值的减小和相对差异的增大，使得对称性较好的大差保护差流出现所需的时间将增加，导致大差保护动作时刻滞后于合闸时刻的时间也延长，因此，会出现前述合闸 900ms 后 C 相大差保护才动作出口的现场案例。

为解决该类对称性涌流引起特高压换流变大差保护误动的问题，有研究人员提出将 Y/Δ 和 Y/Y 换流变比例差动的二次谐波的判别结果引入到大差保护的二次谐波的判别中，图 8-35 所示为一种改进的大差保护涌流闭锁逻辑[16]。

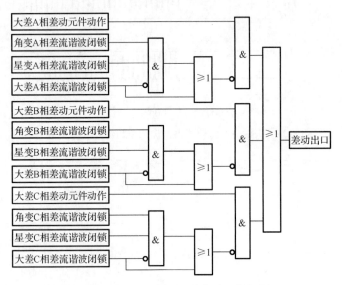

图 8-35　改进的励磁涌流闭锁逻辑框图

该判据在应对一组换流变空投产生对称性涌流可能导致的大差保护误动问题是有效的，但是，在换流变带故障合闸情况下，该判据可能导致保护延时动作或误闭锁。

实例 8-10　换流变在 $t = 0.4\text{s}$ 空投，其中 Y/Y 换流变带 A、C 两相高阻接地故障，两台换流变各相初始剩磁均为 0，故障接地电阻为 70Ω。

此时 B 相小差和大差差流幅值均很小，不足以启动 B 相差动保护，本节给出 A、C 两相小差保护和大差保护差流波形及幅值谐波分析，如图 8-36～图 8-38 所示。

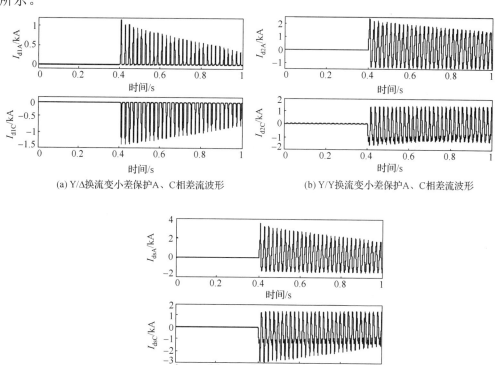

(a) Y/Δ换流变小差保护A、C相差流波形　　　　(b) Y/Y换流变小差保护A、C相差流波形

(c) 该组换流变大差保护A、C相差流波形

图 8-36　Y/Y 变带故障合闸时 A、C 相小差保护和大差保护差流波形（实例 8-10）

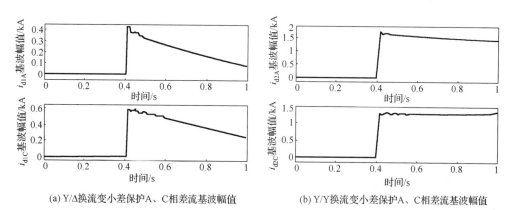

(a) Y/Δ换流变小差保护A、C相差流基波幅值　　　　(b) Y/Y换流变小差保护A、C相差流基波幅值

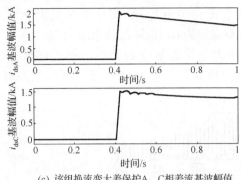

(c) 该组换流变大差保护A、C相差流基波幅值

图 8-37　Y/Y 变带故障合闸时小差保护和大差保护差流基波幅值（实例 8-10）

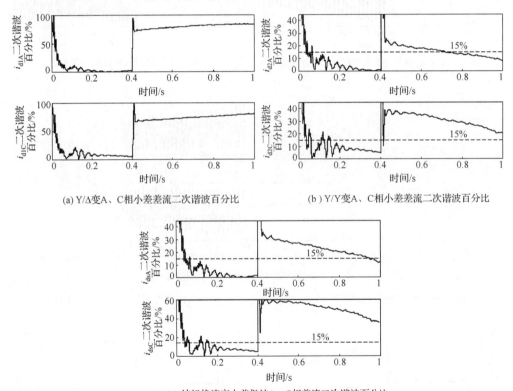

(a) Y/Δ变A、C相小差差流二次谐波百分比　　　(b) Y/Y变A、C相小差差流二次谐波百分比

(c) 该组换流变大差保护A、C相差流二次谐波百分比

图 8-38　Y/Y 变带故障合闸时小差保护和大差保护差流二次谐波百分比（实例 8-10）

　　可以看到，因为 Y/Y 换流变为带 A、C 两相故障空投，空投后小差保护差流波形为励磁涌流和故障电流的叠加，而 Y/Δ 换流变正常空投，因此 A、C 两相小差保护差流呈现典型的励磁涌流波形，而合成的大差保护差流中同时包含有 Y/Y 换流变的故障电流以及两台变压器正常的励磁涌流。

对小差保护和大差保护差流基波幅值和二次谐波百分比分析可以看到，A、C 两相小差保护和大差保护差流幅值都超过动作门槛，相应保护都将启动。Y/Δ换流变 A 相小差保护差流、C 相两个小差保护和大差保护差流二次谐波百分比在整个仿真时长内都大于 15%的制动门槛；而 Y/Y 换流变 A 相小差保护差流二次谐波百分比在 $t = 0.715$s 前，都大于 15%的制动门槛，A 相大差保护差流二次谐波百分比在 $t = 0.953$s 前都大于 15%的制动门槛。根据图 8-35 所示判据，C 相大差保护自换流变带故障空投后到整个仿真时长结束，均被制动；而 A 相大差保护则在 $t=0.953$s 后，即 A 相大差保护差流二次谐波百分比降到制动门槛 15%以下后，才被解除闭锁，大差保护的动作延时长达 0.553s。

综上，对称性涌流正负半波波形相似，二次谐波含量必然较少，低于制动门槛值时便会失效而导致差动保护误动；而当故障电流叠加涌流且故障电流相对较小时，典型涌流成分的存在会提升差流中二次谐波含量，使其高于制动门槛而闭锁保护，只有当差流中的涌流衰减到较低值后，差流才呈现典型故障电流波形，此时，二次谐波制动判据才能开放保护。因此，仅采用基于二次谐波制动判据的大差保护，无论是单独使用，还是与小差保护相结合，都无法完全应对对称性涌流引起的误动以及带高阻故障空投的误制动问题。因此，需要考虑采用性能更优判据的差动保护。

根据 8.2.3 节的分析，基于时差法判据应用于超高压换流变能够有效区分励磁涌流和故障情况，但是，将该时差法判据应用于特高压换流变的大差保护时，需要考虑以下问题。

（1）时差法应用的基础是能够提取到相应的电压暂态突变量，为能够提取到电压发生突变的时刻，滤波环节非常关键；而特高压换流变因其运行环境特殊，耦合交直流系统，电压波形中可能存在较多谐波分量，对其暂态突变量的提取难度较大，可能导致时差法判据的失效。

（2）特高压换流变因其地位特殊且运送容量通常巨大，保护设计时对动作的可靠性和快速性要求很高。在时差法判据判别为非故障情况保护将闭锁后，若再发生换流变区内故障，保护的开放以及延时都要重新考量，对于特高压换流变来讲存在较高风险。并且，时差法是基于差分算法的判据，较之积分类算法的判据，容易受到噪声等干扰，动作可靠性可能难以达到特高压输电系统的要求。

因此，应考虑采用积分类算法，构造出判断速度快、且能够在发展性故障时快速开放保护的判据。

8.3.4　基于 Hausdorff 距离算法的特高压换流变大差保护新判据

二次谐波制动判据只提取了差流波形中的二次谐波特征，滤掉了大量细节。但从波形的形态来考虑，导致基于二次谐波制动判据失效的对称性涌流，虽然其正负半波波形较为对称，但由于是两个幅值相反的典型涌流叠加而成，所以单看其正半波或负半波仍具备典型涌流特征；另一方面，换流变带故障合闸，故障电流中含有幅值较大典型涌流时，从其波形特征来看，虽然在涌流幅值较大的半波，波形合成特征不典型，但在涌流幅值较小的半波，主要还是呈现典型的故障电流特征。因此，考虑利用涌流（包括对称性涌流）与故障电流（包括故障电流叠加典型涌流）波形形态特征的差别，来进行直接判断，使保护能迅速正确动作。

理论上，对于典型故障电流而言，不考虑非周期分量及其幅值变化，其波形基本呈现正弦波特征；而对于涌流来讲（单向或对称性），因其产生受变压器铁心饱和的影响，幅值的上升存在一个明显加速，呈现尖波的形态，与正弦波存在很大差异。因此，可以将正弦波作为基准波形，将采样得到的差流波形与基准波形进行相似度的判断，若接近基准正弦波，则判别为故障差流，若偏离基准正弦波超过一定程度，则认为是涌流，以此来决定闭锁还是开放差动保护。

基于上述讨论，可以设计这样的比较过程：将目标波形（差流）与一个按照某种方式构造出来的标准正弦波基准波形（模板）进行相似度或匹配度的评估，来决定其所对应的扰动到底是内部故障还是涌流，该过程实际就是进行了图形相似度的计算。

图形相似度算法是一种比较两幅图像的整体特性而不局限于某些小范围特征影响的算法。图形识别算法一般分为两大类，一类基于图形灰度信息，如 PCA 主元分析算法；另一类基于图形的特征点，如 Hausdorff 距离算法[17,18]。经过研究发现，Hausdorff 距离算法在波形相似度识别方面能获得理想的效果，并对差动类保护的需求具有很好的适应性。

1. Hausdorff 距离算法的基本原理

对于两组点集 $A = \{a_1, \cdots, a_p\}$，$B = \{b_1, \cdots, b_q\}$，其 Hausdorff 距离定义为

$$H(A,B) = \max(h(A,B), h(B,A)) \tag{8-4}$$

式中，

$$h(A,B) = \max(a \in A)\min(b \in B)\|a - b\| \tag{8-5}$$

$$h(B,A) = \max(b \in B)\min(a \in A)\|b - a\| \tag{8-6}$$

$\|\cdot\|$ 是点集 A 和点集 B 间的距离范式，一般工程上常用 Euclidean 范式。式（8-5）中首先对点集 A 中每个点（如 a_i）与点集 B 中所有点进行距离比较，找到对于 a_i 最近的点 b_j：$\|a_i - b_j\| \leq \|a_i - b_k\|$（$1 \leq k \leq q$ 且 $k \neq j$），$\|a_i - b_j\|$ 即为对应 a_i 点的最小距离，$h(A,B)$ 即为所有集合 A 中点的最小距离的最大值，称为从点集 A 到点集 B 的单向 Hausdorff 距离。式（8-4）的 Hausdorff 距离为单向距离 $h(A,B)$ 和 $h(B,A)$ 的较大值。

从几何的角度可以更直观地定义 Hausdorff 距离。假设集合 A 和集合 B 分别为 n 维空间中的两个非空紧致集合，$S(\varepsilon)$ 表示半径为 ε 的一个闭球，则集合 A、B 间的 Hausdorff 距离度量也可定义为

$$\rho(A,B) = \inf\left\{\varepsilon : A \in B \oplus S(\varepsilon), B \in A \oplus S(\varepsilon)\right\} \tag{8-7}$$

式中，$\oplus$ 为数学形态学中的膨胀算子；ρ 为满足条件集合 A 包含在膨胀集合 $B \oplus S(\varepsilon)$ 的前提条件下所求最小闭合球体 S 的半径，集合 B 也包含在膨胀集合 $A \oplus S(\varepsilon)$。

Hausdorff 距离是描述两组点集之间相似程度的一种度量，它度量了两组点集间的最大不匹配程度，即反映目标图形与模板图形边缘特征点之间的匹配程度。

这里，所采集的电流数据可以看作一个以时间为横坐标，幅值大小为纵坐标的离散时间序列，每一个电流数据点都相当于图形的某个特征点，可以直接用于进行 Hausdorff 距离计算。

2. Hausdorff 距离算法的特点及对差动保护需求的适应性

相比于传统差动保护算法中应用的逐点比较差值寻获的算法，Hausdorff 距离算法具有以下特点。

（1）Hausdorff 距离算法可根据需求自由选择数据窗长度。传统保护算法一般采用傅里叶算法，常用的全周及半周傅里叶算法都需要保证时间窗的长度是电流半周期的整数倍。导致工程实际中这种时间窗特性处理故障信号至少有 10ms 延迟，且不能根据需求灵活设置时间窗长度。而 Hausdorff 距离算法不涉及信号从时域到频域的投射，因此时间窗的设置可以更灵活。

（2）Hausdorff 距离算法受采样频率的影响较小。传统傅里叶算法对保护装置采样频率的要求较高，保护装置采样率过低会导致信号在频域的投射不准确。此外，传统实时采样时域差动保护需要差动保护双方的采样频率严格一致，且精确校准对时误差，限制了差动保护部署的灵活性。而 Hausdorff 距离算法在计算的时候更多考虑的是整体特征的一致性，而对采样点的时域对齐及采样率的统一性并没有严格要求，具有较高兼容性。

（3）Hausdorff 距离算法具有抗数据丢失能力。个别数据点的丢失往往会造成实时采样差动算法失效。但对于 Hausdorff 距离算法而言，并不影响其对图形整体特征的判断。

（4）1/4 周波的 Hausdorff 距离计算时间为 DFT 计算时间的 1/3～1/2，体现了其对继电保护速动性需求的适应性。

3. 基于 Hausdorff 距离算法的差流波形相似性判断

本节对基于 Hausdorff 距离算法的波形相似性判断逻辑进行设计。因为比较的是差流波形形态的特征，其幅值的影响在 Hausdorff 距离计算中应当被剔除。剔除的方式为：在一定的采样率下，首先利用一个很短的时间窗获取差流的幅值信息，之后以该幅值信息作为基准，对差流进行比例压缩和纵向平移，得到标幺后的差流序列。标幺后的差流序列波形幅值变化范围设定为[-1,1]。将标幺后的差流序列作为 Hausdorff

距离算法目标图形的边缘特征点，将相同采样频率的幅值为 1 的标准正弦波序列作为 Hausdorff 距离算法模板图形的边缘特征点，计算两者间的 Hausdorff 距离。波形经过标幺化处理后，该 Hausdorff 距离计算值必然落在[0,1]之间，数值越小，代表差流序列的波形越接近正弦波，反之，数值越大，表示差流序列与正弦波的相似度越低[19-21]。理论上，若是内部故障引起的差流，且不考虑各环节的传变误差，标幺后的故障差流序列与幅值为 1 的标准正弦波序列的 Hausdorff 距离应接近 0；而对于涌流引起的差流情况，两者 Hausdorff 距离应较大。首先考察几组典型的故障差流和涌流与标准正弦波序列的 Hausdorff 距离计算值，再根据具体情况制定合理的整定原则，来对故障和涌流的情况进行有效区分。

图 8-39 给出了标幺化处理后的特高压换流变内部故障差流、空载合闸典型单向励磁涌流、对称性涌流、带故障合闸差流（故障电流叠加涌流）与标准正弦波的相似性比较（图中虚线为标准正弦波，实线为各差流），差流序列采样频率为 4kHz，即每周波采样 80 个点。对上述四组波形进行 Hausdorff 距离计算，Hausdorff 距离算法时间窗取为 1/4 个周波，距离计算值用 H 表示。表 8-5 分别列举了一个完整周波内，第 1/4、第 1/2、第 3/4 和第 1 个周波计算出的 H 值。

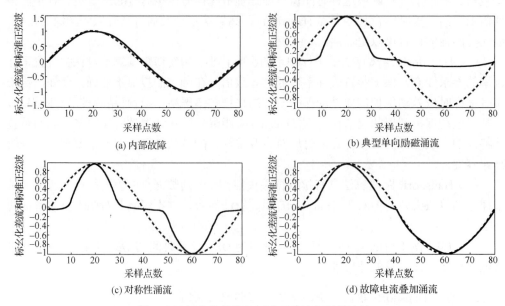

图 8-39 标幺化差流与标准正弦波相似性比较

需要指出的是，以 1/4 周波滑动时间窗去截取电流采样数据时，对于对应于图 8-39(b)的空载合闸典型单向励磁涌流，在第 3/4 周波和第 4/4 周波期间，因为时间窗内的数据均接近于零，无法形成标准正弦模板的幅值，对于这种情况，定义 H 值为 1。

表 8-5　标幺化差流与标准正弦波 Hausdorff 距离计算值

差流类型	H 值			
	第 1/4 周波	第 1/2 周波	第 3/4 周波	第 4/4 周波
内部故障单纯故障差流（图 8-39(a)）	0.097	0.041	0.082	0.068
空载合闸典型单向励磁涌流（图 8-39(b)）	0.545	0.550	1	1
空载合闸对称性涌流（图 8-39(c)）	0.582	0.563	0.580	0.544
带故障合闸故障电流叠加涌流（图 8-39(d)）	0.482	0.467	0.118	0.112

由表 8-5 可以得出以下结论。

（1）对于特高压换流变内部故障，标幺化差流序列与标准正弦波相似性非常好，4 个 1/4 周波窗计算的 H 值非常低，接近 0。

（2）对于单向典型励磁涌流和对称性涌流序列，计算出的 H 值均超过 0.5，数值较高，这表明两者与标准正弦波的相似度低。

（3）对于换流变带故障合闸的情况，其差流为故障电流与涌流的叠加，如图 8-39(d) 所示，差流序列与标准正弦波的相似性在前 1/2 周波内较大，H 值为 0.4～0.5，但在涌流幅值较小的负半波，差流已开始呈现典型故障电流特征，即在第 3/4 到第 1 个周波内，差流序列与标准正弦波的相似度增大，H 值在 0.12 以下。

基于上述分析，可将内部故障时的理论 H 值作为判据整定的依据，但因典型内部故障时，差流与标准正弦波之间 H 值理论上为 0，若以 0 值作为整定基准，则无法有效进行可靠系数的乘除和灵敏度校验。考虑标幺化处理后，H 计算值必然落在[0,1]之间，因此我们采用 H 计算值的补集作为判据基准，设定 $HS(k)=1-H(k)$，$k=1,2,3,\cdots$，即在计算标幺化故障差流序列与幅值为 1 的标准正弦波序列的 Hausdorff 距离值 H 后，再计算出对应的 HS 值，以 HS 值大小作为判别内部故障和励磁涌流的依据。

综上，判据的整定原则如下：

$$HS_{set} = HS_{theory} / K_{rel} \tag{8-8}$$

式中，K_{rel} 一般取 1.15～1.3。由于内部故障时 $HS_{theory}=1$，不妨取 $K_{rel}=1.3$，则 $HS_{set}=0.77$。

根据表 8-5 的数据计算出相应的 HS 值和判据判别结果，如表 8-6 所示。

表 8-6　标幺化差流与标准正弦波的 HS 计算值和判别结果

差流类型	HS 值（HS_{set}=0.77）			
	第 1/4 周波	第 1/2 周波	第 3/4 周波	第 1 周波
内部故障单纯故障差流（图 8-39(a)）	0.903	0.951	0.918	0.932
	>0.77，保护动作			
空载合闸典型单向励磁涌流（图 8-39(b)）	0.455	0.450	0	0
	<0.77，保护闭锁			
空载合闸对称性涌流（图 8-39(c)）	0.418	0.437	0.420	0.456
	<0.77，保护闭锁			
带故障合闸故障电流叠加涌流（图 8-39(d)）	0.518	0.533	0.882	0.888
	<0.77，保护闭锁		>0.77，保护动作	

由表 8-6 可知，对于内部故障，HS 在整个时间窗扫描的范围内均大于 0.9，而对于两类典型的涌流，HS 均小 0.5。对于带故障合闸的案例，虽然在前半个周波 HS 均小于动作门槛，但在后半周波，已经提升到门槛之上，达到了 0.88 左右，显著高于门槛值。

综上，对于涌流情况，无论是单向典型涌流还是对称性涌流，HS 值始终在 0.77 的门槛值以下，保护能可靠闭锁，可避免对称性涌流造成二次谐波制动判据失效导致大差保护误动的情况发生；对于内部单纯故障，只需要 1/4 个周波，即 5ms，该判据即可作出正确判断，使保护正确动作；对于故障差流叠加涌流，造成二次谐波制动判据误闭锁保护的特殊情况，在采用本判据后，最迟 3/4 个周波，即 15ms 也可作出正确判断，开放保护。

4. 基于 Hausdorff 距离算法的大差保护新判据

根据前面的分析，Hausdorff 距离算法可以判别特高压换流变大差保护范围内的内部故障差流和励磁涌流。该算法主要基于序列的整体特征进行判断，因此，受差流中非周期分量和高次谐波的影响很小；并且，在整体特征相同的情况下部分点缺失对 Hausdorff 距离算法的影响较小，因此，该算法具备抗数据丢失的性能。

值得指出的是，因 Hausdorff 距离算法不涉及信号从时域到频域的投射，时间窗的选取灵活，为保证获取到周期性序列的极值点，用于序列波形标幺化处理，可将时间窗设置为 1/4 周波。从第 1/4 个周波开始，时间窗每向后移动一个采样点，都可以更新一个 Hausdorff 距离值，实际将生成一个 H 值序列，进而产生 HS 值序列，用于实时判断差流变化暂态特征。

据此构造基于 Hausdorff 距离算法的特高压换流变大差保护新判据，其流程如图 8-40 所示。

理论上，上述新判据具有很高的动作可靠性，因此，在用于特高压换流变大差保护时可采用分相制动的方式。在下面的分析中，特高压换流变的小差保护暂时沿用二次谐波制动判据，与基于 Hausdorff 距离算法的大差保护形成原理不同的两套主保护，以满足特高压换流变保护双重化配置的要求。

5. 基于 Hausdorff 距离算法的大差保护判据仿真试验验证

本小节对上述基于 Hausdorff 距离算法的大差保护新判据进行仿真试验验证。仍采用图 8-2 所示的 ±800kV 特高压直流输电工程模型，对整流侧换流站极 I 高端一组换流变大差保护在各种扰动下所获取的差流进行分析验证。差流和标准正弦波序列采样频率为 4kHz，即每周波采样 80 个点；差流幅值越限门槛采用常规的 0.25p.u.，Hausdorff 距离算法时间窗取为 1/4 周波，动作门槛 $HS_{set}=0.77$。下面给出几例典型扰动的实例仿真结果，包括换流变经历空载合闸单向励磁涌流、空载合闸对称性涌流、带故障合闸、内部故障、正常空载合闸后发生内部故障以及换流变区外故障转区内故障的情况。每个实例均给出了扰动前后共 0.3s（1200 个采样点）的大差差流波形，及其标幺化后与标准正弦波的 Hausdorff 距离判据 HS 计算值序列（如图 8-41～图 8-46 所示）。如前所述，对于涌流当中对应于间断角部分的点，根据上述的处理原则，直接赋 H 值为 1，对应的 HS 值为 0。

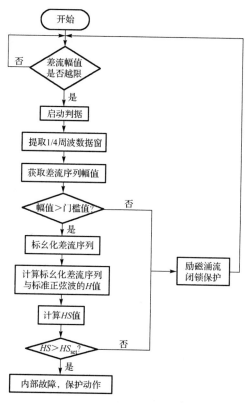

图 8-40 基于 Hausdorff 距离算法的大差保护判据流程图

实例 8-11 空载合闸单向典型励磁涌流。

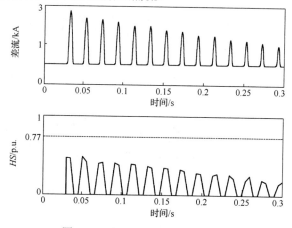

图 8-41 实例 8-11 判据计算结果

实例 8-12 空载合闸对称性涌流（对应实例 8-7，二次谐波制动判据失效导致保护误动）。

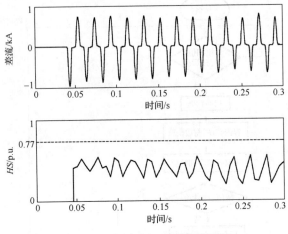

图 8-42 实例 8-12 判据计算结果

由实例 8-11 和实例 8-12 可以看到，无论是典型单向励磁涌流，还是对称性涌流，标幺化后大差差流与标准正弦波的 Hausdorff 距离判据 HS 值均稳定地低于 0.77 的动作门槛值，因此判别为涌流情况，能够可靠闭锁保护，有效防止大差保护误动。

实例 8-13 $t = 0.025$s 时换流变带高阻故障空载合闸（对应实例 8-10，二次谐波制动判据误闭锁保护）。

根据图 8-43，带高阻故障空载合闸情况下，在判据启动后，涌流特征明显的正半周，HS 值低于门槛值 0.77，保护被短暂闭锁；但到涌流幅值较小的负半周，HS 值迅速增大并超过 0.77 的动作门槛值；可以看到在 $t = 0.036$s，即换流变带高阻故障合闸后

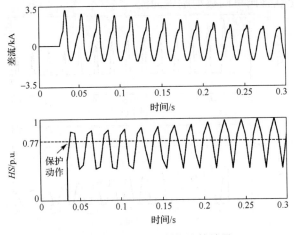

图 8-43 实例 8-13 判据计算结果

约半个周波后，判据即解除闭锁，开放保护，正确动作，能够避免二次谐波制动判据对该类故障的误闭锁。

实例 8-14　$t=0.03s$ 时 Y/Y 换流变一次侧出口三相接地故障（正常内部故障差流）。

如图 8-44 所示，判据启动后，在 $t=0.036s$，即故障发生后约 1/4 个周波，*HS* 计算值便超过动作门槛 0.77，保护迅速正确动作。

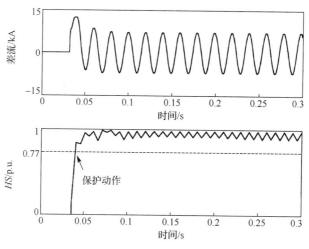

图 8-44　实例 8-14 判据计算结果

实例 8-15　$t=0.03s$ 换流变空载合闸，$t=0.23s$ 发生 Y/Y 换流变一次侧出口三相接地故障（励磁涌流后又发生内部故障）。

如图 8-45 可知，在空载合闸典型励磁涌流阶段，*HS* 计算值一直稳定地低于 0.77 的动作门槛，保护被可靠闭锁；当内部故障发生后，在 $t=0.235s$ 时刻（内部

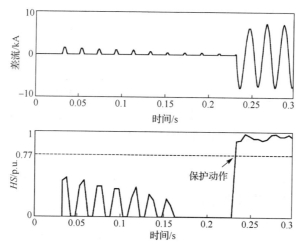

图 8-45　实例 8-15 判据计算结果

故障发生约 1/4 个周波）*HS* 计算值超过 0.77 的动作门槛，解除闭锁，保护立刻正确动作。

实例 8-16　*t* = 0.03s 发生 Y/Y 换流变外部三相短路故障，*t* = 0.13s 故障转为 Y/Y 换流变一次侧出口三相接地故障（区外故障转换为区内故障）。

根据图 8-46，区外故障阶段，差流幅值较小，判据不予启动；当区外故障转为变压器区内故障后，判据立刻启动，在 *t* = 0.14s，即故障转为区内故障后半个周波，*HS* 计算值超过动作门槛，保护迅速正确动作。

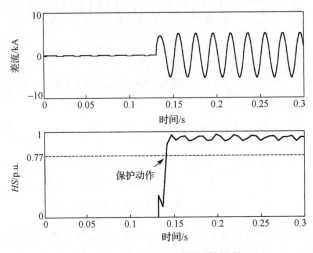

图 8-46　实例 8-16 判据计算结果

从上述仿真实例的结果可以看到，基于 Hausdorff 距离算法的大差保护新判据，在应对特高压换流变经历各种内部故障、励磁涌流和区外转区内故障扰动时，均能够作出正确判断，并在速动性方面优势明显。

顺便指出，该判据主要用以解决特高压换流变大差保护误动和误制动的问题。而根据 8.2 节的分析结论，二次谐波制动判据应用于超高压换流变小差保护时也同时存在拒动和误动的可能，采用时差法理论上可以解决此类问题；但鉴于特高压换流变地位的特殊性，其保护设计时对动作的可靠性和快速性要求很高，若保护误动或拒动，其后果非一般超高压换流变所能比拟，基于微分计算的时差法在实际应用中对于谐波和脉冲干扰的免疫能力相对较弱，将其移植用于特高压换流变小差保护中时需要慎重。根据实例 8-7～实例 8-10 给出的特高压换流变小差保护的差流波形可以看到，其涌流和故障差流的特征及差别也是较为明显的，因此，也可考虑构造基于 Hausdorff 距离算法的特高压换流变小差保护判据。

8.4　本　章　小　结

　　本章对换流变压器的接线方式和差动保护配置情况进行介绍,阐述目前换流变差动保护存在的异常动作情况。基于实际超高压直流工程模型,对换流变各种空载合闸和内部故障场景进行全面分析,揭示了现有基于二次谐波制动判据的换流变小差保护在某些复杂工况下存在的误动和拒动风险及其发生机理;介绍了基于相电压和差流突变时间差的差动保护判据,并将其引入换流变区内故障和励磁涌流的识别当中,各类实例仿真结果表明,时差法判据能正确区分换流变各种空载合闸励磁涌流和内部故障电流,提高了换流变小差保护的动作可靠性。借鉴和应涌流分析方法,着重分析了变压器磁链时域变化特点,揭示了对称性涌流在特高压环境下更容易生成的机理,以及其可能会造成传统特高压换流变大差保护误动的机理。利用涌流和故障电流波形整体形态的特征差异,结合 Hausdorff 距离算法在波形相似性判别中的优势,构造基于Hausdorff 距离算法的特高压换流变大差保护判据,仿真实例结果表明,该判据能够准确区分特高压换流变的励磁涌流(包括对称性涌流)和故障差流(包括故障电流叠加励磁涌流),在保证动作安全性的同时,速动性也得到了较大的提高,即使对区外转区内的故障,也能够在 3/4 个周波内正确识别并动作出口。

参　考　文　献

[1] 王维俭, 侯炳蕴. 大型机组继电保护理论基础[M]. 北京: 水利电力出版社, 1989.

[2] 朱韬析, 王超. 天广直流输电换流变压器保护系统存在的问题[J]. 广东电力, 2008, 21(1): 7-10.

[3] 田庆. 12 脉动换流变压器对称性涌流现象分析[J]. 电力系统保护与控制, 2011, 39(23): 133-137.

[4] 史久宏. 关于换流站继电保护及相关设备的探讨[J]. 湖北电力, 1998(4): 35-39.

[5] 肖燕彩, 文继锋, 袁源, 等. 超高压直流系统中的换流变压器保护[J]. 电力系统自动化, 2006, 30(9): 91-94.

[6] 曾湘, 林湘宁, 翁汉琍, 等. 基于相电压和差流时差特征的变压器保护新判据[J]. 电力系统自动化, 2009, 33(3): 79-83.

[7] 谷君, 郑涛, 肖仕武, 等. 基于时差法的 Y/Δ接线变压器和应涌流鉴别新方法[J]. 中国电机工程学报, 2007, 27(13): 6-11.

[8] 林湘宁, 刘沛, 高艳. 基于数学形态学的电流互感器饱和识别判据[J]. 中国电机工程学报, 2005, 25(5): 44-48.

[9] Kasztenny B, Mazereeuw J, Docarmo H. CT saturation in industrial applications-analysis and application guidelines[C]. IET 9th International Conference on Developments in Power Systems Protection (DPSP 2008), 2007: 418-425.

[10] 赵畹君. 高压直流输电工程技术[M]. 北京: 中国电力出版社, 2004.

[11] 张雪松, 何奔腾. 变压器和应涌流对继电保护影响的分析[J]. 中国电机工程学报, 2006, 26(14): 12-17.

[12] 束洪春, 贺勋, 李立新. 变压器和应涌流分析[J]. 电力自动化设备, 2006, 26(10): 7-12.

[13] 袁宇波, 李德佳, 陆于平, 等. 变压器和应涌流的物理机理及其对差动保护的影响[J]. 电力系统自动化, 2005, 29(6): 9-14.

[14] 毕大强, 王祥珩, 李德佳, 等. 变压器和应涌流的理论探讨[J]. 电力系统自动化, 2005, 29(6): 1-8.

[15] Manitoba HVDC Research Centre Inc. Application Guide of PSCAD AND EMTDC[Z]. 2007: 45.

[16] 张红跃. 换流变大差保护励磁涌流识别的思考[J]. 电力系统保护与控制, 2011, 39(20): 151-154.

[17] 曹京京. Hausdorff 距离的计算原理及其在二维匹配中的应用[D]. 大连: 大连理工大学, 2013.

[18] 练仕榴. 生物医学信号的相似性度量研究[D]. 天津: 天津理工大学, 2011.

[19] Gao Y, Wang M, Ji R, et al. 3-D object retrieval with hausdorff distance learning[J]. IEEE Transactions on Industrial Electronics, 2014, 61(4): 2088-2098.

[20] Zhang J W, Han G Q, Yan W. Image registration based on generalized and mean Hausdorff distances[C]. International Conference on Machine Learning and Cybernetics. IEEE, 2005: 5117-5121.

[21] Kang J X, Qi N M, Hou J. A hybrid method combining hausdorff distance, genetic algorithm and simulated annealing algorithm for image matching[C]. International Conference on Computer Modeling and Simulation, 2010: 435-439.